效用主义
伦理思想研究

XIAO YONGZHU YI
LUNLI SI XIANGYAN JIU

原成成 / 著

中国国际广播出版社

图书在版编目（CIP）数据

效用主义伦理思想研究 / 原成成著 . —北京：中国国际广播出版社，2017.6
　ISBN 978-7-5078-3970-8

　Ⅰ . ①效… Ⅱ . ①原… Ⅲ . ①功利主义－研究 Ⅳ . ① B82-064

中国版本图书馆 CIP 数据核字（2017）第 107856 号

效用主义伦理思想研究

作　　者	原成成	
责任编辑	郭　广	
装帧设计	文豪社	
责任校对	有　森	

出版发行	**中国国际广播出版社** ［010-83139469　010-83139489（传真）］
社　　址	北京市西城区天宁寺前街 2 号北院 A 座一层
	邮编：100055
网　　址	**www.chirp.com.cn**
经　　销	新华书店
印　　刷	北京市金星印务有限公司

开　　本	720×1020　1/16
字　　数	304 千字
印　　张	18
版　　次	2017 年 6 月 北京第 1 版
印　　次	2017 年 6 月 第 1 次印刷
定　　价	62.00 元

CONTENTS

绪　论

效用主义伦理思想产生的背景

效用主义伦理思想评析

效用主义伦理思想在道德教育上的蕴义

结论与建议

绪　论

　　自古以来，即有许多哲学家致力于思辨人生问题，期望能在慎思明辨中引导人类该如何有意义、有价值地生活。在有关人生哲学的根本问题上，中西方哲学家有许多相关论述。在哲学范畴里，价值论是个重要的课题，而伦理学（道德哲学）更是价值论中思索人生意义及提升生活质量，以帮助人们做价值抉择及澄澈思考，并借以明辨是非善恶的依据。然而，西方历经两千多年的论辩，哲学家们迄今在主要问题上仍未获得一致共识，就如同 19 世纪英国著名学者穆勒（John Stuart Mill）在《功利主义》一书中开篇所言："就目前人类知识状况来看，对于行为对错的标准是什么这个问题虽然争论不休，但是没有取得多少实质性的进展，没有什么比这种情形更加出乎人的意料之外了，也没有什么比这种情形更加能说明，我们对于一些最重要问题的思考至今仍是非常落后的。自哲学诞生以来，关于何为"至善"这一根本的道德问题，便成为思辨领域中的主要问题，困扰着诸多天才哲学家，并因此造就了五花八门的学术流派，相互之间不断发生口诛笔伐。当年轻的苏格拉底倾听年长的普罗塔哥拉的见解之后，他并不苟同这位诡辩学者所宣扬的那种所谓智者的流行道德，而坚持自己的效用主义思想（倘若柏拉图的《会话篇》真实可信的话）。两千年过去了，同样的争论仍在继续，哲学家们仍在各自为营地进行着唇枪舌剑，无论是思想家还是一般人，在这个问题上似乎仍无法达成共识。"①

---

　　① John Stuart Mill：《Utilitarianism》, London: George Routledge & Sons, Limited, 1895, P1-2.

承上所述，人生该如何拿捏及择取呢？又怎样才是正确的生活态度？如何才能臻于至善的人生境界？不同的学者可能会有不同的看法。邬昆如认为，人生哲学的根本问题是要问及生从何来、应做何事、死归何处这三大问题，同时也要设法找出其答案。[①] 生从何来和死归何处可以说属于科学和宗教的研究范畴，而应做何事则属于哲学与教育的范畴。因此，人们如何在自己所属的社会中，遵守人际关系及行为规范以实现人生的意义与目的，则是哲学中的伦理学及学校道德教育所欲探求与达成之重要目标。道德是否可教？应如何教？对国人而言，向来就设定"道德是可以教的"，我们根本就不应该怀疑这个可教性。[②] 然而，虽然我们对道德教育寄予厚望，但审视现如今的学校道德教育，对于道德教育的理论基础、目的、内容和方法等，通常仅止于常识或事实的描述，并不知道究竟应朝什么方向迈进。且加上这么多年来我们在思想领域一直推行所谓的"集体主义"，主张"正其谊不谋其利，明其道不计其功"，漠视个人利益，致使道德教育背离人性，让许多人表面服从道德规范却未必真心认同。效用主义伦理理论是近代西方伦理学的主流之一，它从人类趋利避害、趋乐避苦的本性出发，以是否有利于最大多数人的最大幸福作为原则来评判行为的正确与否，有着积极的思想内核。尝试将效用主义伦理思想作为国内道德教育伦理体系的选项之一，让师生能有机会在合理的利己之下，尝试开展追求最大多数人的最大幸福的道德教育，或许是我们值得努力探寻的方向。

1.1 研究问题与研究意义

效用主义伦理思想自诞生以来便成为近代西方社会的主流伦理思想之一，其追求最大多数人的最大幸福之核心要旨，为人类社会的改革和实践带来了新的希望，效用主义伦理思想也因此而成为人们熟悉的伦理类型，直到今日，其影响力仍不容小觑。可以说，在大多数的现代道德哲学中，占支配地位的系统理论几乎都是某种形式的效用主义。罗尔斯在其代表作《正义论》中就曾宣称："在现代道德哲学的诸多理论中，占优势的一直是某种形式的效用主

---

① 邬昆如：《人生哲学》，北京：中国人民大学出版社，2005年版，第11页。

② 黄文三：《道德教育》，中国台北：群英出版社，2007年版，第2-9页。

义。"① 虽然效用主义思想有其本身所固有的缺失与限制,但其对伦理学理论的发展和道德教育的实践,亦具有相当的重要性与启示。以下从本研究问题加以说明,进而论述研究意义。

1.1.1 研究问题

效用主义发源于 18 世纪的英国,以边沁为其开端,历经穆勒的修正发扬以及当代多位道德哲学家的批判与补充后,其理论体系已渐趋完备。效用主义对于近代、当代的人类社会有着广泛而深远的影响。效用主义基本上是一套伦理学说,就作为一个伦理学上的目的论而言,效用观点作为道德行为的衡量标准,必然非常重视社会实践。因此其理论影响涵盖伦理、政治、经济、教育及法律各个层面,道德教育亦不在话下。因此,通过对效用主义的探讨,发掘其中关于道德教育的合理思想,此为本研究的问题之一。

效用主义在我国的发展十分曲折,可以说是处于无足轻重的地位。新中国成立之后至改革开放之前,效用主义曾被许多人唾弃,甚至被彻底否定。直到 20 世纪 80 年代,效用主义研究才逐步开始复兴。与此同时,人们开始对其加以冷静地思考,试图给它一个科学的评价,这不但是对效用主义的反思,也是对社会发展的反省。这一时期,出现了大量介绍效用主义的专著和论文。由此可知,目前学界在对效用主义思想的探讨上,还是达成了一定的共识,这为研究者在前人的基础上继续探讨成为可能。

问题二:效用主义是一种基于社会改革的理想,试图结合伦理的利己主义和利他主义,以期能创造一个关心自己和关心公共善(共同利益)的公民社会,其核心思想是谋求最大多数人的最大幸福。我们或可尝试从效用主义思想中来寻求平衡传统和现代道德观的支点,为现今显得有些困窘的道德教育寻求其他的可行方向。要言之,研究者将根据效用主义的主要内涵及综合论述,发掘出效用主义的道德观,进而提出效用主义在我国道德教育上的蕴意。

这是本书的重点同时也是难点所在,学术界在效用主义的相关研究上,早期大多数在探讨效用主义的主要内涵,利弊得失,不同的效用主义类型,功利与正义和德行的关系以及效用主义在道德哲学上的论争,近年来则有偏

---

①　John Rawls. A theory of justice[M]. Cambridge, Mass., Belknap Press of Harvard Universitu Press, 1971, Pvii.

向效用主义在各项议题上的应用与省思之趋势。至于效用主义在道德教育上的应用，涉及的学者寥寥无几，以至于可供参考的资料不多，研究难度较大，价值也比较高。

1.1.2 研究意义

在我们看来，效用主义伦理思想的吸引人之处在于，一方面，它提出了一种基本的道德思考模式，主张从行为后果是否有助于幸福或快乐的增加、快乐或痛苦的避免，是否有助于实现最大多数人的最大幸福来判断行为的正当性；它不是单纯从原则出发，也不回避具体行为所处的情境的复杂性，而是主张具体问题，比较可供选择的不同行为的后果。这一理论的后果论思路、对个人以及社会的福利的重视、对个人利益与社会利益的调和以及对道德约束力的研究，都为我们提供了理论上的有益启示；对效用主义伦理学理论得失的探讨也给我们提供了许多有益的思维经验和思维教训。另一方面，效用主义伦理思想本身具有特别强烈的关注现实生活、关注人们的实际利益的实践性特点。效用主义关注幸福、利益或福利的最大化，这与单纯利己主义或利他主义都不一样，显示了一种社会哲学的视野。正如前面所说，效用主义伦理思想凸显了社会利益与个人利益的关系问题。此外，对于物质利益与精神需要也有讨论，而且将利益关系、社会关系与经济机制、经济基础联系起来，也一度受到马克思、恩格斯的重视，至今仍具有很强的现实意义，受到学者的垂青。

从理论研究的角度说，对效用主义伦理思想的研究，可以进一步发掘其思想的深刻内涵，发掘效用主义伦理思想的德育蕴义，从而丰富当代道德教育的理论，并在道德教育实践中发挥积极的作用。从我国学校的道德教育现状来看，对效用主义伦理思想的研究无论是从理念、方针，还是从内容、方法和效果来看，都是很有借鉴意义的。目前在我国道德教育中存在着只讲政治立场，不讲道德修养，在方法上只重"教"不重"育"等现象。纠正道德教育中的偏向，改进我国目前的道德教育工作，可以从效用主义伦理思想中汲取营养。

1.2 论题研究现状和本文的创新点

效用主义，它是一种以实际"效用（utility）"后果作为道德评判标准的伦理学说。发迹于 18 世纪的英国，在一系列前期思想家的学术成果积累下，由英国两位哲学家边沁和穆勒最终建立了效用主义（Utilitarianism）这一系统化的伦理思想体系，并逐渐在西方的伦理、政治、社会和法律等各领域占有重要地位，从而成为目的论伦理学的代表。后来，随着摩尔关于"自然主义谬误"的提出，效用本身遭受重大打击而逐渐进入理论的沉寂期。直到 20 世纪中、后期，受惠于市场经济全球化的大背景，传统效用主义伦理学又在某种程度上得到了复兴，直到现在仍方兴未艾。为了本研究的开展，现对国内外关于效用主义的研究成果及本书可能的创新点分述如下：

1.2.1 国外的研究现状

西方学术界对于效用主义思想的研究，基本都可归入自 20 世纪五六十年代兴起的现代新效用主义伦理学的研究阵营。现代效用主义脱胎于传统效用主义，在基本理论原则上即继承其母体的特征，又呈现自己的理论特色。首先，现代效用主义继承了边沁、穆勒等人将效用原则作为最高判断标准的立场，认为效用不是指行为者一己的利益和幸福，而是包括当事者在内的与行为后果有关的最大多数人的利益和幸福；其次，在道德目的上，也认为道德是实现普遍幸福的手段，人们追求美德只是因为美德能保证更好地实现和增进普遍利益和幸福。所不同的是现代效用主义吸收了元伦理学的原则与方法，利用道德语言和逻辑的分析方法来说明效用主义有关概念；并且采纳非认识主义的立场分析道德行为，而不再视道德为与人的情感和态度无关的纯理性的效用计算，小心避免重犯"自然主义谬误"；反对把效用建立在苦与乐的基础上，拒斥心理快乐主义；最后，现代效用主义注意利用现代科学技术研究的最新成果来为自己的学说辩护。

一、效用主义者的研究进展

在现代新效用主义伦理学的研究阵营中，主要可以分为行为效用主义与规则效用主义两大流派。行为效用主义最著名的代表是斯马特，其代表作是1961 年出版的《一种功利主义伦理学体系概述》（1973 年与英国剑桥大学哲学教授伯纳德·威廉斯《功利主义批判》一文合编为《功利主义：赞成与反对》），在该书中，斯马特重申了传统效用主义的两大基本原则——效果论原则和最大幸福原则，并根据效用主义反对者的批评对上述两大原则进行了修正和补充，他回应了义务论以及效用主义内部（主要是规则功用主义）对功用主义理解的歧义，在唯一效果论的立场上，对效用主义进行了出色的辩护。规则效用主义的代表人物主要有美国的布兰特，他在 1959 年出版的《伦理学理论》

一书中较早地对行为效用主义和规则效用主义进行了区分，后又在 1979 年出版的《善与正当的理论》一书中系统地阐述了规则效用主义的基本主张，即合理吸收义务论和元伦理学的某些积极成果，来弥补传统效用主义理论的不足，并建立适合当代资本主义社会生活的道德规范体系。

除上述两派之外，黑尔对效用主义的理论发展同样功不可没，其主张主要散见于《道德语言》《道德思维》和《自由与理性》。黑尔提出建立一种建立在康德式的"可普遍化"原则基础上的效用主义理论，主张抛弃古典效用主义的"幸福""快乐"概念，代之以"利益""欲望"和"偏好"等概念；他不直接界定"什么是内在善的"，而是主张诉诸人们所具有的欲望利益，以此克服古典理论在规定什么是幸福和快乐的问题上以及在将这种个体的幸福和快乐提升为全人类行为的最高目标问题上所遇到的困难，使效用主义建立在一种更为中立、更为普遍化的基础之上。此外，他的"道德思维二层体系"对于解决道德冲突具有重要意义，使效用主义应用于实际道德生活中成为可能。

此外，现代新效用主义的发展也适时地接纳和吸收了福利经济学及决策科学、社会选择理论等最新的理论成果和研究方法，作为自身发展的新的促进因素。其中以哈桑伊、阿马蒂亚·森为代表。

哈桑伊以现代经济学理论为背景提出"偏好效用主义（preference utilitarianism）"。主张以"偏好"取代古典效用主义理论中的"满足"。偏好效用主义在解释一些古典效用主义的困境方面有其优势，例如从快乐主义的效用主义理论出发，无法解释自我牺牲的行为，即行为者在自我牺牲的行为中如何得到快乐的感受胜过痛苦的感受。而在偏好效用主义理论看来，个人拥有一些偏好，既可以是给他带来一般意义上的快乐的偏好，也可以是牺牲自己的利益和快乐的偏好，偏好的满足就是实现了他的效用。而阿玛蒂亚·森提出"福利效用主义理论"，主张从福利、利益的角度立论，认为福利概念不仅可以包含偏好概念，并且在很多方面更具有合理性，有助于克服偏好效用主义的缺陷。从总体上说，福利是一个更具有普遍性和客观性的概念。福利效用主义使用了以利益为基础的效用标准来修正以偏好为基础的标准，要求压制眼前的暂时的偏好的满足，以保证长远的福利利益。福利主义通过从人们的实际欲望中抽象出更为普遍化的福利利益，给较广义的效用概念以某些实际的内容。它致力于偏好的普遍化的努力，保证效用的有用性的本质。

二、非效用主义者对效用主义的批判

除以上效用主义学者之外，一批非效用主义者由于针对效用主义理论提出了颇具价值的批评意见，因而也在客观上促进了效用主义理论的发展。其中最著名的应属美国学者罗尔斯，其代表作是 1971 年出版的《正义论》，在该书中罗氏表达了一种试图从契约义务论出发来解决效用追求和道德义务的统一这一难题的理论倾向。虽然罗尔斯本人并不承认自己是属于效用主义阵营的道德哲学家，更没有把自己的理论归结为某种形式的效用主义，但他所要确定的代替一般效用主义的正义理论，在理论本质和表达形式上却未能摆脱功用主义的根本立场，其理论引人注目的地方也恰恰在于抓住并解决了传统效用主义遗留的如何合理分配效用的问题，从而在客观上补充和完善了效用主义理论。

此外，以诺齐克为代表的权利理论，提出了个人权利的重要地位问题，批判效用主义忽视个人权利的重要性。而德行伦理学则是从个人的内在德行角度对效用主义理论提出了反对意见。在他们看来，效用主义以道德原则为中心，将德行看作是外在的东西，未能关注德行的内在性。这样将德行完全外在化处理的处理方式，不能适应现代社会的要求，德行伦理学的主要代表人物麦金泰尔、安斯库姆等人期望发展出一种关于道德个性和道德功能的共同体主义的观点，回归亚里士多德的传统，将道德重新看作是以德行为中心，抛弃以原则为中心的伦理理论。这些理论都在客观上为效用主义理论的完善指明了方向。

在 20 世纪 70 年代后，尤其是在罗尔斯的《正义论》出版之后，效用主义的影响就整体而言，可以说相对减弱了。尽管如此，效用主义仍然有所发展，布兰特于去世前的 1992 年出版了《道德、功用主义和正当》一书，国内有学者就认为布兰特的规则效用主义是效用主义哲学史上最成功的哲学理论，他本人至今仍是一名颇有影响的效用主义哲学家。①

1.2.2 国内的研究现状

效用主义虽盛行于 19 世纪、20 世纪的西方社会，但由于其在国内最早且最通俗的译名是"功利主义"，而"功利"一词在深受儒家文化影响的国人心中，与"道义"一词似乎是对立的，因此对功利主义常怀有贬抑的意味，也

---

① 龚群：《当代西方道义论与功利主义研究》，北京：中国人民大学出版社，2002 年版，第 345 页。

造成国内早期在效用主义的相关研究与论述上较为不足。然而随着改革开放的深入开展以及相关著作的翻译完成，学术界对效用主义也已有了深入认识，现在国内关于效用主义的研究成果可谓比较丰富了。现围绕本书研究的主要内容将国内相关的研究成果分述如下：

一、专著部分

近代中国随着超越世界①的瓦解以及公理世界观的形成，人们相信根据科学法则和理性，能够为人们指明一条通向幸福生活的出路。在这样一个事实与价值截然两分的机械世界观基础上，人们开始探究世俗的人类道德的可能性。以幸福与快乐为人生归宿的效用主义，也因此在清末民初兴起。我国最早的关于介绍西方效用主义理论的著作（主要是译著）要属严复在1903年出版的《群己权界论》（即穆勒的《论自由》的译作），由上海商务印书馆出版发行，将穆勒的自由主义思想介绍给了中国的思想界，对中国的近代学术产生了深远的影响。1936年，商务印书馆又出版了由唐钺先生翻译的穆勒的《功用主义》。此后，效用主义思想家的其他著作，如边沁的《道德与立法原理导论》《政府片论》，穆勒的《代议制政府》，西季威克的《伦理学方法》《伦理学史纲》，摩尔的《伦理学原理》，黑尔的《道德的语言》《道德思维》《自由与理性》，斯马特和威廉斯的《功利主义：赞成与反对》，等等，都陆续翻译并出版发行。一系列效用主义理论著作的翻译出版，对于中国的思想界产生了不小的影响。

效用主义在新中国的发展十分曲折，可以说是处于无足轻重的地位。新中国成立之后至改革开放之前，效用主义曾被许多人唾弃，甚至被彻底否定。直到20世纪80年代，效用主义研究才逐步开始复兴，90年代，人们才开始

---

① 具体是指中国古代的一种超越价值观念。古典形式的道德观念，常常和一种目的论的有机宇宙观紧密相连。在不同的历史时期，中国传统的宇宙观将人类的秩序纳入"天命""天道"或是"天理"之中。在"天"的统摄之下，自我、社会与宇宙共同构建了一个统一的、有意义的德行世界。依照这些思想框架和观念形态，中国人锻造出一种作为宇宙认知图式的世界观。根据这一图式，人们按照时空来构思宇宙世界并找到自身在其间的位置，并且使人生具有一种来龙去脉的意识。这一认知图式充当了中国古代社会的价值基础，也因此构建起了一个具有德行的、与天相通的、内在超越的心灵秩序。在两千多年的漫长历史里，正是因为这一具有超越价值的象征性秩序的存在，使得中国人摆脱了认知上的矛盾和价值取向上的迷惘。参见段炼：《世俗时代的意义探询——五四启蒙思想中的新道德观研究》，华东师范大学2010年博士学位论文，第18页。

对效用主义进行冷静的思考。

　　80 年代关于效用主义思想的研究特点是受意识形态影响较重，带有阶级对立和两个主义对垒的意味，对效用主义也多持批判立场。比较有代表性的著作有王润生的《西方功利主义伦理学》（1986 年）和周敏凯的《十九世纪英国功利主义思想比较研究》（1991 年）以及窦炎国的《情欲与德性：功利主义道德哲学评论》（1997 年）。《西方功利主义伦理学》是早期国内学者对西方功利主义伦理学研究的成果，该书以边沁和穆勒的思想为主线，对效用主义伦理思想的基本内容和发展历史，做了较为系统和全面的研究，指出效用主义在资本主义上升时期曾经提出许多带有积极意义的思想，只是到了资本主义后期，功用主义才逐渐走上消极。《十九世纪英国功利主义思想比较研究》这本书可以说是国内对 19 世纪英国效用主义思想研究的权威，作者在掌握并翻阅大量翔实资料的基础上，从历史的角度对边沁、穆勒父子三位效用主义者的社会背景、伦理思想、政治观和社会改革理论做了深入的比较研究，涉及范围包括政治、哲学、伦理、法律、经济等许多方面，并做出了比较和评价，其论述比较全面。尤为值得一提的是，该书对效用主义的政治观和社会改革理论的论述，以及对效用主义的历史地位与局限性的分析时，作者不仅分析比较了各家学说，从而揭示其异同点，并且提出颇具新意的见解。《情欲与德性：功利主义道德哲学评论》一书指出，情欲与德性的两难冲突，作为长期困扰道德哲学的难题，也长期困扰着政治家与社会学家，究竟是以情欲取代德性，还是以德性取代情欲，由此，在哲学上形成了目的论与道义论、效用主义与义务论的对立。该书通过对效用主义道德哲学历史发展进程进行系统的梳理，指出情欲与德性的矛盾，效用主义与道义论的对立，从最深层的根源来看乃是个人利益与社会利益的矛盾在私有制社会时期的现象形态和观念形式。并倡导集体效用主义，用集体效用主义对抗、反对个人效用主义，以此推动改革开放和市场经济健康发展。此书理论上的探讨，正是为我国倡导集体效用主义提供了一种理论论证。当然在这一时期也有持中立立场的学者，如周辅成主编的《西方著名伦理学家评传》（1987 年），其中对效用主义伦理学家的生平和伦理学思想也做了较为详细的介绍。

　　90 年代，还有一本比较有影响力的著作就是，台湾淡江大学盛庆琜教授的《功利主义新论——综合效用主义理论及其在公平分配上的应用》（1991 年用英文写作并在海外出版，后由大陆学者顾建光翻译，并于 1996 年出版中译本）。迄今我国的道德哲学论著中，转述性较多而独创性较少，而盛庆琜教授的统合效用主义则不但具有独创性，而且创立了一个足以与世界各种伦理学学派相抗衡的理论。该书以一种全新的视角论述了效用主义在经济学上的应用，将效用主义原则等同于经济学中的效用原则，并以此作为最终原则，这不仅在于这种原则是主导的，或者在序列上是排在首位的，还在于从诸如美德、道德律等所有的原则均以效用（或快乐、幸福、善、利益、福利等别种称谓）尺度来衡量的意义上说，所有别的原则均可以从效用的原则推演出来。盛庆琜教授用全新的视角来探讨、改造或重建效用主义，他将这经过改造或重建的效用主义称为"综合效用主义"，然后将其应用于公平分配问题，进而提出一套全新的效用主义的公平分配理论。他指出效用主义可以和社会主义和谐相处，它不从平均主义出发，符合有中国特色的社会主义市场经济；它强烈凸显 21 世纪以自由无上主义为基础的新资本主义之缺点；它基于价值理论的理想社会符合马克思主义之理想。

最近几年，国内对于效用主义思想研究的论著日渐增多，也摆脱了意识形态的影响且日益趋向系统化研究，学者们对于效用主义能够给予平实的理解和评价。代表性著作有人大学者牛京辉的《英国功用主义伦理思想研究》（2002 年）和龚群的《当代西方道义论与功利主义研究》（2002 年）。在《英国功用主义伦理思想研究》中，作者主要以 18 世纪、19 世纪效用主义伦理学的古典形态，以边沁和穆勒的伦理理论为主，从社会与历史的角度来探讨效用主义思想的理论渊源、历史传承和当代发展。本书以人物为线索，并将效用主义伦理思想分为萌芽、初创、鼎盛和复兴（现代效用主义伦理学）四个时期来分别探讨。效用主义伦理学承袭发扬光大了英国经验主义哲学传统和情感伦理学特质，具有强烈的实践性特点。它的基本道德原则"最大多数人的最大幸福原则"在英国社会伦理、道德、立法、经济、政治等广泛领域得到普遍的应用，至今仍是立法和公共政策领域的基本原则。该书评价效用主义不仅在英国伦理思想发展史上，甚至在英国政治、经济思想史上也都具有重要的地位和影响力，甚至构成了英国文化的一种基本特质。《当代西方道义论与功利主义研究》一书则从总体上对当代西方最有影响的两类伦理学即道义论和效用主义的基本理论流派进行理论梳理，在整个西方社会伦理思想发展的脉络意义上，从近代以来社会契约理论的宏观背景入手，在近代以来效用主义的历史传承意义上，通过对道义论与效用主义的比较，来论述效用主义理论的产生和发展、面临的难题与道义论对它的诘难以及效用主义在当代发展的最新理论形态。该书对罗尔斯、诺齐克、哈贝马斯与边沁、穆勒、斯马特、布兰特等人的理论的时代特征、内在逻辑关联结构做了细致的分析研究。龚群认为效用主义以苦乐原理、效果论和效用原则这三个理论基点构成，这是一个有着内在逻辑困境的三原理。苦乐原理由于没有进行内在的质的区分，为穆勒所修正，但穆勒的修正突出了苦乐原理与效果论的内在不一致；同时，穆勒以自我牺牲来补充效用主义，又暴露了效用主义原则的内在矛盾。穆勒以平等权利来为最大幸福原则辩护，恰恰表明效用原则并非可以成为一个理论的基础性原则或终极原则。斯马特的行为效用主义则进一步暴露了功利主义的非正义性。效用主义的这样三个典范表明仅仅诉诸效用原则无从走出内在逻辑困境。

二、学位论文部分

在学位论文方面，研究者通过 CNKI、万方、维普等检索系统，以"utilitarianism""功利主义""效用主义""功用主义""效益主义"等为关键词检索国内截至 2012 年 9 月之相关论文，其中，硕士论文有近百篇，博士论文六篇。

以效用主义为主题的学位论文，还是比较丰富的，其中博士学位论文主要有吉林大学晋运峰的《当代功利主义正义观研究》（2011 年），杨建潇的《论政治功利主义》（2009 年），徐庆利的《功利主义与中国近代政治思想》（2005 年），浙江大学马婷婷的《效用主义的争论与现状——理论的创新认识和应用探索》（2008 年），武汉大学张清的《正义与功利——密尔功利主义正义思想研究》（2005 年），其中硕士学位论文主要有黑龙江大学付玉的《密尔功用主义伦理思想研究》（2010 年），西南大学张琦悦的《黑尔伦理思想研究》（2010 年），张黎的《论边沁的功利主义》（2009 年），首都师范大学韩晓静的《古典功利主义伦理思想研究》（2006 年），福建师范大学吴海燕的《19 世纪英国功利主义教育思想研究》（2006 年），等论文都对效用主义理论进行了深入的探讨。

以上几篇博士学位论文对效用主义的探讨无论是在理论的深度还是广度上都是非常成功的，也为本研究提供了诸多借鉴意义，但其中都没有涉及效用主义伦理思想在德育中的具体运用。硕士论文有以效用主义伦理思想在德育上的运用为探讨论题的，但他们或局限于效用主义整个发展过程中的一个时间段，如古典效用主义时期；或者只是针对某个效用主义理论家的理论进行探讨，都未能对效用主义伦理思想进行整体上的把握，仍有进一步深入的空间。

三、主要期刊部分

通过中文期刊全文数据库，以"utilitarianism"为关键词，查得国内截至 2012 年 9 月之相关期刊论文共 283 篇，其中核心期刊 64 篇；以"功利主义"

为关键词，查得国内截至 2012 年 9 月之相关期刊论文共 797 篇，其中核心期刊 213 篇，由此可见，研究成果可谓异常丰富，但同样鱼龙混杂。总体上看，早期学者大多数集中于探讨效用主义内涵，利弊得失，不同的效用主义类型，效用与正义和德行的关系以及效用主义在道德哲学上的论证；近年来则有偏向效用主义在各项议题上的应用与省思之趋势。

根据本研究旨趣，对效用主义在德育中能否恰当应用，综合国内的相关研究成果，可分为肯定、中立及否定三种意见。持肯定意见的学者认为效用主义在道德领域具有积极的实践意义。如甘绍平的《功利主义的当代价值》（载于《中国社会科学院研究生学报》2010 年第 3 期），认为效用主义提供的以整体和未来为导向的思维方式、"快乐"原则和"感受性"标准为内容的道德智慧在当代应用伦理学的理论与实践中具有不可替代的重要作用。姚大志的《批判之批判：功利主义对罗尔斯的反驳》[载于《复旦学报》（社会科学版）2010 年第 3 期]，认为效用主义虽有其理论上的不足，但在需要资源并且资源相对缺乏的领域如医疗、教育，效用主义显得更为合理。贾佳的《功利主义的德性伦理可行性探索》[载于《华中科技大学学报》（社科版）2011 年第 25 卷，第 2 期，总第 108 期]，认为我们可以放弃作为决策程序的效用主义，保留效用主义作为一种正当性标准，通过改进黑尔的道德思维层次理论，使道德思维的直觉层次与反思层次分别指向行为者与行为，使效用主义在道德教育和制度设计等方面发挥引导行为倾向、塑造道德人格的作用。刘雪梅、顾肃的《功利主义的理论优势及其在当代的新发展》（载于《学术月刊》2007 年 8 月号），认为在复杂情境下，效用主义的判定标准直白易懂、简单便利；效用主义只对结果敏感，而不一味依赖形而上学命题，多少可以回避规范性理论所面临的难题；效用主义作为一种务实的理论，对结果的关注使其不受习俗和教条的束缚，表现出乐于社会改革和进步的倾向。当然，它在论述公民平等权利和考虑个人偏好的道德含义上的某些弱点，多年来受到义务论理论家的批评和挑战。但是，效用主义在论战中进一步阐述并发展了自己的学说，在当代实践伦理学领域表现出理论和实践上的优势，特别是近年来在堕胎、安乐死、环境保护等方面进行了大量新颖的论述，具有积极的意义。庄晓平的《密尔功利主义对我国当今道德教育的启示》（载于《广东行政学院学报》2001 年 6 月第 3 期）一文中论述到我国的道德教育内容、教育实践、教育结果上均存在一些问题。穆勒的效用主义伦理观，给我们的道德教育提供了一些有益的启示：在道德教育中应肯定个人利益存在的合理性，追求个人利益应不侵犯他人利益；道德教育要强调精神幸福优于物质幸福；道德评价在注重行为结果的同时还应考虑行为的动机。持中立观点者认为效用主义主张有其利弊得失，难以统一论断，如王进学的《西方效用主义伦理学的道德目的论析评》（载于《中州学刊》1995 年第 5 期）一文。

持否定意见的学者则认为效用主义在理论上有缺失，难以作为道德上的指导。如杨伟清的《古典功利主义与道德理论的建构》（载于《道德与文明》2007 年第 3 期）认为古典效用主义的建构模式可归纳为三方面的内容：作为起点的特定的道德直觉、特定的正当理论与善理论以及对正当原则的确证。任何道德和政治理论的建构都要或明确或隐晦地诉诸这三方面的内容。但对于古典效用主义来说，虽然这三方面的内容都涉及了，但每一方面的论述都存在着很大的缺陷。田广兰的《古典功利主义的幸福目的论批判》（载于《北方论丛》2007 年第 2 期），认为效用主义主张所有利益相关者的最大幸福是所有情况下人类行为唯一正确适当的并普遍期望的目的，这一人本主义的道德原则的背后却隐藏了诸多的悖论与矛盾。这些内在逻辑悖论致使效用主义失去了理论本身应有的一以贯之，而它与公正、自由、权利等个体权利的外在价值冲突使得效用主义在实践中陷入了困境。王洪波、段宏利的《功利主义评析——兼论社会转型中社会公平问题》[载于《内蒙古大学学报》（人文社会学学版）2005 年第 4 期]，认为效用主义伦理思想以趋乐避苦的自然主义人性论为理论基础，以个体行为及其目的为理论出发点和归宿，以效用作为道德行为的评价标准，以最大幸福主义的最高道德标准为公正原则。这种立足于私有制的社会现实，对个人、社会以及个人与社会关系的抽象理解，决定了效用主义不可能使个人利益与公共利益、功利与公平现实地结合起来。但整体来看，学者多数持肯定观点，肯定效用主义理论在德育中的借鉴意义，但效用主义在理论及实践中也并非尽善尽美，同样面临着不少问题。

综上所述，不管是国内的还是国外的学者，对效用主义思想都从不同的角度进行了详细的研究。总的来说，学者们大都肯定效用主义伦理思想具有重要研究价值。目前国内还没有系统深入探讨效用主义伦理思想在我国道德教育中的意义的博士论文，这一空白为本研究提供了研究的空间。但之前国内外学者对效用主义伦理思想的研究仍是卓有成效的，其中不乏值得借鉴的观点和理念，这些都为本研究的开展奠定了基础。

1.2.3 可能的创新点

近代效用主义发迹于 18 世纪的英国，在历经许多效用主义支持者的修正与补充后，逐渐在西方的伦理、政治、社会和法律等各领域占有重要地位。效用主义虽盛行于 19 世纪、20 世纪的西方世界，然而由于其最初在我国的译名是"功利主义"，而功利一词在深受儒家传统文化影响的国人心中，与道义一词似乎是对立的，因此对功利主义常怀有贬抑的意味，也造成国内在功利主义的相关研究与论述上较为不足。但这一现状也给本文的写作留下了很大的拓展空间，与同类研究成果相比，研究者认为本书可能的创新之处主要有以下两个方面：

通过梳理效用主义的历史源流、主要概念、发展脉络与类型，勾勒出效用主义伦理思想的理论体系。并对效用主义伦理思想做一综合析论，进而归纳提炼出效用主义的道德观。

透过研究者的诠释与反思，分析效用主义伦理思想在道德教育中所蕴含的积极意义。最后，统合研究结果并结合当前我国道德教育的实际状况，提出结论与建议。

1.3 研究方法与思路

基于前述研究目的，本研究对效用主义伦理思想的内涵，以历史唯物主义的观点，采用文献分析、"追体验"、内在诠释与外在诠释相结合的方法以及逻辑和历史相统一的方法作为研究方法，并辅以研究者对研究主题的诠释与反思。本书旨在探究效用主义伦理思想的主要内涵及分析效用主义的德育蕴义。基于研究旨趣，本研究先探讨效用主义伦理思想的内涵，然后对其进行一个综合评析，最后探究效用主义伦理思想在道德教育上的蕴义，并根据研究发现提出结论与建议。以下分就研究方法和研究思路说明之。

1.3.1 研究方法

一、文献分析法。

效用主义伦理思想的主要内容其实就是效用主义在各阶段主要代表人物的理论学说，因此，本研究紧扣对边沁、穆勒、西季威克等主要代表人物原著的理解，并尽可能地参阅英文原著，力图从第一手的资料中把握效用主义伦理思想的主要内涵。同时，参阅前人研究效用主义的著作、论文等二手资料，结合他们对效用主义伦理思想的分析和解读，以求尽量对效用主义伦理思想能有一个全面的把握。

　　二、"追体验"的研究方法。

　　由于历史相对于我们现在来讲，是发生在我们之前的事情，因而对于后人来讲，要准确地把握住我们之前所发生的事情，相对来讲是很困难的。因为我们现在没有了"历史"存在所依赖的环境，也没有了"历史"得以发生的政治及文化底蕴。所以，本研究运用"追体验"的研究方法，就是在分析思想家的思想时，一定要把它还原到思想家所处的历史环境中，在原来的历史环境中来体验思想家理论的本原。这种方法，对于研究伦理思想史而言，至关重要。这是因为思想史的研究，面对的不是一个个活生生的人物，而是思想家们所遗留下来的思想，这些思想如果放在我们所处的现实角度来看，可能并没有什么新奇和可借鉴之处，但是如果把它还原到思想家们所处的历史环境之中，那么其中的价值便不是我们靠一两句就能说清楚的了。因此，对于这种方法运用得如何，直接关系到我们对于思想家思想本来面目把握得清晰与否。

　　就本研究来讲，由于要对整个效用主义伦理思想进行探析，所以如果不注意对思想家的思想进行"追体验"的话，很有可能就会产生不恰当的认识。因此，就本文的写作而言，就是力争在"追体验"的研究方法指导下，还效用主义伦理思想一个本来的面目。

　　三、内在诠释与外在诠释相结合的方法。

　　"外在诠释"是"即存在以论本质"，是在"本质"之外去把握"存在"。"内在诠释"是预设内在的理论线索是有规律可循的，时代背景等外在线索最终要通过内在线索起作用，因而认为内在线索是致使理论变迁的决定因素。从特征上讲，"内在诠释"是将诠释对象从社会的、政治的、经济的即利益的语境下"解放"出来，不是"即存在以论本质"，而是"即本质以论本质"，在"本质"自身的框架内诠释本质的"内在秩序"。本研究在研究效用主义伦理思想产生的背景时，采用了"外在诠释"的理路，而在研究效用主义伦理思想的内容时，采用了"内在诠释"的理路。

　　四、逻辑和历史相统一的方法。

　　效用主义伦理思想产生于18世纪的英国社会，并一直发展延续至今。要全面把握效用主义伦理思想的内容，不仅需要将其还原到最初思想产生的历史语境中，还要对其思想产生发展的逻辑历程进行分析。坚持逻辑和历史相统一的方法是一种重要的研究方法。

1.3.2 研究思路

效用主义有着丰富的内涵和完整的系统性，对其进行科学的梳理和深入的研究，有着深刻的社会现实意义。因此，本研究首先全面考察效用主义产生的社会背景以及思想渊源，在此基础上，对效用主义伦理思想的内容展开深入细致的挖掘，并进一步对其展开理性的评析，以探寻其道德主张与道德教育蕴义；最后结合目前国内道德教育现状，从效用主义伦理思想的维度，得出研究结论，并根据研究结果提出建议。就内容和结构来看，本书共有七章，分为四个部分。

第一部分（第一章）：绪论，主要就本研究的背景做一概括介绍。

第二部分（第二章）：效用主义伦理思想产生的背景。研究效用主义伦理思想，必须先研究其思想产生的背景，主要从社会现实与理论渊源两个维度来展开论述。在社会背景方面，首先是科技的进步推动社会经济的发展，进而引起社会利益结构以及伦理关系的变动。理论渊源也主要分为古代渊源和近代渊源两部分。

第三部分（第三、四章）：效用主义伦理思想探析。将效用主义分为区别明显的两部分——古典效用主义与现代效用主义。第三章主要探讨古典效用主义，从其初创、鼎盛直到进入沉寂期。第四章探讨现代效用主义，从其复兴背景出发，分析现代效用主义的理论特点、主要理论形态以及与反对理论的争论。

第四部分（第五、六、七章）：效用主义伦理思想评析与发掘。对效用主义伦理思想进行评析，归纳效用主义伦理思想的理论精神、理论优势与道德观，进而发掘其在道德教育中的蕴义，说明它对于我国道德教育的深刻现实意义。最后结合现今国内德育现状提出研究结论与建议。

研究者以图 1-1 来说明本研究之思路。

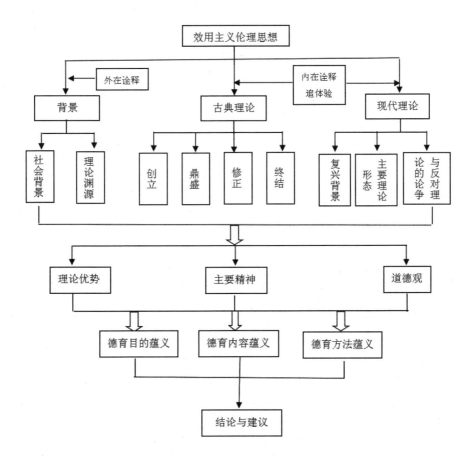

图 1-1 研究流程

1.4 核心概念解释

我们知道，由于人类思维的本质所决定，人们在认识和理解社会生活的过程中，必须首先赋予认识对象以一定的概念，然后再通过这些概念来形成对整个世界的理解和把握。可以说，对这些概念的理解和把握，正是一切思想学说得以建构的前提和基础。因此来讲，要把握一种思想学说，首先应该从该学说的基本概念及基本范畴入手。只有对该种思想学说的基本概念及基本范畴做到准确把握，我们才能够有机会去厘清其理论发展的内在逻辑。这种研究方式，不仅体现在对效用主义伦理思想的研究上，对待其他学说同样如此。因此，为了达到研究目的，在这里首先对本研究的两个核心概念"效用"与"效用主义"进行分析。

1.4.1 效用

效用（utility），作为效用主义的核心概念，如果从英文"Utility"的原意来考察的话，直译为"有用性"，一般使用的译法为"有用、实用、效用"。历史上的效用主义者对效用内涵的阐释并不一致，表示效用的名词也由"快乐""幸福""福利""价值"过渡为"偏好""善"等，虽然目前学界对究竟何谓效用尚未有定论，但是为了本研究的目的，实有必要对其概念进行探讨。

一、快乐与幸福

古典效用主义，用人的快乐、幸福等情感系统词来表示效用。效用主义作为一种伦理思潮，最早可追溯至古希腊时期的赫拉克利特以及伊壁鸠鲁学派的快乐主义学说，主张"幸福生活是至高的善"，"快乐是纯净的善"等。边沁以及在他之前的休谟等经验论的效用主义先驱们都认为效用是一种纯粹的心灵状态或是一种心理体验，即快乐或痛苦的免除。除此之外，边沁和穆勒也都大力宣扬快乐和幸福是真正的效用所在，也是人们道德的最终诉求。

在研究边沁关于快乐分类以及如何计算快乐值的基础上，穆勒看到了边沁"快乐"概念的局限性。穆勒反对边沁"快乐只有量的差异"的说法，主张快乐不仅有量的差异，更有质的不同，并进一步把"快乐"概念推到了快乐论的更高状态"完全论"——即"幸福"的层面，用心理主义分析的方法来分析幸福与快乐的品质。穆勒指出：效用主义学说主张，1. 幸福是值得欲求的目的，而且是唯一值得欲求的目的；2. 其他事物如果说也值得欲求，那仅仅是因为它们可以作为达到幸福的手段。[①]

由上可知，古典效用主义，是以人的主观心理情感中的"乐"这一核心概念为基础的效用主义。他们不仅把快乐、幸福预设为效用的替代标准，还将这两者作为常识论下一般人的人生哲学终极目标，大大地提升了它们的本位价值。但古典效用主义把乐感拔高到人生之终极目标的做法，也饱受其他学者的批评。

---

① John Stuart Mill. Utilitarianism[M]. London: George Routledge & Sons, Limited, 1895, P65.

现代医学和心理学的发展，为快乐感、幸福感的测量提供了新的理论和方法支持，根据"人的情绪和情感发生的时候，总伴随着机体的一系列生理变化"[1]，以斯玛特为代表的行为效用主义派学者针对快乐概念做了一系列脑科学、神经科学研究实验，并对人类心理上的快乐感做了进一步科学化的解答。他们看到，在没有复杂心理活动的条件下，用电流刺激某些脑部区域的纯粹外部刺激行为，也会使人产生快乐的感受。因而，他们偏向于当时占主流地位的行为主义心理学对乐感"刺激 - 反应"模式的认定，把快乐感定义为一种纯粹因外部刺激而发生的感觉。随着新脑神经科学技术如正电子断层扫描技术 PET、功能性磁共振成像技术 FMRI 等无创伤、无介入脑成像技术，人脑中的一些暗箱被打开，关于乐感的研究也有了新的进展。高斯林（J.C.B.Gosling）、肯尼（Kenny）、奥斯丁（Austin）等人在新技术的支持下，否定了行为效用主义学派对乐感的定义，认为乐感不是一种单纯因外部刺激而发生的感觉，而是一种复合的东西。他们虽然否定了行为效用主义对乐感的肤浅化解释，但也没有能建立起新的乐感定义。

在我国，以经济学家黄有光为代表的一派学者主张恢复传统快乐论，以人类的快乐指标来衡量经济学中的效用，适逢国内的"建设社会主义和谐社会"研究，也主张构建人的"幸福指数"系统来作为衡量社会政策的效用标准，但在理论支撑上还是稍显不足。目前，在实践运用中，关于幸福度量主要有两大类方法：一类以客观物质化为基础，如深圳市社会科学院文明指数课题组推出的文明指数测评体系，其中"幸福指数"包括人均 GDP、人均可支配收入、人均住房使用面积、人均道路面积、人均寿命等多个指数[2]。但有的学者批评此指数测评体系本是和福利函数一类的物质化评估，在这里却被错误地套上"幸福指数"的帽子[3]。另一类以人的主观心理感受为主，度量个体的幸福感，如美国密西根大学"世界价值研究"机构的幸福指数研究，他们发放给受调查者的问卷只有一个简单的问题，即：所有你所能感受到的事情加

---

① 彭聃龄：《普通心理学》，北京：北京师范大学出版社，1995 年版，第 437 页。

② 乐正、邱展开：《深圳社会发展报告 (2009 版)》，北京：社会科学文献出版社，第 345-360 页。

③ 马婷婷：《效用主义概念系统的主要类型及其创新分析》，载《伦理学研究》2007 第 4 期，第 22 页。

在一起，你认为自己？在问题之下有四个选项：不幸福、比较不幸福、比较幸福、很幸福。这是一个相当主观化的心理感受综合评估，但也比较接近幸福、快乐的事实含义。迄今为止，学界仍旧没有对于快乐的公认定义，更没有公认的测量方法。

由上可知，由于快乐或幸福测量时的困难，品质上的差异，不可贮存或累积等特性，使古典效用主义的概念系统给我们留下了很多争议点。但不可否认，从快乐到幸福，仍是认定和计量效用的一大概念体系，它将在使用过程中不断完善。

二、福利和价值

"福利（welfare）"，在《朗文英汉词典》中的释义为：(1) "幸福，福利，康乐（well-being，comfort and good health）"；(2) "社会福利（social security）"①。相比两种解释，Welfare 的第二层释义更接近中文中"福利"的意思。与快乐、幸福等主观化倾向概念相比，"福利（welfare）"是一个具有客观物质化倾向的概念。在我们实际生活中，它也是与我们所获得的各种物质利益联系在一起的，如福利分房、企业福利、员工福利等。当然学界也有把福利看成是福乐、福祉，从而试图把福利概念划入主观化、精神化的范畴内的主张。但研究者认为既然效用符合社会科学虽难于测量，但仍需测量的客观要求，福利概念就不应该与福乐、福祉等概念混淆而滑向主观层面，而更应该被界定在客观的、物质化范畴内，以便于效用的客观计量。再者，效用测评已经有快乐、幸福等概念的主观化心理标准存在了，所以，福利概念这一客观物质化标准，是很重要的社会效用计量标准。

"价值（value）"，在朗文词典中的释义为 (1) "重要性，用途，益处（the degree of usefulness）"；(2) "价值（the worth of something in money or as compared with other goods for which it might be changed）"；(3) "值得，值当，合算（worth Compared with the amount paid）。"② 显然，中文中的价值即为 value 的第二层意思。但何谓"价值"，这个概念很大，甚至比效用概念还要宽泛。根据马克思主义经典著作的论述，价值是一种主客体关系说，是无差别的人类劳动。但除此之外，还有很多价值学说，如客体价值说、主体价值说、价值独立论等，

① 《朗文英汉双解词典》，北京：外语教学与研究出版社，1992 年版，第 1538 页。
② 《朗文英汉双解词典》，北京：外语教学与研究出版社，1992 年版，第 1495 页。

至今仍未取得一致意见。研究者为了便于效用的计量，在这里采用经济学中的价值概念。"价"是个人效用的客观化、社会化，价值被看作是效用从个人到社会的提升，是个人效用经过社会化认知后的产物。效用是个人的，而价值是群体的。在经济学中，价值→价格→钱，这一系列概念的逐级递进，使得效用的计量更加客观化、物质化、清晰化。

此外，经济学中的常识原则、多数原则，与伦理学中的常识论维度是相通的，而效用主义恰恰是走常识论道路的，并且其评价标准——最大多数人的最大幸福原则，也是坚持的多数原则。两种理论都是走群体认知和群体评价的道路，效用主义可说是经济学的哲学基础。因此，研究者认为，经济学范畴内的效用与价值概念系统是自成一个整体的，并且可与伦理学中的效用与价值概念保持一致。在如今学术界，以价值来表述效用的，也不乏其人。如我国台湾地区学者盛庆琜的统和效用主义，钱津的劳动效用论，事实上，马克思主义也有用价格、钱来看待效用的做法，认为"价格是市场实现的效用的量化"①。价值→价格→钱，这一系列概念的逐级递进，用社会公认的效用单位——"钱"来权衡利弊以定善恶，是人类实实在在的想法。

以福利与价值来定义效用，可追溯至边沁和穆勒的思想中，他们所提出的最大幸福原则中，"幸福"的概念就已经有客观物质化的端倪了。而且在当时的政治学、法学的效用主义运动中，对于法律法规以及社会公共政策制定具有重要引导作用的效用标准，也侧重一些客观物质化的指标，这与后来法律法规以及政府公共政策制定过程中追求社会福利的增加具有承接性关系。再后来，效用主义思想扩展到经济学领域中，如自然主义、唯物论、经验论等，人性的趋利避害和"理性经济人"的假设，以及后来福利经济学的蓬勃繁荣都是对福利与价值概念的进一步扩展深化。福利与价值概念符合效用主义理论本身重视理性、唯物性、客观化的特征，应是计量效用的重要参考标准。

三、欲望和偏好

自 20 世纪 60 年代开始，效用主义在以哈桑伊、黑尔为代表的现代效用主义学者的推动下，获得了进一步的发展。关于"效用是什么"这一问题，他们也提出了自己的主张。在现代效用主义理论看来，传统理论将行为的价值归结为快乐或幸福的体验、感受，从而将效用主义的讨论局限在快乐或痛

---

① 钱津：《劳动效用论》，北京：社会科学文献出版社，2005 年版，第 52 页。

苦的概念之中，但是从体验中寻求效用主义的价值论基础，不免使效用主义的论证显得肤浅。哈桑伊特别指出，传统效用主义理论往往对人们应当做什么指手画脚，未能给个人的自我决定留出充分的空间，殊不知，人们在能够自由选择的时候才是最幸福的。[①] 斯坎伦则指出，人们在努力发现自己的欲求并且满足这些欲求的时候是快乐的，偏好恰恰能够揭示可能使人快乐、幸福的东西是什么。将欲望或偏好的满足看做是现代效用主义的核心概念，可以使效用主义所做的道德评价与人们所从事的实际活动有更多的相关性，而避免预先为个人的价值选择做规定。

这一模式中又有两种不同的方向，一种是从欲望和满足欲望的角度来看待效用，这种以欲望为基础的理论延承了古典效用主义的传统（当然与边沁和穆勒的理论也不完全相同）。黑尔的理论就是这一类型的代表，他对古典效用主义理论做了新的论证。另一种理论在对效用的理解和界定上不同于古典的思路，它是从选择的角度来界定效用，一些具有经济学背景的学者如哈桑伊、阿玛蒂亚·森和米利斯（J.A.Mirrlees）的理论就是从这一角度立论的。

黑尔在其著作《自由与理性》一书中，提出建立一种建立在康德式的"可普遍化"原则基础上的效用主义理论，主张抛弃古典效用主义的"幸福""快乐"概念，代之以"欲望"和"偏好"等概念；他不直接界定"什么是内在善的"，而是主张诉诸人们所具有的欲望利益，以此克服古典理论在规定什么是幸福和快乐的问题上以及在将这种个体的幸福和快乐提升为全人类行为的最高目标问题上所遇到的困难，使效用主义建立在一种更为中立、更为普遍化的基础之上。

在哈桑伊看来，现代决策理论将伦理学、个体理性选择理论（效用理论和决策理论）和游戏理论一起都作为理性行为的普遍理论的分支，伦理学和游戏理论涉及的是社会背景之下的理性行为。伦理学与这些决策学科一样，都是将哲学的分析和数学推理结合在一起，它们所使用的原理是密切相关的，都以效率、对称性、主导策略的避免、持续性、效用的最大化等等这样的数学特性为基础。在这一意义之下的伦理理论仍以效用主义理论为框架，但是较之传统理论又有很大的不同。哈桑伊称这种新的、以现代经济学理论为背

---

① Geoffrey Scarre. Utilitarianism [M]. Routledge London and New York Company, 1996, p135.

景的效用主义理论为"偏好效用主义（preference utilitarianism）"。在经济学中采用偏好理论取代满足理论，其目的是为了避免将经济学建立在心理效用论的基础之上，从而使经济学摆脱价值判断的影响，避免成为"伪科学"。现代效用主义者大多仿效经济学中的用法，以"偏好"取代古典效用主义理论中的"满足"。偏好效用主义在解释一些古典效用主义的困境方面有其优势，例如从快乐主义的效用主义理论出发，无法解释自我牺牲的行为，即行为者在自我牺牲的行为中如何得到快乐的感受胜过痛苦的感受。而在偏好效用主义理论看来，个人拥有一些偏好，既可以是给他带来一般意义上的快乐的偏好，也可以是牺牲自己的利益和快乐的偏好，偏好的满足就是实现了他的效用。

　　然而此种观点也有不少反对的声音，如规则效用主义的代表人物布兰特认为哈桑伊的偏好概念没有提出一个清晰、普遍的标准，以用来比较各种行为所产生的欲望或偏好的满足[①]。我国台湾地区学者盛庆琜在其所提出的统合效用主义理论中也认为哈桑伊的偏好概念系统在实际中的应用是很困难的。

　　四、善（goods）

　　也有学者主张用"善"来定义效用。"善"的概念是当代正义理论尤其是分配正义理论中的一个基本概念，那些用于分配的社会资源也被称为社会基本善，它包括自由、机会、财富等多方面的内容，这种"善"实际上也可以看作正义理论中的一种具有普遍性意义的效用概念，因为效用的最初内涵就包括了这些价值，尤其是在穆勒的效用主义中，包括自由在内的各种社会价值都属于效用的范畴或者可以用效用的概念进行解释。当代的正义理论大多具有某种反效用主义的倾向，但它们所反对的主要是效用主义的特定分配原则，即最大多数人的最大幸福原则，而在对效用内涵的认识上，它们与传统的效用主义却又具有密切的联系。于是，如果能够使效用主义的效用内涵与当代正义理论关于社会善或社会基本资源的认识趋于一致，并有效解决效用最大化所存在的问题或改变效用主义关于效用最大化的绝对倾向，那么分配正义理论就可能主要表现为一种效用主义的理论形态，这也就意味着正义理论对效用主义的批判可以因此而得到消解。不过，尽管财富同效用之间存在着密切的联系，但自由、机会等社会价值与效用的一致性却是有限度的，即

---

　　① Geoffrey Scarre. Utilitarianism [M]. Routledge London and New York Company, 1996, p135.

有些自由与机会并不具有效用的属性且不能用效用来解释，这涉及政治哲学中的权利与效用之争，这一争论也始终未有定论。总之，用"善"的概念来界定"效用"同样存在两方面的问题：一是如何处理自由、机会与财富之间的一致性问题，也就是如何将权利从效用中剥离出来；二是要明确哪些"善"是与社会分配相联系的，哪些"善"是不可以用来进行分配的。

综合以上学者的意见，快乐与幸福的精神化概念系统体现了效用概念的主观情感性方面，是效用主义最早的主张，也是传统和经典的所在。它主观化的倾向，是效用难以计量的源头。但随着现代医学、心理学的发展，人们对于乐感的测量也有了新的进展。希望在不远的将来，这一难题能得到彻底解决。福利与价值的认知概念系统，体现了效用概念的物质性和可知性方面，通过这一系统，效用的主观性得到了客观化的中和，可计量性大大增强，这也是目前学界最重视的概念系统。对于大多数应用于公共道德领域的效用主义来说，足以应对正常使用，如现在大量职业道德所考虑的人的效用，就都是在福利和价值的层面。当然少数医学、生物学等道德困境除外。欲望和偏好的概念系统，体现了效用概念的心理意向性方面，这是效用概念研究的最新成果。以道德学家、诺贝尔经济学奖获得者哈桑伊为代表的一批学者在此推动了效用概念的进一步发展。它的特征是既直接，又主观，更加深入人心，同时也更加难以计算、量化。以善来界定效用，可以使效用主义的效用内涵与当代正义理论关于社会善或社会基本资源的认识趋于一致，但其一致性是有限度的一致。

由上可知，不同学者的主张各有优劣，目前学界关于"什么是效用"仍无权威性的定论，效用概念作为整个效用主义理论体系的逻辑起点，其内涵的不确定性是制约效用主义理论发展的一个重要因素。但研究者相信，这些争论只是来自于世界本性的复杂性，不是效用主义本身的缺点，并不影响我们对效用主义伦理思想进行进一步的研究。

1.4.2 效用主义

综上观之，"utility"一词的歧异较大，而"utilitarianism"一词争议很少。"Utilitarianism"，译作效用主义、功利主义、功用主义，本文采用"效用主义"的译法。"Utilitarianism"一词在英文中原本有两种含义，除了效用主义理论的词义外，另一个就是指效用主义运动。因此，人们往往也从两个方面来理解这一术语：一方面，它是指产生、形成于18世纪下半叶的英国社会，并持续一个多世纪之久的、涉及广泛社会生活领域的综合性社会改革运动；另一方面，它是指与那场社会运动相联系并作为其意识形态的强调效用的政治和伦理思想，尤其是指效用主义伦理思想。效用主义这两方面的含义是密切联系着的：效用主义运动是效用主义思想赖以产生和发展的社会土壤和物质动力，效用主义思想又作为理论进一步指导和规范了效用主义改革运动的发展方向和奋斗目标；二者相互依生，相互融通，并且相互发展。

效用主义这一术语的两方面的含义虽然相互联系，但是在时间上并不是完全对应的；效用主义思想（尤其是效用主义伦理思想）并没有随着效用主义运动的式微而消亡，其精神主旨和思维要素已经融入人类精神发展的奔腾不息的历史长河之中，甚至成为西方政治理论、经济理论和伦理学的基本架构之一。特别是作为效用主义思想核心内容的古典效用主义伦理思想，经过两百多年的曲折发展，它的现代形态仍然是今天西方乃至世界伦理学理论中最富生命力的一支。

在作为整体的古典效用主义思想诸种分支中，伦理思想是其核心，这在古典效用主义学派的代表人物边沁、斯图亚特·穆勒等人那里已得到鲜明体现。边沁、穆勒的政治、经济和法律理论都以伦理理论为前提和基础，是在社会政治、经济、立法等诸领域对最大效用原则的应用和发挥。从另一方面来说，效用主义思想就其本身来说，是一种社会哲学和社会理论，它关注的范围既包括对人的道德本性、行为判断和价值经验的研究，也包括对人们的利益、权利以及国家政治、经济和法律制度的研究；这些方面实质上是相互纠缠在一起的、相互渗透的。因此，虽然效用主义伦理思想作为整个理论的道德基础、灵魂和核心内容，有其相对的独立性，但对它的深入理解和研究仍然或多或少地会涉及诸如政治学中的权利、自由、社会正义，经济学中的理性选择、利益最大化以及法学中法的本质和效力等概念，也就是说，效用主义伦理思想的研究不可能完全脱离整个社会价值体系孤立进行，而应当在不同学科观点、概念之间的适当的相互交叉、相互渗透之中把握伦理思想的实质。

由上所述，本研究所指称的效用主义，有理论和实践两种层次的含义；而效用主义伦理思想是效用主义理论的核心和基础的伦理理论。在学理中，效用主义伦理思想是指一种以受到行为所影响的所有相关者之效用或幸福，作为道德判断基础的伦理学理论，主张在特定环境下，客观正确的行为是整体上倾向于能为所有利益可能受到影响的最大多数人产生最大可能的幸福的行为，属于道德哲学（伦理学）中结果论（Consequentialism）的一个理论。

此外，关于效用主义还有个问题需要说明，就是名称的使用问题。名称的使用不仅关系着全文的规范性、统一性，而且本身也是一个很重要的理论问题。这个理论问题一方面是翻译的问题，另一方面也是一个概念指称问题。以前人们多把它看成单纯的翻译问题，也就是把效用主义作为国外引进的理论看待，而把中国同类型的伦理理论另作为一类，不加混入，或干脆看成两种不同的理论。

但研究者认为，它既是一个翻译名称的使用问题，同时又是一个概念指称的使用问题，因为中国也有土生土长的"Utilitarianism"。如以"事功之说"为代表的中国传统功利论与伊壁鸠鲁为代表的西方快乐主义，两者的核心精神是一致的，都是以效用定道德。古希腊以快乐的效用定道德，中国古代以功业的效用定道德，它们本质上都是效用主义伦理学范畴内的理论流派。

尽管在某些具体理论上，中国人的功利主义与西方的"Utilitarianism"确有些不同，这种不同主要体现在理论的表现形态上：中国的效用主义多停留在个人道德范畴，而西方效用主义推展到了以公德和社会道德为重心的领域。但西方的这种进展说归根到底还是来源于个人效用原则的扩展。他们的道德标准从个人效用原则（principle of utility）扩展到了社会效用原则（prineiple of soeial utility），在决策的科学化、合理化，应用的普遍化、深入化，还有理论本身的科学性、合理性、整体性等方面，是与我们理解中的中国式功利论有差别的。

总之，"以效用定道德"的精神内核并不是西方思想家所独有的，国内外两类理论核心精神有很大的统一性、同源性。外国理论讲以效用定道德，中国理论讲权衡利弊以定道德，归根结底都是由外向内的效果论、目的论，是属于广义效用主义范畴的。所以，这既是一个翻译名称的使用问题，同时又是一个概念指称的使用问题。从这个意义上说，使用同一个翻译名称和概念可以同时指称中西方两类以效用定道德的理论类型。

具体到本研究，目前我国学界对"Utilitarianism"一词主要有"效用主义""功利主义""功用主义"三种译法。而研究者主张使用"效用主义"这个名称，以下做几点说明：

第一，"功用主义"是一种早期介绍西方理论时的译法，典型代表是唐钺先生在穆勒《功用主义》一书中的译法。现在又有人在提倡该名称，如牛京辉在专著《英国功用主义伦理思想研究》中的用名。然而，"功用"是香港对"utility"的译名，内地学界目前采用"功用主义"译名的学者和书籍很少。

这一名称的应用在时间上出现得较晚，有学者分析，很多人对功利主义有偏见（特别是对功利二字有反感），穆勒说他特意选这个被人嫌弃的术语命名自己的学说就是怕被人冒用。我国有学者因此将其译成中性词"功用主义"，其实没有必要。由此可见，之所以采用功用主义这一新名词，多少也与"功利主义"一词的贬义性太过流行相关。所以，对"utilitarianism"名称做中性化处理是一项迫切的任务，它的提出反映了人们对"功利主义"名称的一种不满。然而，"功用"一词虽符合了中性化的要求，但还是较生僻的用法，没有效用论通行，也无法与效用论在各学科的广义概念相融通，故不采用。

第二，"功利主义"一名在中国的使用是最普遍的。"Utilitarianism"在近代传入中国时，人们为了推广和被人接受，与传统功利观人为加以联系，用以翻译和介绍，以致从此混为一谈。如严复在其翻译的《天演论》中就采用了此种译法。时至今日，仍然还有很多文献，如宋希仁、王海明、李德顺、唐凯麟等著名伦理学者，在各自著作中都还使用"功利主义"。但研究者却坚持反对此名称的运用，因为它具有现实的、历史的双重贬义色彩，也因为它是效用主义被人误解的根源之一。如果不把效用与功利两字区分开来，会阻碍真正的、现代化的效用主义深入人心。如《讨伐功利主义教育》《教师培训要远离功利主义影响》《道德教育要避免三种功利主义倾向》《反对功利主义教育》，等等，这些真实流行的，贬义化理解的功利主义，与真正的"Utilitarianism"其实是两回事。这些文章实际批判的现象是急功近利、自私自利等，而不是"Utilitarianism"。但发表这些文章的人都是教育者，是有知识的阶层，他们尚且不能辨识功利论与效用主义的区别，想要去除老百姓心中对功利主义的成见，就更难了。在现行语言习惯中，说一个人很功利，就是在说这个人的道德品质坏，这是常识化的事实。所以，为了有助于扭转这一既成错误倾向，笔者坚持不使用此名称。

第三，由于该伦理学理论体系的主旨是"效用"原则（Utility），所以很多学者主张译为"效用论"或"效用主义"。在实际应用中，"效用论"已经突破哲学伦理学的范畴，在经济学、管理学、法学、政治学、社会学、教育学、生物学、心理学等学科中都有各自的效用理论，如经济学效用论、政治效用论、法学效用主义，等等。所以，研究者强烈建议与其他学科的效用理论相统一，使用效用主义的译法。研究者相信，在统一与其他学科的称呼后，一来可以促进该理论的学科统一，拓展视野研究，解决原来效用主义伦理思想在中国含义过窄的问题，打通该理论在实践应用中方方面面的知识和方法；二来可以剥离原有"功利主义"用名约定俗成、无可回避的贬义性，回归其科学的、中性的性质。效用主义在学界与社会所遭受的冷遇很大程度上与"功利主义"一词的贬义性有关，因此由翻译导致了社会与公众在认知上的偏差。通过改变其名字，将有助于回归效用主义真正的、完整的理论内涵。

在本文中，标题、正文、自译的文章中都将使用"效用主义"，而引文中则尊重原著作者的用名和译名，即功利主义、功用主义、效用主义三种名称都将在引文中出现，而在实际意义上，均指同一种理论，即"Utilitarianism"。而中国的功利论、义利观，如有提及，笔者将加注中国功利论、传统义利观字样，以示区分。最后，"Utilitarianism"还有"乐利主义（梁启超《乐利主义泰斗边沁之学说》）"、"效益主义"两种名称，一来，它们极少被用到；二来，它们的含义也有所改变，如乐利主义与快乐主义相近，所以研究者在本文中没有采用此二者。

1.5 效用主义的历史分期与本研究的分段特点

纵观效用主义伦理思想的发展脉络，可以将其分为两大阶段，六小阶段。第一阶段，即古典效用主义时期，包括：效用主义的萌芽、边沁初创、穆勒鼎盛、西季威克的修正以及摩尔对古典效用主义的终结等五小阶段；第二阶段，即现代新效用主义理论时期，主要是效用主义伦理思想在当代的发展。本书在写作过程中也采用这种分期方式，研究者以摩尔"自然主义的谬误"的提出为分界，将效用主义分为古典效用主义和现代效用主义两部分，分别在第三章探讨古典效用主义部分，第四章探讨现代效用主义部分。

首先是"萌芽时期"，或者更确切地说，是 18 世纪之前的效用主义学说。在一些研究者看来，效用主义伦理思想最早可以上溯至古希腊时期的赫拉克利特、昔勒尼学派以及伊壁鸠鲁等人的快乐主义伦理学说，中间经过中世纪基督教伦理的熏染，到 17 世纪英国经验主义者霍布斯、洛克等人的学说，以及法国唯物主义者爱尔维修的公益理论，这些都可以称作效用主义的"萌芽阶段"。在这一阶段，实际上提出了后来系统的效用主义理论的一些基本概念和基本理论，可以说是效用主义伦理理论的思想源泉。如哈奇森（Francis Hutcheson）提出了当代效用主义中的两个主要概念：第一，能创造最大多数人最大幸福的行动，才是最好的行动；第二，我们能透过道德的计算，来度量什么样的行动能产生最好的结果。另外休谟（David Hume）也主张美德之

所以是美德，正在于美德所产生的效用，而不是如德行伦理学所说的是人所
达成的卓越。

　　其次是效用主义伦理思想的初创阶段，即 18 世纪的效用主义伦理思想。
效用主义伦理思想正式形成于 18 世纪，盖伊和塔克是最早的神学效用主义体
系的提出者，他们的理论在不同程度上影响了整个 18 世纪的效用主义者。佩
利的神学效用主义思想继承并发展了塔克的理论，引起了包括神学界在内的
哲学、伦理学界的广泛争论。稍后的边沁将效用主义理论彻底世俗化，发展
出一种以效用主义伦理思想为基础、以立法理论为核心、以社会改革为宗旨
的系统的效用主义学说。边沁使理论完全面向社会的行政立法机构和人们的
基本权利的保障，并且吸引了一大批志同道合者，由此，效用主义运动轰轰
烈烈地展开。葛德文以他的政治效用主义理论确立了普遍利益在政治学和伦
理学理论中的主导地位。就这三位主要代表人物的理论地位而言，佩利的理
论引起了理论界较多的关注，神学家、直觉主义者、义务论者从不同的角度
对其神学立场和效用主义思维方式进行了长时间的批评或是辩护。边沁的哲
学和伦理学理论，相对于他的政治立法理论，在这一时期受到较少的理论关注，
但是，边沁仍拥有无可置疑的显赫名声，这些都来自于他作为系统效用主义
理论框架的确立者和声势浩大的效用主义运动的精神领袖的重要地位。葛德
文的政治效用主义理论在问世后曾经名噪一时，然而由于其理论的极端性和
褊狭性，在其后的几年中就逐渐销声匿迹。这一阶段的结束以边沁的去世（1832
年）为标志。在这之后，不仅一直占主导地位的针对佩利神学效用主义的辩
护和争论日渐淡出，而且由于穆勒对边沁的思想做出了整体评价而开启了对
边沁伦理思想的热烈争论和理论修正，这也标志着边沁时代的终结，效用主
义伦理思想进入一个新的发展阶段。

　　穆勒是第三个阶段——效用主义伦理思想的鼎盛时期的主要代表人物。
穆勒最先对边沁的效用主义伦理思想的理论优缺点做了客观的评价，从而使
对边沁伦理思想及相关问题的探讨成为哲学界、伦理学界的重要主题。穆勒
试图捍卫边沁所确立的古典效用主义伦理理论的基本框架，他对边沁伦理思
想的修正以及对批评者的回应都集中在 1963 年出版的《效用主义》一书中。
在这一阶段，效用主义获得了巨大的发展，它不仅获得了一种内涵上的修正，
而且获得了更为理论化、更为精致化的形式，使得效用主义伦理思想至今仍
得以傲立于伦理学基本理论类型之列。自从穆勒开始倡导效用主义后，以边
沁和穆勒为代表的古典效用主义理论在英国就一直居于主流地位。但是穆勒

就效用主义所做的修正和辩护也为日后效用主义伦理理论内部的争论留下了不尽的话题。

1873 年，穆勒的去世宣告了效用主义伦理思想的鼎盛时期的结束，继之而来的是对效用主义伦理思想的反思时期。1874 年，西季威克（Henry Sidgwick）在他的《伦理学方法》著作中明确地陈述出他的效用主义立场并对效用主义有了一个广泛综合的论述，他从纯粹的学术研究的角度分析效用主义的理论特质，试图调和效用主义与直觉主义伦理思想以修正效用主义，西季威克对效用主义的发展与修正有很大的贡献，连罗尔斯都赞誉有加[①]；新黑格尔主义者格林和布拉德雷则从康德和黑格尔的理论出发，批评效用主义伦理理论。

1903 年，摩尔（George Edward Moore）发表《伦理学原理》，明确提出了元伦理学（meta-ethics）与规范伦理学（normative ethics）的分野，对古典效用主义乃至整个规范伦理学提出了严峻的挑战。摩尔认为"善"是不可定义、不可分析的，效用主义以幸福来定义善是犯了"自然主义的谬误"。元伦理学的兴起，让具有自然主义倾向的古典效用主义屡遭质疑和诘难，此后，效用主义伦理思想转入沉寂期。元伦理学相对于规范伦理学而言，其较具优势的地方在于元伦理学并无意指出行为规范的具体规则，只是分析道德语言的逻辑特性和意义，因此，如果不犯逻辑上的错误，在具体行为指导上很少能对元伦理学做出指责。

然而，到了 20 世纪中期，由于元伦理学偏重于道德语言、逻辑的语言学之研究，使得伦理学理论脱离了社会现实，缺乏道德实践的指导意义，复以科学技术的进步，社会经济得到空前的发展，为适应社会发展的客观需要，伦理学不能再停留于纯理论分析的框架中，因此，规范伦理学中的效用主义再次受到重视。在这种情况下，一些西方伦理学家运用现代研究方法对古典效用主义进行修正和发展，并逐渐形成了以行为效用主义与规则效用主

---

① 罗尔斯在《正义论》一书中对效用主义的批判就以西季威克的观点为主。罗尔斯指出："我在此要描述的效用主义就将是一种严格的、古典的理论，这种理论也许在西季威克那里得到了最清楚、最容易的概述。"西季威克的《伦理学方法》在 1981 年再版时，罗尔斯还为该书写了一篇序言，再次认为"如欲对古典效用主义学说有准确的理解和全面性评价，最好是从认真研究西季威克的著作开始"。

义为主的现代效用主义规范伦理学。行为效用主义以澳大利亚学者斯马特（J.J.C.Smart）为代表，主张根据行为自身所产生的好或坏的效果，来判定行动的正确或错误；规则效用主义以美国学者布兰特（Richard Booker Brandt）为代表，主张人类行为是具有某种共同特性和共同规定的行为，根据在相同的具体境遇里，每个人的行为所应遵守规则的好或坏的效果，来判定行动的正确或错误。[①] 从历史发展的逻辑来看，斯马特的行为效用主义与边沁和穆勒的古典效用主义有着更直接的继承关系，而布兰特等人的规则效用主义则与西季威克和稍后的罗斯等人的直觉主义有较密切的关联[②]。迄止今天，以行为效用主义与规则效用主义为主要代表的现代效用主义规范伦理学已走过了半个世纪的历程，并仍然呈现出方兴未艾的发展趋势，成为当代西方最有影响的伦理学类型之一。这一时期的理论，较之前几个时期的理论而言，内容最为繁杂，形式最为多彩，也最为明显地体现了效用主义理论与其他伦理学理论之间的冲撞和融合。[③]

本研究对效用主义伦理思想发展的各个阶段都有涉足，但主要是 18、19 世纪的古典效用主义，以边沁和穆勒的伦理思想为主，重点剖析古典效用主义（第三章）。同时，也会溯清其理论源头（第二章），梳理其现代发展状况（第四章）。在本研究中，有其注重效用主义伦理思想发展的启程转合，分析勾勒其理论发展中的内在关节与外部契机之间的关系，以期将理论的研究和剖析建立在纵向和横向交会的立体层面上。为了深入研究效用主义伦理思想的结构和特质，在对其古典理论部分进行研究的时候，也广泛涉及理论在现代的发展，主要是因为，效用主义经历了从萌芽、鼎盛到衰落的过程，而又能再度复兴，它必定对自身的结构和特质有了清楚的认识和深刻的反省并在理论中做出了相应的修正，这样才可能在众多反对者的各个方面的批判和攻击之下重新确立自身的地位。因此，现代效用主义理论对古典效用主义所做的辩护和修正，在一定程度上揭示了后者在理论上的利弊得失，有助于我们研究

---

①　[澳]J.J.C. 斯马特, [英]B. 威廉斯威廉斯：《功利主义：赞成与反对》, 牟斌译, 北京：中国社会科学出版社, 1992 年版, 第 9 页。

②　万俊人：《现代西方伦理学史》(下卷), 北京：中国人民大学出版社, 2011 年版, 第 901 页。

③　牛京辉：《英国功用主义伦理思想研究》, 北京：人民出版社, 2002 年版, 第 9 页。

的深化和评价的公允。对效用主义伦理思想的萌芽、鼎盛时期的历史回溯同样也有助于将现代讨论置于清晰的历史发展和理论转换的背景之中。通过审视效用主义发展的历史，可以看出，效用主义伦理思想事实上远远超脱它所赖以产生和创立的历史时代和社会运动，而成为一种具有普遍性意义的伦理思想范型。

效用主义伦理思想产生的背景

效用主义伦理思想产生于 18 世纪的英国，它的产生有着深厚的社会经济、政治和思想背景，其中蕴含着深刻而丰富的时代印记。正如马克思所说："推动哲学家前进的，决不像他们所想象的那样，只是纯粹的思想力量，恰恰相反，真正推动他们前进的主要是自然科学与工业的强大而日益迅速的进步。"[①]英国近代社会所处的是一个生产力迅速增长、生产关系急剧变化、社会历史事件频发的时代，也是一个新旧力量同时存在、相互竞争和较量的时代。狄更斯曾在《双城计》中的开场白这样描写工业革命时期的英国社会："那是最好的时代，那是最糟糕的时代。那是理性的时代，那是愚昧的时代。那是信仰的时代，那是怀疑的时代。那是希望的春天，那是失望的冬天。人们拥有一切，人们一无所有。人们由此步入天堂，人们由此坠入地狱。某些最喧嚣的权威坚持要用形容词的最高级来形容它。说它好，是最高级的；说不好，也是最高级的。"[②] 在这一时代中，革故鼎新的要求从经济领域强有力地扩展到政治、法律、思想等广泛的社会领域：社会利益格局亟待调整、社会立法体制要求新的整合、社会伦理关系需要新的理论支撑和新的调节方式——这一系列的社会要求既期待着出现理论上的有力支持，也渴望着实现实践中的彻底变革。效用主义伦理思想产生正是顺应了这一历史时代的强烈呼唤。

---

① 《马克思恩格斯选集》，第四卷，北京：人民出版社，1995 年版，第 472 页。

② [英] 狄更斯：《双城计》，孙法理译，南京：译林出版社，2012 年版，第 1 页。

2.1 效用主义伦理思想产生的社会背景

17、18 世纪欧洲自然科学的长足进步为工业革命提供了重要的理论前提。工业革命使"人类物质文化的变化在过去的 200 年中比在此前 5000 年中发生的变化都还要巨大"[①]。英国的工业革命开始于 18 世纪中叶，到 19 世纪 40 年代基本结束。工业革命给当时整个英国社会带来相当大的影响，使英国资本主义生产由工场手工业飞跃发展到了机器大工业时代。从此，英国成为世界上第一个工业国，并引发了英国社会经济、政治方面的巨大变化。古典效用主义伦理思想就是在这一社会背景下产生的。

2.1.1 自然科学的进步

1543 年，哥白尼发表《天体运行论》，提出"日心说"，给此前的 1300 多年中一直占统治地位的"地心说"以沉重打击。"日心说"指出，地球只是浩瀚宇宙中的一颗普通天体，浩瀚的宇宙，不为地球存在，地心说只是古人愚昧无知并以自我为中心的一种痴想。哥白尼学说对人类愚昧的揭示，本应戳伤人类的自尊心，然而实际上却产生了相反的效果。对此，罗素认为，这是"因为科学的辉煌胜利使人的自尊复活了"[②]。此说可谓一语中的，科学的发展的确增强了人们征服、驾驭自然的信心和勇气。早在 17 世纪，面对自然科学的发展，培根就喊出"把得到的真理应用到人类的福利上，是始终要记在心里的目标"[③]的呼声。事实上，西方自 17 世纪以来，自然科学在各个领域相继发展起来，先是天文、力学，接着便是物理、化学。其中 18 世纪的机械力学的发展不仅对当时的自然科学生了深刻影响，对社会科学以及一般人的思想观念亦产生了重大影响。蒸汽机的发明与推广，是这一时期科技发展的重要成就，

---

① [美] 斯塔夫里阿诺斯著：《全球通史》（下卷），董书慧等译，北京：北京大学出版社，2005 年版，第 477 页。

② [英] 罗素著：《西方哲学史》（下卷），马元德译，北京：商务印书馆，1981 年版，第 58 页。

③ [美] 梯利著：《西方哲学史》（下册），葛力译，北京：商务印书馆，1979 年版，第 18 页。

使人类进入了工业化时代。

时间之镜推到狂热追求实际效用的 19 世纪，这一时期英国的自然科学发展更加迅速，自然科学的研究机构日益增多是最为明显的表现。1779 年，英国皇家科学院成立；1831 年，英国科学促进会成立；1851 年，英国成立了皇家科学院，科学的力量得以彰显并逐渐渗透至人们的生活而与现实日益贴近。从经院哲学中挣脱出来的近代自然科学运用于实践产生的效应展示了自然科学的真实魅力且促进了物质财富的增加。19 世纪科学上的三大发现，即能量守恒定律、细胞学说和生物进化论的提出，使整个世界为之震惊。其中，能量守恒定律揭示了物质形态不但可以转化，而且在量上也存在某种确定不移的关系。这样，力学、热学、化学与生物学贯通在一起，实现了牛顿力学以后第二次物理学的理论综合。60 年代，麦克斯韦电磁理论，进一步揭示了物理现象内在统一性，将电、磁、光学融为一体，完成了物理学的第三次理论综合，并引起了以电力应用为标志的近代第二次技术革命。19 世纪三四十年代，生物学领域细胞理论的建立首次揭示了一般生物由简单到复杂的共同发展规律，将动物学、植物学与胚胎学结合起来，实现了生物学的第一次理论综合。70 年代达尔文的进化论揭示了包括人类在内的一切生物物种均在自然环境影响之下，由低级向高级进化的共同规律，将人类学、动物学、解剖学结合在一起，实现了生物学的第二次理论综合。之后，这一生物学上的规律不断扩展到思想的各个领域。物竞天择，适者生存，对竞争的追求以及用进废退等理论的提出，在社会领域为资本主义对利益的追求做了最合理的辩护。

纵观科学的发展，19 世纪以前的科学多是出于兴趣的纯粹目的，或是出于研究本身的理论证明需要。而 19 世纪科学的发展却表现出与此前完全不同的特点，即：它有意识地追求科学的用途和实际效用。生活在 19 世纪的人们深刻感受到自然科学进步所带来的生产及生活方式的变化，由此，求变化、求进步的科学态度成了 19 世纪的时代特征。随之，人们的视线落回现实生活中，并自此从容而坚定地踏上从实际出发解决问题的征途，思考如何才能在现实中获得更幸福的生活，从而对现实生活有了新的关注和企盼。边沁、穆勒创立的古典功利主义伦理思想主张用"效用原则"对社会进行全面彻底的改革，创建合理的社会制度，实现"最大多数人的最大幸福"的政治理想，为资本主义的繁荣发展扫清障碍。他们的这些主张明显地带有时代特征，他们的伦理思想也因此得以胜出并实际指导了英国社会的全面改革。

2.1.2 社会经济的发展

18、19 世纪是西方资本主义国家的改革时代。经过近百年的工业革命和工业化浪潮，欧洲从传统社会迈向了现代化社会。

近代工业革命首先从英国开始，蒸汽机的广泛应用，机器大工业取代手工业，劳动生产力迅速提高，社会财富极大增长。工业革命后期，工人日平均劳动生产率提高 20 倍，根据中国科学院经济研究所的《主要资本主义国家经济统计集》表明，当时整个英国国民总收入同期提高了 257.5%；国民经济中工农业产值比重也发生了变化，1801 年农林渔业产值在国民经济中的比重为 33%，1831 年下降为 23%，工商业产值却由 41% 上升为 52%。[①] 工业的各部门全面发展，产生了许多新的工业门类。汽轮、火车、汽车开始出现，运河和公路也开始修建。大规模地修建公路，成为第一次工业革命的重要成就。第二次工业革命时期，修建长距离纵横交错的铁路网是欧洲资本主义发展到鼎盛时期的标志。垄断性的托拉斯和卡特尔开始出现。各种形式的股份公司、投资银行、保险公司控制和操纵了工业各部门的运转，资金空前大量聚集，把工业资本主义和金融资本主义紧密结合起来，促成城市的兴起。19 世纪末英国成为世界上城市化最高的国家，全国只有不及十分之一的人口居住在农村。1880 年，伦敦是世界上人口最多的城市，有 90 万人。社会生产力的进步，引起生产方式的变更，促使社会财富急剧增长的同时也使社会财富得以重新分配，导致社会利益关系复杂化，阶级关系复杂化，使社会出现了前所未有的剧烈震动。社会经济基础的变化必然反映到社会意识形态的变化，社会经济关系的变更急需一种能够得到社会共识的理论来指导当时的社会生活实践，为新的生产方式和生活方式制定新的道德规范。古典效用主义伦理思想及其主张"最大多数人的最大幸福"契合了当时社会发展的需要，是经济基础的变革在上层建筑领域的反映。因此，可以说 18 世纪社会经济的迅猛发展为古典效用主义伦理思想的产生奠定了物质基础。

工业革命使资本主义大工业得到了波澜壮阔的推进，它从社会的经济基

---

① 周敏凯著：《十九世纪英国功利主义思想比较研究》，上海：华东师范大学出版社，1991 年版，第 3 页。

础和物质基础本身上将社会彻底革新。生产力的革命必然要求进行从思想观念、社会制度到生活方式的全面社会变革，首先就是经济关系的变革，把利益提高到了统治地位，其中也不可避免地孕育了新的社会利益冲突。

2.1.3 社会利益的冲突

恩格斯曾说过，近代英国绝非欧洲思想家所误解的那样——是自由民主国家的典范，而是人们从"远处眺望美景"时，把"假货"当成了"真货"。表面经济繁荣掩盖着腐朽的社会政治体制。在工业革命期间，英国社会形成了较为成熟的社会阶级结构，主要的阶级包括工人阶级、中等阶级、土地贵族和金融贵族阶级。贵族阶级以保守势力为代言人，在政府和议会中处于领导地位。中等阶级包括商人、乡绅、城市小资产者等广泛的人群。在工业革命的进程中，中等阶级中产生了大量的工业资本家，因而也被称作"工业资本家的后备军"。他们在工业革命中属于最为活跃的经济力量，是工业革命的最大受益者，也是社会财富的最大持有者。工人阶级是社会生产的主力军，却是社会利益分配中被忽视、被剥夺的一方。这就是当时社会的基本利益格局。

中等阶级在经济上处于强有力的地位，这使他们强烈要求制定更有利于自由经济发展的政策，也要求改变在政治上相对较弱的地位；而工人阶级虽然创造着工业革命中巨大的财富，但是他们本人却一无所有，因此强烈地要求经济分配上的、政治决策上的平等权利。社会的利益冲突由此产生。

中等阶级与贵族保守势力之间的利益冲突主要体现在三个方面：经济领域的冲突是利益冲突产生的根源，主要变为经济自由主义与重商主义之间的冲突。贵族保守势力主张有利于自身既得利益的重商主义政策，强调保护关税，加强对外贸易，而新兴的工业资产阶级则以亚当·斯密的古典政治经济学为理论依据，要求政府尽可能少干预经济生活，实现经济自由。这两种经济政策之间的冲突反映了中等阶级争取自身的经济权利、左右国家经济政策的努力。经济领域的冲突反映在政治领域中，就是两个阶级关于改革议会选举制度的斗争。当时英国实施的是贵族制政体，少数大贵族通过控制议会把持政府。议会分为上下两院，上院代表的是大贵族的利益，下院是在财产的基础上按照旧的选区划分进行选举的。从总体上看，议会所反映的仍是资本主义经济对社会格局产生重大变革之前的社会要求，根本不能体现和保护新兴的中等阶级的利益。因此，中等阶级强烈要求改革议会制度，尤其要求改革下院选举制度，扩大选举权。这种要求受到了保守势力的顽固抵抗，社会中变革和保守之间的冲突以激烈的方式表现出来，这就是著名的激进主义运动①。

在当时的社会中，激进主义的另一支力量——工人激进主义的要求既与中等激进主义的主张有重合之处，也有本质上的不同之处。工人阶级同样持有反对封建专制，在经济和政治领域变革既有社会制度，争取更多的政治和经济权利的激进主义要求，但是，工人激进主义的主旨是追求社会平等，要求实现的是政治上的权利平等、经济上平等分配社会生活中的种种好处的政治理想，不同于中等阶级激进主义的追求财富和生产效率的主张。社会利益冲突体现着社会的基本矛盾。在工业革命过程中，英国社会的基本冲突主要体现在两方面：一方面以新兴工业资产阶级为主体，联合其他中等阶级和工人组织，一起反对掌握政权的贵族势力，要求变革既有的特权等级制度，其实质是激进主义与保守主义之间的矛盾；另一方面是工人阶级反对工业资本家剥削，争取平等的社会地位和经济利益，其实质是激进主义内部的工人阶级激进主义与中等激进主义之间的矛盾。前一种矛盾在工业革命的前期占主导地位，后一种矛盾虽然也贯穿在整个工业革命过程之中，但是是在前一冲突得到了一定程度的解决之后，才成为英国社会的主要矛盾。

社会主要矛盾的变化引起了社会利益的倾斜、政治腐败与社会动荡，这些成了资本主义社会经济发展的严重羁绊。为了推进经济的平稳发展，避免国内矛盾的激化进而引发革命等剧烈的社会震荡，使英国近代历史客观地选择了走温和的改良道路。这种社会政治状况反映到社会发展的主导理论思想上，必然导致以追求整个社会最大多数人的最大利益的效用主义思想的崛起。

近代英国社会的这种利益冲突和基本的社会矛盾变化，为社会伦理关系的变动提供了社会基础和推动力。

---

① 本研究所涉及的英国激进主义运动的基本特征是要求进行社会改革，从根本上改革现存的社会制度，同要求维持既有制度的保守主义相对。但在改革的方向和具体内容上，激进主义内部又有很多不一致的观点。在本研究所涉及的历史时期中，按照其具体主张的不同，激进主义可以区分为中等阶级激进主义和工人激进主义，在工业革命前期，两个阶级联手反对封建王权和土地贵族的压迫，要求重新分配政治权利，在废除"谷物法"、改革议会制度与实行普选权等方面存在着共同的利益要求。但当中等阶级中的新兴工业资产阶级确立了自身的政治地位之后，二者在平等与效率这两种目标上的分歧就开始白热化。新兴工业资产阶级开始与贵族阶级妥协，并联手遏制工人运动。

2.1.4 社会伦理关系的变动

近代英国社会的利益冲突体现的是资本主义市场经济体系试图完全突破和摆脱旧的封建经济形势的束缚，为自身的发展开辟道路的努力。资本主义市场经济形式要想真正确立自身，一方面必须革除旧的生产方式和社会体制的影响，另一方面还要在新的生产力的引导下逐渐树立新的体制、新的社会构成。这一革旧立新的过程也贯穿在作为现实利益关系反映的社会伦理关系中，一方面是要破除旧的以人身依附、等级特权为特点的封建社会的伦理关系，另一方面则是要建立新的伦理关系。新的伦理关系的基本特点是利益关系的凸显，社会利益关系取代了封建社会的政治依附关系而成为人与人之间的主导性关系。资本主义大工业发展的第一个直接的后果，就是把利益提升为人的统治者，使人与人之间的关系变为商业关系，或者换句话说，财产、物成了世界的统治者。[①] 马克思曾经指出，18 世纪已经成为"商业的世纪"了。在这种商业化和市场化的社会历史环境中，就有的封建社会的各种社会关系被现实的商品生产和交换关系，劳动力的买卖关系所替代。这就使封建的社会等级制度和社会控制手段失去了效力，而在利益关系的基础上建立起一种新的社会控制手段。恩格斯曾在《英国状况·十八世纪》一文中，深刻地揭示了这一社会关系的变革。他指出，资本主义"政治改革首先宣布，人类的联合今后不应该再通过强制，即政治的手段来实现；而应该通过利益，即社会的手段来实现。它以这个新原则为社会的运动奠定了基础"[②]。他还具体分析了率先开展工业革命的英国和经济上较为落后的其他欧洲大陆国家的不同状况："在大陆上，社会的因素还完全被掩藏在政治的因素之下，还丝毫没有和后者分离开；而在英国，政治的因素已逐渐被社会的因素战胜，并且为后者所驱使。英国全部政治的基础是社会性的；只是由于英国还没有越出国家的界限，由于政治还是英国极端必需的手段，所以社会问题才表现为政治问题。"[③] 恩格斯这里所指出的就是在资本主义市场经济建立初期，国家的政治主导地

---

① 《马克思恩格斯选集》第一卷，北京：人民出版社，1956 年版，第 674 页。

② 《马克思恩格斯选集》第一卷，北京：人民出版社，1956 年版，第 663 页。

③ 《马克思恩格斯选集》第一卷，北京：人民出版社，1956 年版，第 662 页。

位逐渐下降，而以经济利益关系为主导的市民社会日益崛起的历史事实。

这种社会背景无疑是效用主义理论受到重视、得到发展的一个基本原因。在利益关系、效用关系的凸显和中心化的前提下，资本主义市场经济的伦理关系具有不同于封建经济的新内涵。

在新的市场经济关系中，作为市场主体的个人的自由、平等地位，得到了形式上的肯定。自由、平等是从新的经济秩序中产生的，经济形势的规定性正好构成了个体之间相互交往和相互对待的伦理关系的规定性。资本主义市场经济体系在本质上不同于封建经济形式，它不是基于孤立分散的、自给自足的自然经济和森严的等级制度，而是建立在大规模的商品生产、平等自愿的商品交换的基础之上的，以自由竞争为驱动力，以开放的市场体系为前提的经济机制。市场上的每个交换主体，都是作为商品的所有者而相互对待，作为同等权利的个人而相互对待，不同于封建社会地主对农民的不平等关系。参与市场交换中的个人所从事的也都是自愿交易，任何一方都不是被强制的，交换行为体现了意志和行为上自由。

平等和自由是相通的。从思辨哲学的角度来看，平等是指人的实践中对自身的意识，意识到自己和别人都是人，每个人把别人当作和自己一样的人看待，承认人类的本质，认为人应当有权利像一个人那样地生存。因此，在市场交换的活动中，不仅产生了平等、自由这种客观的伦理关系，而且也产生了要求在道德上尊重人的权利。尊重人的权利，给每个人以自由平等的权利，正是这个时代的伦理要求。欧洲近代的启蒙精神正是以在理论上、实践中确立这一要求为目的的。在启蒙运动过程中，从意大利的文艺复兴开始，到17世纪的洛克、休谟等人的经验主义的人性论和霍布斯的合理利己主义的伦理学说，以及18世纪法国唯物主义的思想启蒙，自由、平等、个人权利观念逐渐牢固地渗透在个人的意识和社会生活之中。当然这里所说的还只是市场社会的一种形式上的要求，自由、平等、个人权利都还只是抽象的要求。在资本主义以私有劳动为基础的所有制的国家中，我们可以看到，资本主义伦理的深刻本质却是不平等和奴役，是一种代替了封建奴役的新的不平等和新的奴役，即资本家对雇用工人的奴役和生产过程的专制。这是自由、平等和个人权利的要求根本无法普遍实现。

资本主义市场经济形式所产生的伦理关系的另一个特点，就是对个人与他人关系的规定，对个人利益与共同利益的规定。就市场经济的运行而言，它是以社会化的分工和商品交换为基础的。可以说，市场经济本身的逐渐成长和壮大的过程，正是社会的商品化、交换化不断地发展和完善的过程，是人的社会化存在方式、人与人之间的相互依存关系日趋成熟的过程。因此，个人与他人之间在相互竞争的同时，也寻求着一定的相互依赖与合作。资本主义市场经济发展的早期阶段，就有经济学家对此进行过描述。17世纪法国经济学者加尼尔提出"每人为大家劳动，大家为每人劳动"的命题。另一位经济学家杜尔阁则称，每一个工人都为了满足一切他种工人的需要而劳动，而各种工人也就为他而劳动着。① 这些观点揭示了市场经济中人与人之间互为目的和手段的社会现实，这也是社会分工市场经济运行的基本常规。

然而，市场经济关系下这种"我为人人，人人为我"的联系并不是人们的主观意愿，而是放在人们的私人利益背后的，只是在客观上达到有利于他人和社会的结果。就客观过程来说，每一个个体利益的满足，正好就是共同利益的实现。亚当·斯密所提出的经济伦理理论就是对这一情形的论证。他指出，应该在合理的个人利益中寻找经济活动的动力，个人利益的自由实现可以促进社会的进步，只要行为不违反法律和道德的要求，每个人追求自身利益的结果必然导致公共利益的增加。这就是所谓的"主观为自己，客观为别人（或利社会）"。亚当·斯密的论证使资本主义市场交易中的合理谋利精神得到了理论上的肯定。边沁的效用主义伦理理论正是在这一理论的基础上阐发的。

具体到本研究所要讨论的效用主义赖以产生的18世纪英国社会，资本主义市场经济的发展已经处在较为成熟的时期。就社会中的个人来说，一方面，通过由洛克所倡导的启蒙运动的洗礼，个人主义精神和一定程度上的自觉理性意识以及自由平等观念，已经渗透到人们的头脑和精神中去，这为后来边沁主义者发动的社会改革运动做了精神上的准备；另一方面，资本主义发展初期的那种疯狂摄取金钱和财富的欲望也为18世纪的英国人所继承，这种欲望表现为一种弥漫全国的"向上看"的社会风气。赚钱是衡量个人能力的唯一标准，也是个人向更高的社会阶层升迁的最快途径。当时英国社会的各个阶层，包括贵族阶层、工人阶层以及中等阶层在内，都怀有这种不安于现状的赚钱和升迁的愿望。个人的竞争和进取精神得到了全社会的普遍承认和鼓励，这在边沁理论中也得到了充分的体现。就社会而言，18世纪产业革命初期的英国社会已经开始迈入社会交换和社会合作渐趋成熟化的大工业时期。

---

① 宋希仁：《关于人人为我，我为人人》，载《道德与文明》1995年第1期，第6页。

大工业是交换和分工不断发展的结果，交换上的每一次扩大，都引起了更加进步的、更有效的分工，分工由于得到了技术进步的帮助，"于是在许多相互依赖的专业活动之间就必以越来越大的协作为前提，最后，全世界都参加这一协作"①。经济史学家指出，大工业就是为全国或国际市场生产的工业②，这说明合作的普遍存在是大工业的一个基本特征。个人以前所未有的密切方式与他人、与整个社会现实地联系起来。但是，资本主义私有制的形式，却不能使这些社会化的要求得到确实的实现，从而造成了社会经济形式和私有制形式之间的矛盾。总之，个人自由、平等、竞争精神以及理性精神的成熟和发展，个人与他人的社会依赖性的加强，两者构成了18世纪个人与社会伦理关系的主要特征。个人相互竞争与相互合作、生产的为己性和为他性、个人之间的相互联合、彼此分工的要求与私有制之间的矛盾，也孕育了发展到大工业生产阶段的资本主义市场经济不可克服的内在矛盾。

社会伦理关系变动的这种趋势，从资本主义市场经济产生之初就已经开始，到18世纪，新的伦理关系才逐渐确立起来。反映并推动了这一现实变动过程的是一批持有效用理论的思想家，包括17世纪的英国哲学家霍布斯、洛克，18世纪的英国哲学家孟德威尔、哈奇森、休谟和亚当·斯密，以及法国唯物主义者爱尔维修、卢梭、霍尔巴赫等人。之所以称这些人的理论是"效用理论"，而不称为"效用主义理论"，是因为他们虽然提出了效用在伦理和道德思考中的重要作用，并且对于效用主义所包含的各种理论要素进行了多方面的论证，但是他们还没有正式提出系统的效用主义理论框架。效用主义理论在18世纪的神学效用主义、政治效用主义以及边沁的效用主义理论中，尤其是边沁的理论中，才得到了正式确立。因此，接下来研究者将探讨效用主义伦理思想的理论渊源。

---

① 亚当·斯密:《国富论》，转引自保尔·芒图:《十八世纪产业革命》，北京：商务印书馆，1983年版，第25页。

② 保尔·芒图:《十八世纪产业革命》，北京：商务印书馆，1983年版，第3页。

2.2 效用主义伦理思想产生的理论渊源

道德问题是一个从古至今就一直被广大哲学家探讨的问题，早在古希腊罗马时期，唯心主义的代表人物柏拉图和古代原子论的代表人物德谟克利特就针对道德与现实利益的关系问题展开过激烈的争论。后来百科全书式的代表人物亚里士多德对道德问题进行了详细的表述，他以探寻人生的目的为出发点，考察人的心灵的非理性部分如何受到教化和塑造而形成德行，他把人的德行与幸福结合在一起，认为人生的目的就是通过教化心灵，实现美善的生活即幸福。中世纪封建神学思想取得了统治地位，对道德问题的研究也开始转向对神学的研究，提出德行是由上帝赋予的说法，他们将上帝作为道德律的创始者，认为道德是源于对上帝的爱和信仰，没有对上帝的爱和信仰，就没有道德。

在文艺复兴、工业革命等一系列变革之后，近代资本主义制度在欧美各国相继确立并逐渐得到巩固，商品经济的繁荣发展使得人们对于经济利益的关注程度日益升高，经济领域的重大变化，必然带来作为上层建筑的思想领域内的突变。资产阶级越来越注重现实利益的获取，于是他们将对神和上帝的关注转向了针对现实利益的关注以及与现实利益相关的人的本身研究。随着科技的发展和因科技的广泛应用给现实世界带来的深层影响，关于人的主体地位的问题便凸显出来。资产阶级思想家们对人何以为人，人的本质是什么的问题关注程度也越来越高，他们加强了对道德、德行问题的研究，使得这个时期的道德学说变得更为系统和完整，例如霍布斯、洛克、斯宾诺莎、休谟、亚当·斯密及18世纪法国唯物论哲学家关于幸福的思想，康德的义务论等思想相继出现。

效用主义也产生于这一时期，但追溯其理论渊源，最早可至古希腊时期的快乐主义理论。后经中世纪和文艺复兴，直至18世纪末和19世纪初，才最终发展成为一种系统而又严密的论证伦理思想体系。效用主义伦理思想和其他任何思想观念一样也有其产生和形成的理论渊源，追溯这一思想发展的历史脉络，可以使我们更清晰地分析和理解效用主义伦理思想的内涵和本质特征。

2.2.1 古代渊源

需要指出的是，在西方伦理学发展史上，对快乐主义有过突出贡献的早期思想家主要有原子论的代表人物德谟克利特、昔勒尼学派（小苏格拉底学派的一个分支）的思想家，以及后来的伊壁鸠鲁，他们对快乐与幸福关系的厘定为后来效用主义产生直接奠定了基础。

一、德谟克利特的幸福论

德谟克利特（Democritus）是古希腊哲学家、原子唯物论的创立者。根据原子论，德谟克利特认为人好比原子那样，始终处于运动变化之中，而这种运动的具体表现就是人类的行动。德谟克利特正是由于人的这种自然性原理才认为人生的目的乃是追求自我的幸福。

他主张快乐原则，将快乐作为人的本性，并将快乐与痛苦应该作为判断行为正当与否的标准。他说："对人，最好应该是能够在一种尽可能真正愉快的状态中生活，并且尽最大可能来减少痛苦。快乐和不适决定了有利与有害之间的界线。"[1] 他强调人的自然本性，从一切人都具有的、永恒的本能需要出发，推论出人的道德，把快乐（或幸福）与否当做最高的道德准则。他认为人应该做那些快乐的事，避免那些令人感觉不痛快的事情，快乐就是使人的身体得到健康，灵魂得以安宁。他认为只有能够给绝大多数人提供最大幸福和最小痛苦的社会才是有价值的社会。这一点对于近代的效用主义的代表人物穆勒的影响很大，穆勒也正是从人的本性出发引申出人生的最终目的——实现幸福。需要指出的是，德谟克利特的道德思想与后来的强调肉体欲望满足的快乐论还是有差别的，在德谟克利特看来，生活的目的并不在于一味追求物质上的享受，真正的幸福或快乐并不是吃得好穿得好，而应当是节制享乐和灵魂的宁静。他说："幸福不在于占有畜群，也不在于占有黄金，它的居处是在我们的灵魂之中。"[2] 人们通过享乐的节制和生活的协调，才能得到"灵

---

[1] 周辅成主编：《西方伦理学名著选辑》(上卷)，北京：商务印书馆，1987年版，第81页。

[2] 北京大学哲学系外国哲学史教研室编译：《古希腊罗马哲学》，三联书店1957年版，第113页。

魂的安宁"。他认为人对幸福的追求是人出于自然本能的需求，是现实生活的一系列经验事实，而不是纯粹的观念上的幸福，幸福只是现实生活的幸福，而不是虚无的幸福。幸福不应该仅指个人幸福，还应该兼顾社会公共利益，实现最大多数人的最大幸福才是一个有德行的人的最终追求。

二、昔勒尼学派的快乐主义

昔勒尼学派，也译作居勒尼学派，是古希腊小苏格拉底学派之一，该学派是由苏格拉底的学生亚里斯提卜（Aristippus）创立的。主要代表人物有亚里斯提卜、赫格西亚、安尼克里和德奥多罗等。该学派在伦理学方面继承了苏格拉底的思想，试图回答苏格拉底提出的"善是什么"的问题，认为善就是快乐。在他们看来，快乐是人生的唯一目的，是人从幼年时起就天生追求的目标，人生在世，应该及时行乐，但人不能被快乐所支配，而应该主宰快乐。这种学说被后人称之为快乐主义。他们将快乐和感觉联系起来，认为人的快乐情绪源于感官的舒畅运动，而痛苦源于粗糙运动对感官的刺激。在他们那里，快乐主义具有非常明显的注重感觉和肉体性的特征，快乐或幸福被归结为肉体感官的享受，因而肉体快乐要高于精神快乐。该学派在哲学上的重要表现就在于重视感性的作用而轻视理性，他们主张把知识限制在感性领域，认为只有个人的感觉和情感才能提供确实的知识。昔勒尼学派的哲学和道德思想是将苏格拉底学说的一个方面发展到极端的产物。该学派的快乐主义对希腊后期伊壁鸠鲁的道德思想产生了重要影响。

列宁曾经批判过昔勒尼学派的这一思想，认为昔勒尼学派没有正确区分人类感觉的特殊性，即忽视矛盾的特殊性原理，他们把作为认识论原则的感觉和作为伦理学原则的感觉混淆了，列宁认为认识论上的感觉是相对于理性思维而言的，而伦理学上的感觉主要表现为一种心理感受。昔勒尼学派最早系统地阐述了快乐主义原则，虽然该学派在早期确实有享乐主义的色彩，但是该学派历经改造，后来渐渐趋向于追求以理智为基础的快乐。就历史的影响而言，昔勒尼学派是连接苏格拉底思想和后期希腊思想的桥梁，边沁的快乐主义以及穆勒对快乐质量的区分，在一定程度上都受到昔勒尼学派思想的影响。

三、伊壁鸠鲁的道德思想

伊壁鸠鲁（Epicurus）是古代原子论的继承者和发展者，他的道德理论主要来源于德谟克利特的幸福论和昔勒尼学派的快乐主义伦理思想，主要探求个人心灵安宁和人生目的。然而不同的是，他对快乐理论的表述与先前的理论相比更为消极。他认为既然感性知觉是判断善恶和选择行为的标准，那么选择人生的目的也必须依据直接感知的经验，思考所得的结论必须与这种经验相联系，不然就会陷入困惑与混乱。从这个前提出发，他认为肉体的快乐和感官的快乐是一切道德的起源和基础，没有感性的快乐，就不会有其他的快乐和幸福。但是伊壁鸠鲁并非将快乐定格在奢侈放荡的快乐之上，而是特意指出，快乐究其实质是"身体的无痛苦和灵魂的无侵扰"。他从理性出发，将人的欲望分为三类：第一类是自然的也是必要的欲望，如吃、穿、住等维持人的生命和健康的必要条件；第二类是自然而不必要的欲望，例如饕餮美食与高档服装等过度的物质享受；第三类是既非自然又非必要的欲望，例如对权力的贪婪。而痛苦往往是源于人们对欲望的不满足。因此，伊壁鸠鲁极力主张把人欲降到最低限度，即自然而必要的欲望。这样，一方面消除了那些难以满足的非分欲望，保持了心灵的安宁；另一方面它也会因为容易得到而能给人带来快乐。他将快乐与痛苦相比较，从痛苦的减轻程度方面来考察快乐，认为只要不痛苦就是快乐或快乐是源于痛苦的减轻。但是伊壁鸠鲁在从感官或直觉出发去界定人的内心体验时，不自觉地将快乐和痛苦的范围缩小了，按照这个思维去考察人对幸福的体验，并不能诠释幸福的实质内涵。当然，伊壁鸠鲁这么做的目的是想让同时代的哲学家将对德谟克利特的偏激看法与对他本人的看法区别开来，将他与享乐主义者区别开来，以避免诸多错误的指责。可是伊壁鸠鲁这种努力最终还是被后人定位为快乐主义者，并不断遭到攻击。

现在看来，伊壁鸠鲁其实并非一个单纯的快乐主义者，他认为，如果将快乐只是定格在对物质财富的追求上，那必然违背了人的本性，较之肉体的快乐，精神的快乐更为持久、稳定和深刻，因而精神的快乐高于肉体的快乐。此外，他还特别强调古希腊关于正义、友爱、节制等德行和品格对人的发展的意义，告诫人们追求真正的快乐，避免真正的痛苦，"当某些快乐会给我们带来更大的痛苦时，我们每每放过这许多快乐；如果我们一时忍受痛苦而可以有更大的快乐随之而来，我们就认为有许多痛苦比快乐还好"①。除此之外，伊壁鸠鲁认为达到快乐生活还必须培养两种美德即知足、审慎。因为只有真

---

① 周辅成主编：《西方伦理学名著选辑》（上卷），北京：商务印书馆，1987年版，第103-105页。

正培养起来这两种德行，才能真正实现幸福。伊壁鸠鲁认为美德只是用来获得幸福的工具，本身其实并不重要。古典效用主义者对快乐主义的快乐学说是部分赞同的，边沁也认为幸福就是快乐的获得与痛苦的免除。另外，穆勒赞同美德对于实现效用的重要性，认为追求美德是获得幸福的重要手段，人对美德的欲望存在甚至是无限的，究其原因就在于美德可以使人获致幸福。

然而，历史并不总是像人类想象的那样发展，古希腊的那种肯定人的欲望和追求幸福的效用主义理念并没有在中世纪的欧洲得到迅速传播与发展起来。而与之相反的是，宗教神学的禁欲主义在欧洲蔓延了千年之久。

2.2.2 近代渊源

宗教神学的禁欲主义到 14 世纪至 16 世纪的文艺复兴运动时期才有所收敛。与此同时，快乐主义、幸福论思想才慢慢地有了起色与新的生命。其中，最为闪亮的是马基雅维利。他认为人的天性是恶的，贪得无厌的。所以，他认为一个国家的君主如果是为了更好地统治国家，他可以在非常时期与真理相反，与人道相反，与宗教相反，并且"保留那些不会使自己亡国的恶行"[①]，这是因为"某些事看来好像是好事，可是如果君主照着办就会自取灭亡，而另一些事情看来是恶行，可是如果照办了却会给他带来安全和福祉"[②]。

现在，当我们回过头来看时，发现马基雅维利的主张似乎有些极端，但他的思想对于启蒙欧洲近千年的基督教统治下的人民来说具有很大的现实意义。随着近代资本主义制度在西欧相继确立，资本主义经济得到了迅速发展，资产阶级也开始加强了对道德问题的深入研究，他们对宗教道德思想进行了批判，把对神和上帝的信仰的目光转移到了对自然和人本性的研究，提倡天赋人权，认为人人都有追求自己幸福的权利。资产阶级思想家们对道德问题的研究，一方面拓展了道德问题的内涵、实质，另一方面为效用主义伦理思想的形成提供了理论素材。

一、霍布斯的合理利己主义理论

推动西方伦理思想从中世纪向近代转折的人物——英国哲学家霍布斯，他建构了系统完整的合理利己主义伦理思想体系，这种从人的自私本性出发

---

① [意] 马基雅维利：《君主论》，潘汉典译，北京：商务印书馆，1985 年版，第 74 页。

② [意] 马基雅维利：《君主论》，潘汉典译，北京：商务印书馆，1985 年版，第 75 页。

的合理利己主义思想，对效用主义伦理思想产生了明显的影响。

霍布斯从机械论观点出发，研究人的生理活动和心理活动，解释人的情感和欲望。他指出，人同自然界的其他事物一样，是一个物体。当外界物体作用于人，有助于人的生命运动时，就会引起人的喜悦和快乐的感情；反之，当外界物体的作用有碍于人的生命运动时，则会产生厌恶和痛苦的感情。前者被称为善（good），后者被称为恶（evil）。在他看来，人的本性就是自我保存，趋利避害，无休止地追求个人利益，这是人们行为的基本法则。由此，霍布斯认为，人们最初的生活状态是每个人都按照自己的本性而生活。他将这种状态称为"自然状态（natural state）"。在这种状态中，每个人为了自己的利益都会同别人争斗不休，从而导致"人对人像狼一样"的状态。在这里，不存在善良与邪恶，无所谓是非曲直，唯有力量与欺诈。因此，在霍布斯的认知中，"自然状态"事实上是一种没有道德约束的状态，也是一种每个人与其邻里相互敌对的战争状态，人们时时处于恐惧之中，因此这种状态是十分可悲的。基于理性的自利，人们第一个命令就是逃离此种自然状态而进入一种有秩序的共同体的和平状态。此共同体可以通过个体之间相互签订契约并服从一个人或一个群体统治的制度，或被征服者任由胜利者自由处理的强力获得来达成。但即使人们订立契约进入社会状态，人的自私利己本性还是不会有丝毫改变，人永远以趋乐避苦为行为准则。他认为，自我保存是道德的最终目的。人对公共福利、普遍福利的追求，只不过是人在意识到如果没有公共福利，个人的福利也不可能实现这一事实时而做出的明智的、理性的选择，是人的利己本性使然。道德之所以产生，正是基于对这种社会现实的理性思考。

霍布斯这种极端利己主义的动机理论，确实过分夸大了人的自利本性，因此一经问世就受到人们广泛的批评，但是，他提出要用理性来抑制人的利己本性的理性主义观点，实际上具有"合理利己主义"的特点。它与后来休谟、爱尔维修等人的观点是相通的，并且完全可能通向注重社会公共利益或普遍福利的效用主义。霍布斯将伦理道德建立在现实的社会关系和它们所体现出的利益关系之上，开启了经验主义伦理学的思想路线，是伦理思想发展史上不可缺少的一环，此后英国伦理学的主流，也正如西季威克所说的，都是肇始于霍布斯的主张和其他学者对霍布斯的主张所做出的种种回应。①

二、英国经验主义伦理学

经验主义是英国占统治地位的哲学，包括爱尔维修在内的法国唯物主义也深受其影响。这种哲学认为，人的一切知识（思想和观念）都来源于感性经验，哪怕是不证自明的公理，也是来自经验的归纳和总结。经验哲学的代表人物洛克在批判唯理论哲学代表笛卡尔的天赋观念论时，曾提出一个著名的"白板说"：心灵最初只是一块白板。感觉是联系心灵与外部世界的中介，通过感觉，心灵才获得了关于外部世界的知识，离开了感觉，心灵就永远是它原来的空白状态。与理性主义者不同的是，洛克强调感性经验是知识和道德的唯一来源。这种哲学观反映到伦理学中就是，将道德标准归结于快乐或痛苦的感官体验，行为道德与否，取决于行为的后果能否增加人们的快乐或减少人们的痛苦。经验主义伦理学从经验和社会观察出发研究个人、社会以及二者的相互关系，致力于解决的是个人利益与公共利益、个人经验与社会要求之间的统一问题。

洛克站在经验主义的立场上，以极其坚决的态度反对神学和唯理论的天赋道德原则，认为道德规则和德行只能来自过去和当下的经验。他指出："人们之所以普遍赞同德行，不是因为它是天赋的，乃是因为它是有利的——因此，自然的结果就是，人们对于各种道德规则，便按照其所期望的（或自定的）各种幸福，发生了分歧错杂的意见；如果实践的原则是天赋的，是由上帝亲手直接印入我们心中的，当然不会发生这种情形。"② 洛克的对于德行是有利的这一规定似乎用极为简明的语言把效用主义的基本原则概括出来了。由此可见，洛克不赞同把人的自然情欲和快乐当作天赋原则，他曾明确地提出："事物之所以有善、恶之分，只是就其与苦、乐的关系而言。所谓善就是能引起（或增加）我们快乐或减少我们痛苦的东西，要不然它亦使我们得到其他的善，或消灭其他的恶。在反面说来，所谓恶就是能产生（或增加）我们痛苦或能减少快乐的东西；要不然，就是它剥夺了我们的任何快乐，或给我们

---

① [英]西季威克：《伦理学史纲》，熊敏译，南京：江苏人民出版社，2008年版，第144页。

② 周辅成主编：《西方伦理学名著选辑》（上卷），北京：商务印书馆，1987年版，第706-707页。

带来任何痛苦。"① 当然,洛克非常深刻地看出善和快乐、恶与痛苦并不能简单地直接等同。他所谓道德上的善恶,是指人们的行动是否契合于某种能导致苦乐的法律,换言之,只有人们自觉地按照道德或法律的要求去追求快乐或避免痛苦,其行为才称得上是善的。洛克还引入舆论的作用,来说明道德主体如何运用道德规则而使对快乐的追求达到道德上的善。他认为德行总是会得到褒扬,而失德则总会受到谴责,因此提出要以重视名誉来鼓励于己有益的事,而以责难和蔑视来抑制于己有害的事。但是,洛克将幸福和快乐等同,并将快乐和幸福视为自己的事情,认为只要与己无关,即使是快乐的或幸福的,也不应该去追求。因人的感受是主观的,人在追求快乐的过程中,主观体验是各不相同的,所以幸福或快乐是因人而异的。

边沁以及其后的穆勒可谓深受洛克的影响,他们都肯定了快乐或幸福对人的重要性,但是穆勒认为快乐不等于幸福。他认为,幸福是一种更高层次的感受,快乐的质的差异决定了幸福的差别。另外,一个人的幸福并非就是真正的幸福,真正的幸福应该是促进最大多数人实现最大的幸福,对幸福的追求是一个蕴含着对公共利益追求的过程。

三、斯宾诺莎的道德思想

斯宾诺莎在道德哲学上的重要贡献就在于他将理性思维用于道德标准的界定上,拓宽了道德标准的内涵和外延。他承袭霍布斯的观点,强调"自我保存"是人们一切行为的原始动机,是人们判断善恶的标准。所谓善或恶,按照斯宾诺莎的说法,就是指对于人们有利或有害的事物而言的。凡事只要使得我们快乐或痛苦,我们就称之为善或恶。

斯宾诺莎的道德观从根本上而言是效用主义式的,他认为一个努力寻求自己的利益或想方设法保存自己的人就是一个有德行的人,反之便是软弱无能。然而,斯宾诺莎认为人是一种比较复杂的社会体,人本身包括身体和心灵两个方面,心灵是有情感的。人们若想获得对外界的正确认识,那么人的情感必须由理性来支配;如果人的情感受外界支配,那么对外界的认识就不正确。他认为理性对情感的控制是获得善的根本方法,虽然理性不一定能直接抑制情感,但是一个不容争议的事实就是:一个坏的情感要靠另一个比它

---

① 周辅成主编:《西方伦理学名著选辑》(上卷),北京:商务印书馆,1987年版,第717页。

更有利的或更好的情感来消除。斯宾诺莎认为善是在理性支配下确证的对我们有用的东西而言，而恶是指在理性支配下确证的对阻碍我们占有任何善的东西而言的。斯宾诺莎的这种观点对效用主义有重大影响，它告诉我们日常生活中不仅要在利害之间进行取舍，而且这种取舍要针对它们的影响大小进行某种比较或计算。实际上，不仅对较大利益的选择是善，对较小害的选择也是善。

穆勒认为，既然效用原则是衡量人的行为善恶的最高准则，那么获取利益同时也防止对自己的侵害就是一个很现实的问题。人在进行行为选择时要根据效用原则来进行，必须同时考虑并比较两种或多种利益最大化问题。人在追求幸福的过程中，把个人利益与社会公共利益进行比较取舍，找出更合适的，使幸福最大化的行为是效用主义的根本目的。斯宾诺莎认为行为的最终目的是要实现"占社会全体的绝大多数人的最大利益"。这种思想对后来的效用主义影响极其重大，效用主义的道德观正是在实现绝大多数人的最大幸福的基础上构建的。

四、休谟的情感主义道德论

在效用主义之前的许多近代思想家都面临如何协调个人利益和公共利益的协调问题，对此英国道德哲学中情感论学派的观点是值得我们重视的。不论是休谟、哈奇森（Francis Hutcheson）还是亚当·斯密，他们在假定人性自私的同时，都认为人性中还具有同情他人或仁慈的情感，且这两种情感是相互配合的。情感论学派还认为，只有普遍的幸福、共同的福利才是道德的最终目的。

休谟是情感论学派的代表人物。其理论贡献主要在于探究了因果理论、归纳理论和实践理性以及人性论思想。其中对效用主义造成重大影响的要数他的因果理论和人性论思想。休谟主张怀疑论，他指出虽然人们能观察到一件事物随着另一件事物而来，但人们并不能观察到任何两件事物之间的关联。对于因果概念的理解其实就是人们对一件事物伴随另一件事物而来的一种期待性想法。具体来说，就是人们只能得知某些事物经常相互连接在一起，而这些事物在过去的经验里也往往不曾分开过。人们并不能看透连接这些事物背后的理性是什么，只能观察到这些事物的本身，并且人们对这两类事物关系的厘定往往是透过对一种经常性的连接现象在思维中进行归类的结果，人们所看到的实际上是一件事物总是与另一件事物经常连接。因此，人们应该相信一件事物通常未必会引起另一件事物，两件事物在未来也不一定会一直互相联接，人们之所以相信因果关系，并非因为因果关系是自然的本质，而是因为我们所养成的心理习惯和人性所造成的。休谟的这种观点对后来的穆勒影响极大，可以说他对人的本性是欲求幸福的论证，借助的就是"经常连接"，虽然穆勒的方法从根源上而言是心理联想主义的，但是心理联想主义正是由英国传统的经验论出发，并借助事物之间的"经常连接"而发生作用的，可以说休谟的"经常连接"或曰归因理论是心理联想主义的渊源之一。

此外，作为一个道德情感主义者，休谟从人性出发来论证道德，他认为自利虽是人的本性，可是人同时也具有同情和利他情感，也就是说人的本性既不是完全利己也不是完全利他的。另外，人的行为不仅仅指人的本能行为，更多的则是理性行为，道德原则并不能由人类的知识加以证实，而效用主义的道德原则之所以会被我们接受，是因为它能促进我们本身以及其他被我们同情的人的利益的实现。因此，仅从本能出发去看待人或人的本性，忽视理性在人的活动中的地位和作用显然是有失妥当的。他虽然没有告诉我们道德应该是什么，但是告诉了我们在现实生活中应该怎样进行道德判断，并在经过总结后认为：大多数被我们认可的行为都是为了增进公共利益。休谟这种对道德的看法，直接影响了后来的效用主义。穆勒对道德标准基础的论证正是从人的本性出发，通过人的利他情感，以社会共同利益为基础，以追求实现社会最大多数人的最大幸福为根本目的。

作为著名的古典经济学家，亚当·斯密以在经济学中提出"经济人"的假定而著称，而这一假设毫无疑问是属于效用主义的，因为它确认了经济人的行为始终以谋取经济利益为目的。与此同时，斯密还发展了休谟的情感理论，认为人类天性中具有"悲人之所悲""忧人之所忧"的"同情"素质，人类的道德正是来源于人类的这种本能的原始情感，这种情感所产生或带来的结果就是道德评价的依据，它构成道德判断和道德原则的基础。此外，斯密还强调注重公共利益的效用原则，认为它是维护社会正义和安定的原则。他甚至为了公共利益原则而不满足于同情感，并诉之于理性和自制。他从商品经济和市场交换的原则出发，引申出利己就是利他的结论。既然无私不过是自私计较的结果，而且在市场经济条件下利己就是利他，那么效用原则的普遍性就毋庸置疑了。"这样，亚当·斯密不仅综合了文艺复兴运动以来的道德哲学的分歧，而且为向典型效用主义的转换提供了具有决定意义的理论依据。"①

哈奇森作为情感主义伦理学派的另一个代表，提出了为效用主义理论所承袭的两个重要概念：第一，能创造最大多数人最大幸福的行动，才是最好的行动。第二，提出把数学计算应用到道德主体的身上，并对行为所产生的快乐或自然善的总量进行计算，人们能透过这样的道德计算，来度量什么样的行为能产生最好的结果。② 这是把效用或道德抽象理论具体化的尝试。

五、培根和爱尔维修的社会公益理论

作为英国古典经验论的奠基人，培根对从前的各种道德学说做出了认真的考察分析，一方面肯定古希腊、古罗马道德哲学把德行与快乐、至善与幸福相联系的观点，另一方面又认为不管是"把幸福置于单纯的德行"的禁欲主义，还是"把德行置于快乐之中"的快乐主义，都是趋于个人的怡然自得，而未能关心社会。他用自然物体中整体与部分之间的向心力和离心力的关系，来解释社会与个人的道德关系，并从整体比部分更有价值这一"自然法则"出发，引申出他的"全体福利说"。他区分了私人的善（个人利益）和社会的善（公共利益），指出私人的善是社会的善的肢体和部分，社会的善作为一种"整体"，包括了私人的善。培根把善规定为全人类的幸福，提出个人在谋求自己的利益和幸福时，不能损害他人，更不能损害君主和国家的利益和幸福。显然，这种全体福利说看到了社会利益的重要性。尽管培根本人并没有提出完整的道德理论体系，但他作为从古代道德哲学向近代资产阶级道德哲学转换的首要人物，毕竟为资产阶级道德哲学向效用主义的发展指出了一种方向。

18 世纪，法国唯物主义哲学家爱尔维修同霍尔巴赫、狄德罗等思想家一起，将洛克的经验主义感觉论移植到法国思想土壤中。从经验主义的感觉论出发，他坚持认为道德的出发点是人的趋乐避苦的自然天性。趋乐避苦作为人的本性，是人们行动的唯一动力和原则。因此，他的道德哲学把人的幸福作为最高的价值目标，认为一切正义的制度都应当指向人的幸福。他还明确地把幸福和利益相联系，指出一切能够带来幸福的东西都是利益，利益支配着我们

---

① 窦炎国：《情欲与理性——功利主义道德哲学评论》，北京：高等教育出版社，1997 年版，第 88 页。

② 周辅成：《西方伦理学名著选辑》（上卷），北京：商务印书馆，1987 年版，第 896-897 页。

的一切判断。尤其值得重视的是，他意识到了个人与社会之间既不可分离又相互对立的关系，因此一方面从人自私的天性出发肯定个人利益的合理性，认为个人利益是人们行为价值唯一的、普遍的鉴定者，另一方面又明确提出"合理理解的个人利益"必须以社会公共利益为前提。他把美德理解为追求共同幸福的欲望，于是道德科学就是以"最大多数人的幸福"为对象的科学。如何协调个人利益和公共利益？他意识到不能依靠感性直观和经验来解决这个问题，因此指出：理性会告诉人们如何以社会成员的眼光来估计自己行为的后果，从而懂得有时如不放弃当下的快乐就可能导致以后的痛苦。显然爱尔维修和休谟一样意识到要以公共利益来规范和约束个人行为，一定意义上他建立了一种关于行为正当性的标准：当一种行为倾向于社会中的幸福总量时，他就是正当的行为。

此外，爱尔维修还有两个思想对效用主义产生了影响：一是有关环境和教育对个人的作用理论，二是奖惩理论。洛克在"白板一说"的基础上提出人是环境和教育的产物，爱尔维修把它加强了，认为教育是万能的。奖惩理论的提出是爱尔维修的又一贡献，他认为既然快乐和痛苦的感觉是人们行为的基本动力，那么，就应当利用这一点引导人们向善：由政府或社会舆论施行一定的奖赏或惩罚，目的在于使人们将德行与快乐相联系，恶性与痛苦相联系，从而惩恶扬善。

六、英国早期效用主义理论——神学效用主义与政治效用主义

在18世纪，伴随着资本主义的发展，早期效用主义理论在英国得到了广泛的认可，这股潮流是由神学家率先开启的，在边沁的主张受到社会广泛关注之前，就已经出现了较为系统的神学效用主义理论。盖伊和塔克是最早的神学效用主义体系的提出者，他们的理论在不同程度上影响了整个18世纪的效用主义者。佩利的神学效用主义思想继承并发展了塔克的理论，他于1785年发表了《道德哲学和政治哲学的原理》一书，阐述他的神学效用主义观点，引起了包括神学界在内的哲学、伦理学界的广泛争论，并使神学效用主义在英国得到广泛的传播。

当时的效用主义理论家，除了佩利，还有提出系统的效用主义政治学理论的威廉·葛德文（以1793年《政治正义论》的出版为代表）。边沁1776年发表的《政府片论》，是效用主义观点纲要性的阐述，并于1780年写成、1789年发表了《道德与立法原理导论》。虽然边沁最早提出了效用主义伦理思想和立法思想，但是他的伦理思想直到1833年之后才得到普遍重视。所以，

可以说，效用主义在英国最早的流行是通过佩利和葛德文的著作而广为人知的。

佩利继承神学家塔克的观点，认为上帝愿意他的创造物是幸福的，道德就是服从上帝的意志，为求得永久的幸福而对人类行善。因此，上帝的意志是使正当行为具有正当性的内容，对人类行善事正当性的检验标准，对永久幸福的期望和对痛苦的免除是人们履行义务的来源，也是道德行为的推动力。在佩利的理论中，道德的动机是为了增进一己的快乐和利益，只有自利的意识，对一己快乐和利益的欲求，才为人们提供了德行的最终义务，而道德的标准则在于公共的普遍的幸福，这两者之间并不存在逻辑上的一致，相反，从其中任何一方出发，都有可能导致与另一方相冲突的结论。因此，他还必须依赖于服从上帝的意志这一神学背景作为其道德理论的基础。服从上帝的意志，就必须首先判断上帝所欲望的是什么，上帝欲望着我们的幸福，这是毫无疑义的，我们所要做的就是从探究行为"增进或是减少普遍幸福"的倾向中来判明上帝的意志。在这里，不是依靠理性证明来论证效用原则，而是借助于宗教提供的桥梁来沟通道德的利己动机和道德的普遍法则之间的隔阂，由此来建立神学效用原则的有效性。但是，神学效用主义的基本假定，即上帝的意愿是欲望我们的最大幸福，即使是从神学家的角度来看，也是有漏洞的：上帝是公正而且诚实的，因而他对人们的幸福的欲望必须是在符合正义和真理的情况下，而不应违背后者，所以，效用原则并不是唯一的道德原则，正义原则也是一种不可忽视的原则，两种原则之间的冲突是神学效用主义所无法圆说的。退一步说，即使可以假定上帝只以普遍幸福为目的，遵从一种效用主义的思考方式，但是由于人类不可能像上帝那样全知全能，比如人类理性的有限性，可得到的信息的有限性，等等，因而对公共幸福所做的预测或计算也不能保证是正确的，也不可能因此认为效用主义的道德思考方式就可以推广、适用于作为上帝之造物的人类。

早期效用主义伦理理论的批评者大多是从英国主教约瑟夫·巴特勒的论证中寻求帮助。巴特勒从剖析人性的组成出发，认为人性是一个体系，欲望等等各种冲动是第一个层次，自爱（对自身利益的普遍关心）和仁爱（对他人利益的普遍关心）是第二个层次，良心则居于第三个也是最高的一个层次。自爱与仁爱可以相互一致，也可能会发生冲突，假若二者发生冲突，则应遵循上帝通过我们内心的良心而赋予我们的准则。他既从神学目的论角度反对了以冲动和自爱为唯一原则的利己主义伦理学的观点，同时也指出，仁爱的原则，即对他人幸福的关注，也不能被视作唯一的道德原则，后者正是效用主义所强调的。批评者因而认为效用原则也不能被认为是唯一的原则。

批评者与佩利的神学效用主义所提出的背景，反映出效用主义的主张与常识道德之间的冲突，这些冲突体现在效用主义的整个发展过程中，为不同阶段的批评者所诉诸，也是效用主义理论的继承者致力于修正与缓和的目标。穆勒后来与惠威尔的论战，现代效用主义与其反对者之间的论战，都在不同程度上重复了佩利时代的某些争论，例如正义原则与效用原则的关系，个人的有限理性和判断能力与效用主义思维的理性诉诸之间的矛盾等等问题。

应当说，神学效用主义理论是从神学领域中对现实社会经济生活所做的一种间接的反映，边沁继承了其公共福利原则，但是将其神学的制裁作用彻底从理论中放弃，而鼓吹一种世俗的效用主义伦理思想，并且体现出改革现存社会制度的倾向。佩利借助上帝的命令最后使人的行为在某种程度上超出利己动机而达到利他行为，边沁则将道德命令的权威完全赋予立法的权威和社会公共道德秩序的力量。边沁对于神学效用主义的世俗化反动，正体现了当时资本主义社会发展的需要，正如马克斯·韦伯所说的，"宗教的根慢慢枯死，让位于世俗的效用主义"[1]，效用主义的解释随着资本主义的发展已经逐渐渗入到社会生活的各个方面。

另一位早期效用主义者葛德文的《政治正义论》一书的出版在边沁之后，无疑受到边沁理论的影响。他的政治效用主义理论的观点，构成了18世纪效用主义思想的一个重要组成部分，并且被认为是在社会道德和政治领域彻底贯彻效用原则的第一人。相比之下，边沁主要追求的是效用理论在社会和政治改革中的效果和作用。葛德文在理论中确立了快乐与痛苦的基础地位：喜好快乐和厌恶痛苦是人的本性，快乐是唯一内在的善，痛苦是唯一内在的恶，"研究道德和政治的真正目的是为了获得快乐或幸福"[2]。同时，他力图在理论中完全遵循效用原则或普遍福利、普遍幸福原则的指导，认为"道德是考虑到最大限度的普遍福利而确定的行为准则；一个人，如果他的行为在绝大多数情况下，或者在最重要的时刻，为仁慈的观点所支配，并服从于公共的效用，那他就应该得到最高的道德赞许。同样，任何行政当局可以推行的唯一公正

---

①　马克斯·韦伯：《新教伦理与资本主义精神》，三联书店1987年版，第142页。

②　葛德文：《政治正义论》，北京：商务印书馆，1980年版，第10页。

的法令也必须是最符合公共利益的"①。由此,葛德文建立了一种完全基于苦乐统治和效用原则的道德和政治理论。

葛德文理论的意义还在于,他提出了穆勒后来针对边沁效用主义所做的一些修正观点。这首先表现在,他对快乐的不同层次的区分,对"第二位的快乐"、对内在的精神快乐和个人独立性的强调,即坚持效用主义的方法,能避免边沁理论的许多疏漏之处。他认为人类最早的第一类的快乐是外在的感官的快乐。除此以外,人类还能感受到某些第二位的快乐,如精神感受的快乐,同情的快乐,美好自我欣赏的快乐,等等。第二位的快乐或许比第一位的快乐更微妙;或者可以说,"人类最理想的境界是:他们能够接近所有这些快乐的来源,并享有多种多样而永不间断的幸福。这种境界是一种高度文明的境界。"②同时他也指出,自我欣赏的快乐以及我们一切快乐的正确培养,都要求有个人的独立性。没有独立性,人们是不能变得聪明、有用或者幸福的。因此,"人类所最理想的境界是在尽量少侵犯个人独立性的情况下维持集体的安全"③。这与穆勒的自由理论中对个人独立性的强调有相似之处。其次,葛德文还强调了人的利己本性与利他行为之间的关系,认为习惯形成了不假思索的行为判断,使利他行为从作为实现效用的手段逐渐转化为行为的目的。④ 这些观点在穆勒的理论修正中得到了进一步的发挥。

葛德文所受的批评主要在于,在效用原则与正义原则的相互关系问题上,过于强调严格地以效用原则为中心。他认为,虽然正义是"一个人对另一个人的行为的真正标准",但是正义这个原则本身要求产生最大限度的快乐或幸福,仍最终诉诸效用原则。这一主张在他提出的一个著名的二难选择例子中得到了充分的说明:如果教堂失火,只能救一个人,那么是救坎特伯雷大主教还是救他的仆人。⑤ 葛德文的主张是,应当救能够最大促进普遍效用的人即主教的生命。批评者则质问:如果那个仆人是行为者的父亲,那么该救哪一个呢?葛德文的回答仍旧是"能够增进普遍幸福的人的生命是应该被保全的"。

① 葛德文:《政治正义论》,北京:商务印书馆,1980 年版,第 81-82 页。

② 葛德文:《政治正义论》,北京:商务印书馆,1980 年版,第 10 页。

③ 葛德文:《政治正义论》,北京:商务印书馆,1980 年版,第 11 页。

④ 葛德文:《政治正义论》,北京:商务印书馆,1980 年版,第 41-49 页,第 283-292 页。

⑤ 葛德文:《政治正义论》,北京:商务印书馆,1980 年版,第 85 页。

批评者由此而指责葛德文的效用主义否认个人利益以及家庭、朋友对于个人的重要性，过于强调绝对的理性判断、社会普遍利益的指向。这是葛德文的公益论框架不同于佩利、边沁之处，后者在一定程度上强调的是从个人利益出发，最终能够达到普遍幸福。恩格斯在《英国状况·十八世纪》一文中曾经评价说："葛德文对功利主义原则的理解还是非常笼统的，他把它理解为：公民应当轻视个人的利益，应当只为公共福利而生活；边沁与之相反，他在实质上进一步发展了这一原则的社会本性，他和当时全国的倾向相一致，把私人利益当作公共利益的基础。"① 这一区别当然与其理论的思想背景有关，葛德文受大革命时期的法国思想的影响比较大，而边沁则主要受法国大革命之前的法国思想家的影响，其理论主要来自于英国本身的经济发展的现实的影响，马克思和恩格斯揭示了这种社会背景，指出："葛德文的'论政治上的公正（即《政治正义论》）'一书是在恐怖时代写的，而边沁的主要著作是在法国革命时期和革命以后，同时也是英国大工业发展时期写的。"② 这也是二者理论侧重点不同的原因所在。相对而言，边沁的理论更能反映出当时的英国社会经济政治要求。

葛德文的理论所产生的社会影响主要在于，他的理论从人的自然权利出发，极力主张人生来平等的思想，并且希望在英国社会建立起一种新的制度，以实现政治上的权利平等、经济上平均分配生活中的种种好处的政治理想。葛德文的理论所包括的平等要求为工人激进主义所采纳，和另一位同样主张政治上的平等权利的理论家托马斯·潘恩的理论一样，都代表了社会下层民众的利益。而边沁的理论则事实上代表了中等阶级的利益，因而领导了中等阶级激进主义运动。这三位理论家的理论都属于当时的效用主义思潮的范围，他们一同推动了整个激进主义运动的蓬勃发展。

早期效用主义者的理论贡献也值得一提。首先就是，早期效用主义理论发展、完善了利己主义的公益论的理论框架。18世纪的公益论就反映了这种社会现实和理论要求，一方面，早期效用主义思潮无论是神学效用主义还是政治效用主义，都强调个人利益是唯一真实的利益，也是道德唯一真实的基础；另一方面，又都强调个人利益与社会利益、公共利益的一致性，相信个

① 《马克思恩格斯选集》第一卷，北京：人民出版社，1956年版，第675页。

② 《马克思恩格斯选集》第三卷，北京：人民出版社，1960年版，第482-483页。

人利益的实现就会达到社会公共利益的实现。当然，在个人利益和公共利益的冲突中，神学效用主义诉诸上帝的调和，政治效用主义强调个人之间的平等，而边沁则强调个人利益的实质上的优先性，社会利益只是个人利益的总和。

马克思深刻地揭示了这种公益论的实质，他指出，公益论的产生是源于社会分工的结果，"在分工的情况下，单个人的私人活动变成了公益的活动"①。但是由于资本主义社会并不能实现人与人之间真正的全面的相互依存关系，"每个人为另一个人服务，目的是为自己服务；每一个人都把另一个人当作自己的手段互相利用"②，他们之间的相互依赖和相互补充只是一种"以相互掠夺为基础的假象"③。因此，使个人联合起来并且发生关系的唯一动力就是"他们的私人利益，他们的特殊利益，他们的私利"④。因而，公益归根到底就是"一般地表现在竞争中的公益"⑤。公益论虽然已经意识到了"私人利益本身已经是社会利益所决定的利益，而且只有在社会所创造的条件下并使用社会所提供的手段，才能达到"，私人利益就其内容及其实现的手段来说，"是由不以任何人为转移的社会条件决定的"⑥，但是，它并没有提供使私人利益和公共利益二者真正一致的途径。而一心追逐财富的资产阶级对公益论的庸俗化的结果，只能是导致"片面地谈论赤裸裸的私人利益"⑦。边沁的理论在 18 世纪英国社会追逐财富的热潮中所受到的就是这种庸俗化的对待。

在效用主义思潮中，道德的准则诉之于社会中的大多数人，因而也就将个体伦理学带入政治学领域，二者相互结合，表明了政治学和伦理学之间的密切关系。其次，早期效用主义者已经提出了效用主义伦理理论的基本形式。简单地说，效用主义是一种目的论，他是以行为的目的和后果来衡量行为的价值的。在效用主义看来，行为和实践的正确与否，只取决于受这些行为和实践影响的所有当事人的普遍的幸福；如果该行为或实践能够产生最大可能

① 《马克思恩格斯选集》第三卷，北京：人民出版社，1960 年版，第 484 页。
② 《马克思恩格斯选集》第 46 卷，上册，北京：人民出版社，1980 年版，第 196 页。
③ 《马克思恩格斯选集》第 42 卷，北京：人民出版社，1979 年版，第 35 页。
④ 马克思：《资本论》第一卷，北京：人民出版社，1963 年版，第 167 页。
⑤ 《马克思恩格斯选集》第三卷，北京：人民出版社，1960 年版，第 484 页。
⑥ 《马克思恩格斯选集》第 46 卷，上册，北京：人民出版社，1980 年版，第 103 页。
⑦ 《马克思恩格斯选集》第一卷，北京：人民出版社，1956 年版，第 675 页。

的好的后果，那么该行为就是道德上正当的。行为在道德上的正当与否，不是取决于行为自身或是行为者的动机，而取决于该行为产生的总体上的后果所体现的善或恶，这是效用主义区别于其他伦理学理论的特质所在。这一目的论的或者说后果论的结构以及最大幸福的思维方式，成为效用主义理论的基本特质，为后来的绝大部分效用主义伦理学家所接受，也成为一种伦理生活、伦理实践中最富魅力的理论选择之一。

效用主义伦理思想探析（上）
——古典效用主义部分

　　自 18 世纪以来，效用主义思想可以说主导了西方的伦理、政治、经济、社会及法律等各领域的主要思想。效用主义能成为伦理、政治和社会决策的主要系统，自然有其发展的时代背景及理论建构基础。但从日后许多效用主义支持者对其理论的修正及许多非效用主义支持者对其尖锐的批判中可发现，效用主义也有其理论上的缺失与不足。当我们继续对效用主义进行研究时，可以发现在效用主义的发展历史中显示出两个不同的阶段：第一，从 19 世纪开始在形式上是一致的理论逐步发展期；第二，后来的发展经常付出形式上一致的代价，取而代之的是着重在早期所忽略的正义问题上，以追求具体的道德理想以及较抽象的理论形式。后来，因为经常会面对一些超出效用主义第一原则（即效用原则）的危机，效用主义的发展大都需要面对批评，而这也是伦理学历史中最重要的时期之一。

　　根据以上两个分段，本研究对效用主义伦理思想主要内容的探讨也分为上下两部分来展开。第一阶段，即古典效用主义部分，主要包括：效用主义的初创、鼎盛、西季威克的修正以及摩尔对古典效用主义的终结等内容。在这一部分中，效用主义的发展始终保持着形式上的一致。第二阶段，即现代新效用主义理论时期，主要是效用主义伦理思想在当代的发展。在这一部分中，效用主义的发展，经常出现形式上的不一致，主要表现为针对效用的界定，学者们提出了不同的主张。研究者以摩尔"自然主义的谬误"的提出为分界，将效用主义分为古典效用主义和现代效用主义两部分，分别在第三章探讨古典效用主义部分，第四章探讨现代效用主义部分。

3.1 古典效用主义伦理思想的初创

效用主义刚开始是以一种改良主义姿态出现的，边沁最早的目的是要改良当时英国法律的混乱状态，后来才把注意力旁及于政治、社会和道德问题。从发展背景和主要倡导人物观之，效用主义可说是典型的英国传统伦理学说。英国哲学的经验气息相当浓厚，效用主义所讲求的，无论是快乐也好、幸福也好，其都离不开经验的领域。经验主义对效用主义可说起了重要影响。虽然效用主义伦理思想来源于 17 世纪、18 世纪的经验主义哲学的伦理思想，但第一个对效用主义伦理思想做系统说明的哲学家是英国的边沁。边沁的效用主义理论是"旧瓶装新酒"的典范，边沁承认效用概念是从休谟那里得到启发，并非他首创。至于最大幸福原则，他又将作者权归于贝卡里亚和普莱斯利[1]。周敏凯指出，边沁在普莱斯利（Joseph Priestly）的《政府论》一书中读到了关于社会最大多数人的最大幸福是一切行为的道德规则的论述，他认为这一规则正可成为他的科学道德学的指导原则。[2] 这样看来，效用原则和最大幸福原则，效用主义伦理学的这些核心概念都是从英国伦理学传统中借鉴而来的。事实上，这正反映了效用主义伦理学理论的一个特点：不仅仅是这两个原则，它所具有的基本要素几乎无一不能在此前的伦理思想（尤其是英国经验论伦理思想）中找到渊源。但是，效用主义理论的基本特征又不完全相同于以往任何一种伦理思想，它以自己独特的方式吸收、取用了那些早已存在于伦理学史中的思想和术语。根据前文的论述，效用主义伦理学的诸基本要素可谓深受经验论、情感论以及快乐主义伦理学思想的影响。在这一意义上说，他是哲学和伦理学传统的沿袭，而且就边沁的效用主义理论来说，并没有对 17 世纪、18 世纪效用主义先驱理论做出大的超越。但是，不可否认的是，效用主义伦理学也有其独特的创造和发挥。从边沁的具体伦理思想体系的分析中，我们将会更加清楚地看到这一点。

---

① [英]索利：《英国哲学史》，段德智译，济南：山东人民出版社，1996年版，第168页。

② 周敏凯：《十九世纪英国功利主义思想比较研究》，上海：华东师范大学出版社，1991年，第13-14页。

3.1.1 苦乐原理

边沁继承英国经验论的传统，主张对事物的理解应建立在感觉经验的基础上，拒斥一切超出感觉经验范围的形而上学的或宗教的主张，同时认为理解人也必须建立在对人的实际经验的基础之上，而不是从关于理性、良心、终极目的等理论的哲学反思角度来看。从这一观点出发，边沁进一步又将作为道德标准的体验归结为快乐和痛苦，发挥了经验主义伦理学家关于个人趋乐避苦本性的表述，以"苦乐原理"作为其伦理理论的基石，确立了快乐和痛苦在人类行为中的支配地位——作为人的行为终极目的的地位。边沁在《道德与立法原理导论》开宗明义便说："自然将人类置于快乐和痛苦两位主人的主宰之下。只有它们才指示我们应当干什么，决定我们将要干什么。是非标准，因果联系，都由其决定。"① 在边沁看来，如果把快乐和痛苦的因素去掉，不但幸福一词变得失去意义，就连正义、义务、责任以及美德等一向被视为与快乐和痛苦无关的词也都会成为无意义的。快乐和痛苦决定了个人实际上如何去行为，对快乐或是免除痛苦的期待是驱动人们行为的动机，因而个人是受制于苦乐统治的，追求快乐或免除痛苦是人们行为的终极目的。

边沁认为一项符合效用原则的行动，就是"我们可以说它是应当（ought to）去做的，或至少可以说它不是不应当做的。我们也可以说去做是对的，或者可以说去做是没错的。应当、对和错以及其他同类用语做如此解释时就是有意义的，否则就没有意义"② 。由此可见，对边沁而言，倾向于使个人快乐或幸福就是善的，倾向于给个人带来痛苦或不幸福就是恶的。至于产生快乐或幸福是一种个人主观的意识，并非基于道德的理论依据。

边沁将快乐和痛苦做了详细的划分③，并把快乐和痛苦总称为"兴趣知觉"，

① Bentham Jeremy. An Introduction to the Principles of Morals and Legislation[M]. Kitchener: Batoche Books, 2000, p14.

② Bentham Jeremy. An Introduction to the Principles of Morals and Legislation[M]. Kitchener: Batoche Books, 2000, p15-16.

③ [英]边沁：《道德与立法原理导论》，时殷弘译，北京：商务印书馆，2000年版，第90-97页。

兴趣知觉有简单和复杂之分，一个复杂的兴趣知觉可以分解为若干项简单的，而简单的则不可再分，兴趣知觉合成与分解的过程都是依赖于心理联想的作用来实现。复杂的兴趣知觉是简单的兴趣知觉在数量上的扩大，小孩子游戏时所产生的简单快乐与成年人在欣赏诗歌时所产生的复杂快乐在性质上是没有区别的，只是在数量上有所差别而已。在边沁关于苦乐的划分中，只与行为者自身相关的苦乐是"关涉自身的苦乐"，而与他人相关的则称为"关涉他人的苦乐"，例如仁慈和恶意都是属于涉及他人的苦乐。在这里，边沁揭示了个人的苦乐与他人、与所处的社会环境密切相关，从而使他的量的快乐主义理论具有了 18 世纪快乐主义的特征。

对于苦乐大小的计算，边沁认为：每一行为所产生的快乐和痛苦大多是复杂的，而且苦乐是可以计算的。对一个人自己来说，一项快乐或痛苦本身的价值大小，将依据下列四种因素而定：（1）强度（intensity）。（2）持续时间（duration）。（3）确定性或不确定性（certainty or uncertainty）。（4）邻近或偏远（propinquity or remoteness）。这是在估计每一项快乐或痛苦本身时所要考量的情况，但是当要估计每一项行动所产生的苦乐倾向时，就还需考虑其他两种因素。它们是：（5）丰度（fecundity），指随同种感觉而来的可能性，亦即快乐有快乐随之，痛苦有痛苦随之。（6）纯净（purity），指没有相反的感觉随之而来的可能性，亦即苦不随乐至，乐不随苦生。以上是就个人而言，若就一群人来说，考虑一项快乐或痛苦的价值大小，除了前面所说的那六种情况外，还需考虑到广度（extent），亦即哪些人受其影响。[1] 这些因子将快乐的各种因素都计算在内，由此可以计算出快乐的总量，并以此来判断行为的善恶。其中最重要的是强度和持续时间两项指标，它们决定了快乐的量上排序。由于边沁不承认快乐有质的区别，因而也就对不同程度的快乐进行了比较。

在考虑过上述七种情况后，边沁指出，可以根据下列六项程序来正确计算出任何会影响共同体利益相关者行动的普遍倾向。首先从那些利益看来会立即受到影响的人开始考量：

（1）由行动最初所产生可辨认的快乐值。

（2）由行动最初所产生的痛苦值。

① Bentham Jeremy. An Introduction to the Principles of Morals and Legislation[M]. Kitchener: Batoche Books, 2000, p31-32.

（3）由随后所产生的快乐值，这些构成了初始快乐的丰度以及初始痛苦的不纯度（impurity）。

（4）由随后所产生的痛苦值，这些构成了初始痛苦的丰度以及初始快乐的不纯度。

（5）一方面把所有快乐值加在一起，另一方面把所有痛苦值加在一起。然后均衡（balance）一下，如果快乐值较大，总体而言，此行动会有好的倾向；如果痛苦值较大，总体而言，此行动会有坏的倾向。

（6）确定利益相关者的人数，对每个人都依照上述程序估算一遍。如果快乐的总值较大，总的来说，行动具有良善倾向（good tendency）；如果痛苦的总值较大，总的来说，行动具有邪恶倾向。[①]

这种计算的实质在于，进一步说明了如何区分与快乐相联系的利益的重要性，区分真实的和虚假的利益，区分个人利益是否带来他人更大的痛苦以及是否能够给最大多数人带来最大的快乐总量。在边沁的理论中，快乐原理与效用原则是紧密相连的，对快乐和痛苦的分类和计量，除了判断行为道德与否之外，还被用于计算对人类活动和社会机构的效用。以行为结果作为道德评价标准，让边沁对立法的期望就是增进共同体的最大幸福，而最重要的幸福包括生存、平等、安全和富裕，而这也是法律应赋予每个人的基本权利。不过，边沁也指出，在现实生活中，不是每个道德判断或每项立法或司法运作都能严格遵守上述程序。但是，应该考虑到这些程序；而且，在这些场合实际遵守的程序与之越接近，就将越准确。

对于苦乐的理性测量和估算方法的提出，使得边沁的效用标准得以运用，也反映了边沁重视现实，重视利益关系，反对虚构，反对形而上学思辨的理论风格。这种计算方法的提出，使得对行为的评价建立在边沁主义者所自诩的"客观的和普遍的"立场之上，避免了个人主观的和特殊的偏好、爱好所带来的影响。但是，它是否具有可行性，是否真如效用主义者所说的那样客观有效，是值得怀疑的。快乐计算假定了上述七项因素都是可以度量的，但是，实际上并非完全如此，例如对于快乐的强度就没有一种可行的度量方式；其次，对于不同种类的快乐也不是都可以准确地加以度量；再次，个人在进

---

① Bentham Jeremy. An Introduction to the Principles of Morals and Legislation[M]. Kitchener: Batoche Books, 2000, p32-33.

行快乐计算时，难于精确度量他人的快乐感受，因而效用主义所主张的快乐人际间的加总是否可行是令人怀疑的。这些问题在效用主义发展的不同时期以不同形式出现，尽管无法完全解决，但人们总是在试图提出各种解决方案，当代的各种效用主义学说也致力于此。这是因为衡量、比较后果的大小、多少是目的论或后果论的基本要求。一种彻底的效用主义目的论总是要试图做到这一点。边沁是从量的快乐主义的角度，穆勒则是从质和量相分离的幸福主义的角度，分别做出了有价值的努力。

3.1.2 后果论

根据上述，边沁对苦乐的这种强调也决定了他的理论必然采用后果论的形式，将行为的道德评价建立在行为的后果之上，从后果是否最大限度地促进了行为所涉及的所有人的快乐的增加或是痛苦的减少来判断行为的正当与否，而苦与乐乃是恶与善的同义词。边沁认为，快乐本身即为善，也是唯一的善；痛苦本身即为恶，也是唯一的恶。行为的善恶，是由行为所造成的快乐或痛苦的后果来判断，而非出于行为的动机是善或恶，行为动机的好坏对道德评价是无关紧要的。可见，边沁的功利主义是一种注重行为后果的道德学说，是一种典型的后果论。

边沁的这种后果论试图在上帝、在人的理念之外去寻找道德评价的客观标准。在这点上，跟基督教神学道德评价标准相比，是历史的进步，同时也是后果论与义务论的相比较的一个优点。然而，许多伦理学家都认为这一客观标准存在很大的缺陷。首先，边沁基本上否定了主观意识同行为的道德性质的关联性。他虽然提起过"后果的好坏取决于环境"，但是根本没有展开进行论述，也没有区分经过思考的行为与盲目的行为是否存在道德价值上的差异。其次，边沁否认了动机有相对独立的道德意义。他认为动机是不存在好与坏之分的，因而根据动机来判定善恶是不可能的。但在道德的实践当中，如果一个好的动机因在某个场合产生了有害的行为而被否定，这就很容易伤害人们的道德感情，而无助于培养人们的道德情感。再次，边沁根据行为的客观后果来判断道德上的善恶，作为行为客观效果的快乐与痛苦实际上也是人们的一种心理体验，具有很强的主观性。更何况，道德评价者要正确估算出某一行为所产生的利益有关者的"幸福倾向"与"痛苦的倾向"之间的差额是一件几乎不可能的事情。最后，按照边沁的观点，道德评价者只需要对人的行为后果做出道德上的判断，而不必追究行为动机，更不要要求道德实践者具有高尚的道德情操或者良好的道德习惯。从这个意义上讲，它有利于人与人之间的相互宽容，但也就是因为这样，它即使能够促进人们客观上不违背道德和法律，却很难培养出道德自觉崇高的人格，从而极有可能出现道德败坏现象。

3.1.3 效用与效用原则

边沁认为，效用（utility）是指事物的这样一种特性："它倾向于给利益相关者带来实惠、好处、快乐、利益或幸福（所有这些在此含义相同），或者倾向于防止利益有关者遭受损害、痛苦、祸患或者不幸（这些也含义相同）。如果利益相关者是一般的共同体，那就是共同体的幸福；如果是一个具体的个人，那就是这个人的幸福。"①

其实，"效用（utility）"一词并非边沁首创，而是从休谟的著作中发现的。边沁曾说过，当他读到休谟的《人性论》第三卷"道德学"中关于"效用"的论述时，"顿时感到眼睛被擦亮了"②。可以说，正是休谟的"效用"概念启发边沁找到了梳理、建构自己理论的基本立足点。休谟在其人性理论中揭示了德行的两个并列的本质：愉悦性和效用性（或称功用性、有用性）。休谟强调了效用性在我们对德行的判断中"具有重大的影响，并决定我们的义务的一切重大的方向"③。所谓效用性，是对某些人的利益有用，更准确地说，不仅是对个人自己的私利有用，还包括对那些令人称赞的行为或品质所服务的人们的利益有用。休谟认为，效用性是道德的一个主要基础，是伦理学的出发点，是行动"获得称赞和赞许的源泉，它是关于行动的价值或过失的所有道德决定经常诉诸的，它是正义、忠实、正直、忠诚和贞洁所受到的尊重的唯一源泉，它是与其他社会性德行如人道、慷慨、和蔼、宽大、怜悯和自我克制不可分离的"④。

就休谟的"效用"概念而言，具有几个与边沁思想不同的特点。首先，休谟同时强调效用性与非效用性两个标准，认为除了效用性，愉悦性也是德

---

① Bentham Jeremy. An Introduction to the Principles of Morals and Legislation[M]. Kitchener: Batoche Books, 2000, p14-15.

② 边沁：《政府片论》，沈叔平等译，北京：商务印书馆，1995年4月第1版，第149页。

③ 休谟：《人性论》，关文运译，北京：商务印书馆，1980年4月第1版，第632页。

④ 休谟：《道德原则研究》，曾晓平译，北京：商务印书馆，2001年第1版，第82页。

行的另外一个独立标准。其次，在休谟的伦理体系中，还没有诉诸效用最大化的理论框架，他并没有像边沁那样将有用性（对人对己的）视为快乐的最大数值，或是将是否有助于推动最大多数人的最大幸福作为行为道德与否的唯一标准。尽管两位思想家所用的概念在内涵上有所不同，但是休谟效用理论所强调的以效用作为道德的标准，无疑给边沁以极大的启发。边沁认为他从中找到了一条可以用来衡量每一条特定法律的价值的通用标准。他提出检验一切制度和法律的合理性的激进主义问题：有什么用处？并将其作为"衡量和检验一切德行的标准"，这一标准后来成为贯穿他的道德、司法以及社会哲学学说的一个基本线索，也是效用主义理论的一个核心内容。

边沁对效用原则也做出了界定，他在《道德与立法原理导论》中指出："效用原则是指赞成或反对某一个行为是根据该行为会增大或减小利益相关者之幸福的倾向，或者可以说是促进或妨碍此种幸福的倾向。因此，此处所说的行为是所有的行为，不仅是私人的行为，也包括政府的每项措施。"① 对边沁而言，效用原则是根据行为增大或减少利益相关者之幸福的倾向而来定义的。我们需注意的是边沁指的是"利益相关者"而非"特定利益者"，亦即边沁所关心的对象不只是个人而已，更扩及至共同体。因此边沁才会说："共同体的利益是组成共同体的若干成员的利益总和。当一项行动增大共同体幸福的倾向大于它减小这一幸福的倾向时，此一行动就可以说是符合效用原则，或简言之，符合效用。若不了解个人的利益是什么而来谈论共同体的利益，就显得毫无意义。"② 因此，我们可以说，边沁所主张的效用绝非一般人所误解的重私利而轻公利，他主张个人利益和共同体的利益是息息相关的，更确切地说，个人利益是共同体利益的基础。效用原则不仅适用于个人的每项行为，同样也适用于政府的每项措施。边沁认为，个人伦理教导的是一个人如何可以依凭自发的动机，使自己倾向于按照最有利于自身幸福的方式来行事。而立法艺术教导的是组成一个共同体的人群，如何可以依凭立法者提供的动机，被驱使着按照总体上来说最有利于整个共同体幸福的方式来行事。

① Bentham Jeremy. An Introduction to the Principles of Morals and Legislation[M]. Kitchener: Batoche Books, 2000, p14.

② Bentham Jeremy. An Introduction to the Principles of Morals and Legislation[M]. Kitchener: Batoche Books, 2000, p15.

3.1.4 道德决定的依据

效用原则，即边沁所谓的"最大幸福原则（the greatest happiness principle）"，是边沁的伦理学和政治哲学的基本律则。这是所有事物的支配者和决定者，具有作为评价原则和决定原则的功能。当它作为一种评价原则时，它是行为正确性的终极标准，且提供道德和政治争论的终极裁判；当它作为一种决定原则时，意味着它是所有道德行动者深思熟虑和做决定的指导纲领。

边沁对道德的理解源于两个基本的观察。首先是道德的基本目标是提升共同体的利益，我们可以称此为"普遍的后果论"；其次，快乐和痛苦本身就是一种好或坏，边沁认为善是快乐或痛苦的免除，恶是痛苦或快乐的缺乏。道德的善是指快乐和痛苦能被公平地考量，我们可以称此为"无偏私的快乐主义"（虽然边沁从未质疑过快乐的内在价值，但是在边沁后来的道德理论中，快乐和痛苦的角色比他原先的构想还要复杂）。"无偏私的快乐主义"和"普遍的后果论"结合，产生了道德行为者应该做什么，或对他们而言什么是"对的"这种观点，是依据能公平地考量增进每个人的总体幸福。边沁认为，善、恶、对、错，只有在这种情形下才具有意义，否则，它们什么都不是。

综合上述，边沁对行为的道德决定标准可归纳出三项重要的原则：理性估算、人人平等和最大幸福。理性估算是指就不同行为取向所产生的快乐和痛苦之特性做理性之分析计量；人人平等是指在利益的考量上，无论王公贵卿或黎民百姓，每个人都算作一个，没有人会更多；最大幸福是指最好的行为是能达成最大多数人的最大幸福。对于如何估算快乐和痛苦，边沁在《道德与立法原理导论》中曾提出其独特的见解，研究者也在"3.1.1 苦乐原理"中加以说明过。以下仅就人人平等和最大幸福做一简要说明：

一、人人平等

关于人人平等，边沁提出了反差别待遇原则（即要求我们在评估行动或政策的影响时，应消除社会地位、财富、性别等歧视的差别待遇），主要体现在效用的考量上，边沁主张无论王公贵卿或黎民百姓，"每一个人的快乐都会得到考虑, 并且受到同等的重视"①。穆勒在其著作《效用主义》第五章中, 也宣称边沁的效用原则体现了平等的理想: "一旦这些条件得到了满足, 边沁的名言'每个人都只能算作一个, 没有人可以算作一个以上'便可写作效用原则的一个注释。"②

二、最大幸福

根据平等原则, 每个好的行动或政策就应尽可能地给予每一个人平等的幸福, 但边沁也了解这样的保证是不可能的, 因为某些人的幸福势必会牺牲其他人的幸福。因此, 边沁主张政府必须寻求最大多数人的最大幸福。如此一来, 让边沁的基本原则非常清晰, 边沁将效用主义的期望定义为最大平等的幸福, 而不是最大化幸福的总值。只有在这样的目标无法达成且某些牺牲是不可避免时, 才能退而求其次。无论如何, 此原则不需要让幸福最大化, 但是要达成幸福尽可能最大和最广泛的分配。

3.1.5 效用原则的约束力

任何一种道德理论, 当它提出一种道德原则, 给出一种应当如何要求时, 他就必须解释为什么人们要这么做? 道德行为的动力是什么? 同样, 效用主义伦理理论也必须回答, 为什么要按效用原则行事? 为什么效用主义道德判断是有效的? 为了确保个人的幸福能被公平地考量以达成共同体的福祉时, 应当有哪些约束力?

早期的效用主义者大都遵循外在约束力的思路, 洛克把各种约束力分为三种: 神的惩罚、法律的惩罚、社会的惩罚③, 在盖伊的著作中也有类似的论述。边沁的行为约束理论, 继承了早期效用理论者外在制裁的思路, 并运用他独特的苦乐理论, 阐释了效用主义原理的约束力来源。在边沁看来, 一种约束力就是一种强制力或者一种动机的来源, 也就是一种苦乐的来源。边沁从来源的角度, 提出了快乐和痛苦的四种约束力, 分别为自然的

---

① H.L.A. 哈特:《道德与立法原理导论》(导言), 时殷弘译, 北京: 商务印书馆, 2000 年版, 第 17 页。

② John Stuart Mill. Utilitarianism[M]. London: George Routledge & Sons, Limited, 1895, P117-118.

③ 洛克:《人类理解论》, 关文运译, 北京: 商务印书馆, 1959 年版, 第 329 页。

（physical）、政治的（political）、道德的（moral）和宗教的（religious）①。现分述如下：

一、自然的约束力

如果快乐或痛苦发生在当下生活，且来自平常的自然过程，既未受到任何人的意志干涉，亦未受到任何较高无形的存在之特别介入而有目的的修改，那么便可说是来自或属于自然的约束力。

二、政治的约束力

如果是由共同体内的一个或一组特定的人，在相当于法官的名义下，被选出来根据国家统治的意志来执行特定的目的，那么便可说是来自于政治的约束力，或制裁操纵在社会上某一个或某一群人的手中。

三、道德的约束力

如果是由共同体内偶然的人（chance person）所掌握，而这样的团体刚好与他的生活有关，且依据的是每个人的自发意向，而非任何已经确定或共同商定的规则，那么便可说是来自于道德的或大众的约束力。

四、宗教的约束力

如果是直接来一个超人的不可见的神灵之手，无论是在今世或者来生，那么便可说是来自宗教的约束力。

从总体上看，边沁的约束力理论，指出了个人的苦乐受到外在因素的制约作用。这些作用或者被行为的自然后果所影响，或者受到自然法则的约束，或者通过国家权力机构，或者由我们身边的其他人对我们行为的反应，或者由今生或来世的上帝的裁决而决定。因此，纯粹追求一己利益而不顾及其他因素的人可能会招致社会的制裁，而产生与初衷相反的痛苦结果。这就说明，纯粹利己主义的行为在实践中将会遭到社会现实生活的抑制。在这里，边沁的约束力理论，实际上提供了沟通他的快乐理论中未能明示的个人快乐与社会幸福的桥梁，指明了生活于社会中的个人对于幸福和快乐的追求，会通过社会制裁力的引导而趋向于与其利益相关的一切人的最大幸福。这就是其约束力理论之意义所在。

边沁的约束力理论具有明显的外在性特点，其重点是强调外在于人的自

---

① Bentham Jeremy. An Introduction to the Principles of Morals and Legislation[M]. Kitchener: Batoche Books, 2000, p27-28.

然、法律、社会大众乃至宗教的限制，即使是论及道德的约束力，也不过是诉之于类似休谟所说的"他人的眼睛"那种社会的、人际的舆论和评价的压力，而没有真正诉诸人的内心道德意识或道德情感。[①] 这种外在性特点与边沁的立法理论风格是一致的。边沁虽然在道德、立法、经济、政治等诸多领域都有所建树，但是不可否认的是，他最主要的工作还是致力于制定出一部系统的合乎理性的法典。同18世纪大多数思想家一样，边沁也坚信，通过制定完善的法律法规就可以借助自己的思想理论造福人类社会。在良好的法律和道德法规的约束之下，人们的行为才会合乎效用主义的要求，由此才可以找到他们自己和别人幸福的联结点，才会把促进公共的幸福当作自己的义务。边沁理论的这一特色体现在道德约束力理论中，就是诉诸个人对法律、宗教和社会舆论的恐惧或期望，来防止个人为追求一己私利和快乐而在竞争中相互冲突，通过法律立法的作用来协调个人利益与他人及社会利益之间的关系。其缺陷就是过于注重外部约束力的作用，忽视人的内心的道德约束力的作用。关于这一缺陷的克服，穆勒在其著作《效用主义》一书中有精辟的论述，此部分容后详述。

3.1.6 法律调节思想

效用主义刚开始是以一种改良主义姿态出现的，边沁最早的目的是要改良当时英国法律的混乱状态。法律是调节伦理关系、控制社会秩序的手段，法律的制定和实施是边沁理论非常注重的部分，也是边沁伦理思想的重要内容。这一方面是因为边沁本人就是位著名的法学家，他的《道德与立法原理导论》在为他赢得伦理学家称号的同时，也奠定了他作为法理学家的地位；另一方面是由于边沁深信人类福利体系的建立要依靠理性和法律的力量，好的法律能够最大限度地促进最大多数人的最大幸福的实现。在边沁看来，法

---

① 边沁指出在立法和宗教所提供的动机之外，人还是有动机顾及他人的幸福的。首先个人在所有场合都持有同情或仁慈这种纯社会性的动机。其次，个人在大多数场合也都会持有希望和睦与喜爱名望的半社会性动机。同情的动机将按照个人的敏感偏向以或大或小的效能作用于他；其他两种动机则按照各种不同状况，在不同程度上影响他，主要是按照他的智力强弱、意志坚毅和心理稳定程度、道德敏感性以及他与之打交道的人的特性。[英] 边沁：《道德与立法原理导论》，时殷弘译，商务印书馆2000年版，第350-351页。转引自牛京辉：《英国效用主义伦理思想研究》，人民出版社，2002年版，第114页。

律的作用是防止人与人之间冲突的发生，限定个人对快乐的利己主义的追求，从而体现了合理利己主义的要求。法律是辅佐道德来调节伦理关系的手段，同时也是道德的另一种保障。

边沁的法律调节思想也是以苦乐原理为基本出发点的。在边沁看来，凡是能够增加快乐或减轻痛苦者，在道德上就是善的，在政治上就是优越的，在法律上就是权利。[①] 苦乐原理和效用原则是贯穿于个人道德、政治和法律领域内的一种共通的标准。边沁认为，在法律体系中要考虑的快乐是国民全体的快乐，包含生存、平等、富裕、安全四项目标。这四项既是良好政府的目标，也是立法的出发点和目标，法律的任务就在于促进这四项目标的实现。在这四项目标中，平等和安全是最重要的。安全包括身体、名誉、财产、职业不受侵扰，是人类幸福的首要条件。法律是维护安全最有效的手段。安全目标所致力于达到的，实质上是保护个人的私有财产不受外在侵犯，也就是保护个人获得和占有财富的快乐，避免财产被剥夺的痛苦。安全是第一位的，平等其次，如果二者发生了冲突，平等就应该服从于安全的需要。边沁的这些思想后来为穆勒所发挥。穆勒尽管承认正义的情感、平等的情感在人心中是非常强烈的，但是，他仍不能认可正义具有超出安全所代表的社会效用意义之上的权利。因为边沁和穆勒都深深地认识到，在他们所处的时代，所需要的是一个立法合理、执法严明的法治社会，只有这样，才能保障自由资本主义经济的良性发展。正如边沁在《政府片论》中所指出的，在一个法治政府之下，善良公民的座右铭就是"严格地服从，自由地批判"[②]，自由和服从之间的辩证关系正好显示了他的理论主旨。

可以看出，在边沁的思想中，伦理理论与立法理论密切相关，都从属于广义的伦理理论（或广义的道德理论）。在他看来，个人伦理与立法都同属于"一般的伦理"。所谓"一般的伦理"，可以定义为这样一种艺术：它指导人们的行为，以产生利益相关者的最大可能量的幸福。"个人伦理"是指导个人自己的行动的艺术，又可称为"私人伦理"或"自理艺术"。而立法是"政治的艺

---

① 张宏生主编：《西方法律思想史》，北京：北京大学出版社，1983年版，第349页。

② ［英］边沁：《政府片论》，沈叔平等译，北京：商务印书馆，1995年4月第1版，第99页

术""管理的艺术",是用来指导所有人以及动物得到幸福的艺术。[①] 个人伦理与立法的共同之处在于都以幸福为本身目的,与社会上每个人的幸福及其行为相关,因此,在这一点上二者是并行不悖的。[②] 个人伦理教导的是一个人如何可以依凭自发的动机,使自己倾向于按照最有利于自身幸福的方式来行事。而立法艺术教导的是组成一个共同体的人群(或社会),如何可以依凭立法者提供的动机,被驱使着按照总体上来说最有利于整个共同体(或社会)幸福的方式来行事。二者的区别在于它们所涉及的行为并不是完全相同的,有些行为是伦理应该干涉而立法不能以直接方式干涉;而有些时候,实现个人伦理的要求也必须考虑到立法的规定或是借助立法的协助。

这一点贯穿在边沁的伦理理论中,体现了从立法者的角度看待伦理问题的特点。应当肯定的是,伦理理论与立法理论密切相关,有其积极意义。道德与立法虽是两个不同的社会规范调节领域,但是将二者结合起来无疑有助于促进实现社会调节功能。在道德领域中的立法往往使某些最具有社会必要性的道德规范得到普遍遵守,而道德调节的辅助则会使法律条文得到更有效的实施。但是边沁的这一观点也有其消极影响。因为道德领域自有其独特之处,法律所不能触及到的是人的深层精神要求和内在的情感、性格倾向,道德却应该且能够在这些层面发挥其特有的作用。边沁在这些方面未能给予足够重视。

综合上述,边沁相信追求幸福是人类与生俱来的天性,且相信幸福是可以被量化的,每个人是自己是否幸福的最佳判断者,而个人的幸福与共同体的幸福在理论上是能协调一致的。只有在周围人也同感幸福时,个人才会感到幸福,边沁称此为最大幸福原则。最大幸福原则依赖于周围的环境、共同体的幸福,也因此是社会改革的动力。根据边沁的主张,效用是唯一的内在善,行为的是非对错取决于行为能为最大多数人产生幸福或快乐的倾向有多大。而为了协调个人利益和共同体利益之间的冲突,或确保个人幸福能被公平地考量,边沁也提出了效用原则的四种约束力。因此,我们可以说边沁是

---

① [英]边沁:《道德与立法原理导论》,时殷弘译,北京:商务印书馆,2000年版,第348-349页。

② [英]边沁:《道德与立法原理导论》,时殷弘译,北京:商务印书馆,2000年版,第351页。

基于一种社会改革运动的理想，试图结合个人的快乐主义（利己主义）和社会的快乐主义（利他主义），以期望能创造一个关心自己和关心社会公共善的公民社会，其强调的是谋求最大多数人的最大幸福，且一生躬行实践，直到临终前还写下遗言，将其身体供作科学研究之用，以求有助于最大多数人的最大幸福。

3.2 古典效用主义伦理思想的成熟与鼎盛

边沁的效用主义伦理思想不仅在理论上而且在实践上赢得了众多拥护者，但同时也招致众多批评和反对。约翰·斯图亚特·穆勒（John Stuart Mill，1806—1873）一开始是以边沁效用主义的拥护者和捍卫者身份出现的，并且终其一生都是效用主义的积极践行者，正是由于穆勒的努力，效用主义伦理体系才逐渐走向了成熟与鼎盛。宋希仁评价："穆勒对边沁理论的批评和修正标志着效用主义理论开始从初创时期走向鼎盛时期，效用主义伦理理论从 18 世纪向 19 世纪的形态的转变是由穆勒完成的。"[1] 穆勒对效用主义伦理思想的贡献是多方面的，影响深远广大，就连他自己也曾豪言："我牵着英格兰牛的鼻子。"[2] 这表明他意识到自己的理论对当时社会的影响力。因此，欲对效用主义伦理思想的发展有一详细了解，不得不对穆勒的效用主义思想做一深入探讨。

穆勒是 19 世纪英国最重要的哲学家，被人们尊为"理性主义的圣人""不列颠民族精神的象征"，同时也是效用主义思想的集大成者，其著作《逻辑学体系》、《政治经济学原理》、《自由论》和《效用主义》在今日仍受到广泛的阅读。穆勒是位才华洋溢的哲学家，虽然没有接受过正式的学校教育，但从小就在父亲詹姆斯·穆勒的严格监督下接受传统教育，因此穆勒可说自小就博览群书、满腹经纶。严谨的知识训练虽然对穆勒的个性造成某些程度的压抑，但是也为他后来的学术生涯奠立了良好的基础。在父亲刻意栽培下，穆勒注定要成为效用主义思想的接班人。然而，穆勒在 1826 年经历一场"心理危机（mental crisis）"后，了解到他早年所接受的教育中的一些缺失，也让他开始注意到生

---

① 宋希仁：《西方伦理学思想史》[M]，长沙：湖南教育出版社，2006 年版，第 412 页。

② John Stuart Mill. Essays on Equality, Law and Education[C]. University of Torontor, Toronton, 1984, P9.

活中的不同面向。

穆勒在处理社会和道德的问题上，主张以效用主义作为判断的标准，而欲理解穆勒为何会形成效用主义思想，则不能不提到当时英国的经验主义及边沁对穆勒的影响。传统经验主义论点主张，抽象理性原则的思考应退居幕后，我们应从日常实际生活经验中来建立法则，不仅知识体系如此，道德体系亦应如此。边沁将科学的计算方式引入道德的范畴，企图以快乐和痛苦的量来作为行为对错的判断标准，此种方式，深受穆勒的青睐，让穆勒感觉到进入一种全新的领域。穆勒在其《自传》一书中曾说道："边沁的理论把所有这一切一下子推倒，这是我以前不曾想到的；我感觉到，之前所有的道德家都被他取代了，他的理论是思想上新时代的开始。他分析各种行为结果的不同种类和等级，科学地把幸福原则运用在行为的道德性上，这更增加我对他的钦佩。"①

从穆勒的《自传》中可发现，在借由科学的方式来厘清模糊的道德判断方面，穆勒是完全同意边沁的主张的。然而，在对快乐和痛苦的看法上，穆勒却认为，边沁所鼓吹的效用思想太过于强调理智的重要，且认为快乐只有量的不同而无质的差异，这些都与事实不符。所以，穆勒终其一生都在有意或无意地、直接或间接地表达出他对早年所接受的效用主义伦理思想的反抗与修正。

综上，为了更好地理解穆勒对效用主义伦理思想的修正和扩展，研究者以穆勒的主要著作为蓝本，将其分成对边沁伦理思想的继承与批评、效用主义的道德标准、效用原则的约束力、效用原则的证明、正义与效用的关系以及个人的自由权与自我发展等六大面向，来探究穆勒对效用主义思想的丰富和发展。

3.2.1 穆勒对边沁伦理思想的继承与批评

从 18 世纪到 19 世纪最初几十年的效用主义伦理思想，主要是以佩利、边沁和葛德文的思想为中心。佩利的神学效用主义有着较强的生命力，苏格兰道德学派以及神学内部与佩利学派的论战，揭示了效用主义与直觉主义的许多分歧，也揭示了神学与效用主义的一些分歧。而边沁直到他去世之时，

---

① John Stuart Mill. Autobiography of John Stuart Mill[M]. New York: Cosimo Classics, 2007, P46.

批评者一般是将他视作一位立法家和社会改革家而不是一位哲学家，在伦理思想的争论中，并没有被当作具体的争论对象，但由于他是效用主义的主要代表，又明确提出了整个效用主义伦理思想的基础的效用原则，因而对效用主义的某些极端观点（尤其是葛德文的一些观点）的反感也波及了边沁，影响到边沁在社会公众心目中的形象，其实那些观点中的许多内容，边沁不是语焉不详就是未加详证，或者另有所指。

穆勒在《威斯敏斯特评论》发表《边沁》一文，对边沁做了全面的评价。这篇文章的发表使得对边沁伦理学的讨论真正进入哲学家和伦理学家的视野之中，也标志着穆勒开始介入伦理学论争，并开始对边沁的理论进行修正。穆勒对边沁的早期批评，从总体上来说是吸纳并代表了当时对边沁伦理思想的一般看法，反映了边沁效用主义理论中的一些不足之处；并且这些批评中的基本观点也常常为现代效用主义批评者所采用。

穆勒批评边沁的伦理理论过分注重人类生活中事物性的一面，而未能关注与个人相关的其他重要方面。首先，边沁在他的道德理论中忽视了行为后果对行为者本人的性格和心灵结构的影响。边沁判断行为仅仅通过行为者的意图，完全不根据它的动机；穆勒则主张，行为的动机、内在品格和心灵的状态，在对人类行为的判断中与结果一样重要。所有的效用理论都是从行为后果所产生的快乐或是痛苦来衡量行为的善恶。边沁采取的效用原理将注意力集中在行为所产生的后果上，并将它们视为决定行为道德性的因素，这一思路无疑是正确的。但是仅此又是不够的，必须对性格的构成以及行为对行为者自身心灵结构的影响有更多的了解。边沁缺乏评估这类影响力的力量，这在很大程度上是因为边沁长期的隐居生活，使他自己的内心没有足够丰富的个性体验，因此，限制了他在伦理学问题上所提出的理论的价值。

边沁理论里有一个不应当忽视的错误，是在做道德评价时所持的过于片面的态度。穆勒认为，人们在评价行为时所诉诸的主要是三个方面：它的道德的方面，即正当与错误的方面；它的审美的方面，或者说美的方面；还有同情的方面，即可爱的方面。第一个方面诉诸理性和良心，由此产生赞许或不赞许的态度；第二个方面诉之于人类的想象力，由此产生赞美或是蔑视；第三个方面诉之于人类的同情心，由此产生爱、遗憾或是厌恶的情感。分析一个行为常常是诉诸其中的几个方面。例如在分析说谎的时候，人们认为谎言之所以是错误的，是因为它的后果会误导人，会摧毁人与人之间的相互信任；是因为它是卑劣的，它源于个人的懦弱，不敢面对说真话可能带来的实际后果。

又比如，人们认为大义灭亲的行为虽然是可赞美的，因为它表现出的是异乎寻常的勇气和自我控制力，但是，就它违背了同情心而言，它绝不是一种可爱的行为。穆勒指出，任何哲学上的思辨，都不可能将这三种看待行为的模式混合在一起。感伤主义（sentimentality）是将后两个方面置于前一个方面之上，而包括边沁在内的伦理学家的错误，就是完全抑制后两者。在边沁看来，"道德的标准应该不仅仅是最高的，而且应当是唯一的；就好像它应当成为我们所有行为甚至我们所有情感的唯一主人"①。穆勒认为，在这里，边沁的错误在于过分强调了道德的标准，将它绝对地置于个人普通情感之上，这就使流行的观点认为边沁主义者有一种冷酷的、机械的、不友好的特点。

边沁错误的根源在于，忽视个人的自我发展和教育在道德理论中的地位。在穆勒看来，道德包括两个部分：一方面是自我教育，人自己训练、培养自己的情感和意志；另一方面是对人的外在行为的规范。前一方面在边沁的理论体系中是一个空白。但是如果没有前一方面，后一方面就是不完整、不完善的。因为除非我们考虑到行为对我们或者其他人的情感和欲望的影响，否则怎么能判断出行为会以何种方式影响我们或是他人的甚至是最世俗的利益呢？遵从边沁理论的伦理学家也许认为一个人不应该杀人、伤人或者抢劫，但是，他有什么资格规定人类行为的更高层面，或者有什么资格制定更广义的道德标准呢？边沁从来没有认真考虑过人类生活中的那些世俗环境、家庭关系和其他亲密的社会关系对于人的性格会有什么样的影响。边沁的伦理理论对个人的性格、情感和精神世界领域所涉甚少，在这方面的理论也是极为不足的，它对于整个社会精神发展和精神追求的理解也是贫乏的。边沁的理论可以促使一个已经获得一定精神发展状态的社会制定、颁布准则以确保社会的物质利益，但是并不能进一步促进社会精神利益的发展。穆勒指出，边沁不仅未能关注个人的精神品格对于个人行为的影响，而且同样未能关注国家的精神品格在社会理论中的地位。国家的品格（national character）对于一个国家的发展是非常重要的，它既可以使一个民族得到它所打算要的，也可以使它不能达到想实现的目标；既可以是一个国家理解并赞美高尚的事物，也可以使之屈服于卑劣的事物；既可以使国家的伟大事业永存，也可以使之

① 牛京辉：《英国效用主义伦理思想研究》，北京：人民出版社，2002 年版，第 60 页。穆勒：《边沁》一文。

很快衰败。因此，一个国家的法律和制度的哲学理论，如果不以国家品格为基础，就有可能是不合理的、荒谬的。穆勒指出，边沁不能提供这样一种注重社会精神发展要求的理论，他所能做的就只是为一个既定社会指出保护社会物质利益的手段，但是没有回答那些手段的运用是否会有什么有害的后果。他的理论教给人们的仅仅是关于如何组织和规定社会组织事物性的、商业性的部分手段，并且假定人类事物的商业方面就是人类生活的全部，或者至少是立法者和道德学家必须处理的全部事物。这是由于他缺乏想象力，缺乏对人类情感的细微的体验，缺乏对人与人之间的情感联系的体验，才造成了这种情况。

穆勒的批评同后来马克思对边沁效用主义的评价有相通之处，马克思认为，效用主义"把各种各样的人的相互关系都归结为唯一的功利关系，看起来是愚蠢的。这种看起来是形而上学的抽象之所以产生，是因为在现代资产阶级社会中，一切关系实际上仅仅服从于一种抽象的金钱盘剥关系"[1]。可以说，穆勒和马克思都意识到了边沁理论中的一个致命的、不能为知识分子所接受的缺失，即缺乏对个人的道德品质和道德生活的深层次的内在挖掘，而只局限于道德的外部效用和外在约束。应该说穆勒对边沁的这种批评，揭示了边沁理论过分注重道德的外在方面和外部要求的片面性，需要有内向探求的部分与之配合。这种批评标志着穆勒思想的转向，预示了穆勒对边沁理论修正中的一些基本倾向。

尽管穆勒对效用主义做出了这些批评，但是他并没有否定效用主义的整体，并在一定程度上肯定了边沁著作的影响，不仅在法学领域，"在人类事物的商业或者说实业部分，边沁是成功的，他提出了很多综合的、富有启发意义的实践原理"[2]。在《边沁》这篇论文发表的20年后，穆勒出版了《效用主义》一书。在书中，穆勒第一次正式提出了"效用主义"一词，作为他要为之辩护和发展的边沁理论的名称，并声称他要完成两个任务：一是效用原则具有何种性质，它们如何应用于具体的情况；另一个是效用原则之所以能够成为道德的基本原则之哲学依据。[3] 为了完成第一个任务，穆勒在该书的第二

---

① 《马克思恩格斯全集》第三卷，北京：人民出版社，1972年版，第479页。

② 牛京辉：《英国效用主义伦理思想研究》，北京：人民出版社，2002年版，第62页。

③ John Stuart Mill. Utilitarianism[M]. London: George Routledge & Sons, Limited, 1895. P8-9.

章中对效用主义的含义、效用原则作为道德标准的优缺点及其可能遭遇的实践难题做了阐明，以消除人们对效用主义的误解和反抗。为了完成第二个任务，穆勒在第三章中论述效用原则的约束力，在第四章论述效用原则的证明。由于在伦理思想上，导致人们不愿意接受效用主义思想的主要力量是正义的概念，因此，为了说明效用原则和正义的兼容性，穆勒在第五章中花了相当多的篇幅来阐明效用和正义的关系，并指出正义始终是社会效用的适当名词。正是此书的发表，让穆勒成为效用主义的中坚人物。

3.2.2 效用主义的道德标准

穆勒在《效用主义》一书中开宗明义即表示，人类在对错的标准、什么是至善的问题上，迄今仍未获得共识；当我们致力于追求某项事物时，是非对错的检验标准在行动前就必须先确定，而不是等到行动之后。[①] 那么，在穆勒心中，行为的是非对错标准是什么？穆勒认为，不管人们已经获得的道德信念多么稳固或一致，其实都是由于受到一种我们未认知到的标准的内在影响；这个看似不存在却被我们所承认的基本原则，其实就是行为所能产生的幸福，也就是效用原则，或边沁所说的最大幸福原则；此原则在形成道德教条中占有重要部分，即使是那些蔑视效用原则的人也逃不开它的影响；虽然许多思想学派不愿承认效用原则是道德的基本原则和道德义务的源头，但是无法拒绝承认幸福对人们行为的影响。[②] 而根据穆勒的观点，幸福是指快乐的获得和痛苦的免除，不幸福就是痛苦的状态和快乐的缺乏。因此，我们可从快乐、幸福、效用和效用原则等概念来分析穆勒效用主义伦理思想的道德标准与幸福人生。

一、快乐的质、量差异

穆勒在对边沁的快乐理论修正之前，首先指出的是效用概念及其与快乐概念之间的关系。穆勒认为，对效用主义伦理思想的一些误解，是由于对效用主义基本概念的误解而引起的。对"效用"一词，人们往往是从狭隘的、通俗的意义上去理解，或者是将效用看作快乐的对立面，认为效用主义具有禁欲主义的特征，反对感官的享受；或者将效用与快乐混为一谈，认为效用

---

①   John Stuart Mill. Utilitarianism[M]. London: George Routledge & Sons, Limited, 1895. P1-3.

②   John Stuart Mill. Utilitarianism[M]. London: George Routledge & Sons, Limited, 1895. P5-6.

主义把一切事情都取决于快乐。正因为如此，人们心目中对效用主义的禁欲主义解释或是享乐主义解释，都极大地影响了人们对效用主义理论的正确理解和接纳。对"效用"的曲解还包括，在某些著作中，通常将"效用"解释为纯粹的便利，因而被认为完全没有道德意义。凡此种种看法，都曲解了效用主义的实质。

那么应当怎样理解效用概念呢？穆勒指出，效用与快乐实际上并不是对立的，效用理论发展的历史说明了这一点。从伊壁鸠鲁到边沁，凡是主张效用学说的理论家，都将效用与快乐等同，即将效用理解为快乐获得或痛苦的免除。穆勒指出，以效用为道德基础的信条一直主张"行为的对错，与他们增进幸福或造成不幸的倾向成正比。所谓幸福，是指获得快乐和免除痛苦；所谓不幸福，是指遭受痛苦和缺乏快乐"[1]。这一效用主义的道德观所根据的人生观就是："获得快乐和免除痛苦是唯一值得欲求的目的；而所有值得欲求的事物之所以值得欲求，或者因其内在即具有快乐，或者因其是增进快乐和避免痛苦的工具。"[2] 在这里，穆勒把边沁的效用主义伦理观点的核心做了明确的概括，认为该理论主张是以快乐作为所有行为规则的检验标准和生活目的。

如果穆勒的理论只是这样系统化地重述边沁的观点，那么他也无法避免边沁所遭受的某些批评。因为批评者往往指出，如果按照边沁的观点，把人生设想为没有比快乐更高的目的，没有更好更高贵的可欲求的东西，那么这种学说就只是一种低下且堕落的学说，只配给猪做主义。而且边沁主张以最大快乐总量为行为的道德标准，并依赖于具体地快乐的计算，这就使边沁的理论陷入这样的窘境：当一群恶人欺负一个无辜弱者的时候，恶人作恶所产生的快乐的总量可能大于势单力薄的弱者所受的痛苦的总量，但如果称这种行为是道德上许可的行为则是非常荒谬的。道德显然不能只衡量快乐的数量。此外，边沁也否认快乐在质上的差别。他认为，理智的、情感的和想象的快乐以及道德情操的快乐与肉体上感官的快乐并无质上的差异，这自然要受到更强烈的批评。

在穆勒看来，边沁的快乐主义的确有狭隘之处。为了回应批评者的攻击，

---

[1]　John Stuart Mill. Utilitarianism[M]. London: George Routledge & Sons, Limited, 1895, P14-15.

[2]　John Stuart Mill. Utilitarianism[M]. London: George Routledge & Sons, Limited, 1895, P15.

穆勒对其做出了修正。他提出快乐不仅有量上的差别，更有质上的不同。所谓快乐质上的不同，是指人不仅有着肉体感官上的快乐，还有精神上的追求，人具有动物所不具有的比嗜欲更高尚的心能（higher faculty）。较高等的快乐主要是理智的、情感的和想象的快乐以及道德情操的快乐。在这种区分的基础上，依据最大幸福原则，人类行为的终极目的乃是一种尽量免除痛苦，尽量在质和量两方面多多享乐的生活。穆勒认为，这样理解的效用主义快乐理论才是全面的。

快乐的质和量的区别如何辨别呢？穆勒诉诸一个"有资格的"人的偏好。假设一个人面对两种快乐的选择，选择者对这两种快乐均有过体验，如果他明显地偏好其中一种，即使明知它附带着更大的不满足，也还是偏好它，并且不肯放弃它以换取其他的在数量上更大的快乐，那么，就可以说这个快乐在品质上是优于另外一个快乐的。此外，穆勒还强调了高级的快乐对于任何一个受过教育、有教养的人的重要性。他认为，极少有人肯因为约定给他尽量享受兽类的快乐而答应变成比人类低级的动物，也没有心智明白的人肯答应变成傻子，没有有情感、有良心的人肯变成自私的、卑鄙的人。即使能够说服他们，使他们相信傻子、流氓对于自己的境遇更觉得满意，他们也不愿意变换。假如有时设想他们肯交换，这不过是因为他们眼前的不幸福到了极致，以致他们情愿将他们现有境遇与任何别的无论在他们看来多么不遂心的境遇交换，期于避免这种极端的不快乐。因此，穆勒指出："做一个不满足的人比做一只满足的猪好；做一个不满足的苏格拉底比做一个满足的傻瓜好。"[1] 这句话明确地表明穆勒对快乐在质上的不同的强调，对较高级的快乐的推崇。

在穆勒看来，较高级的快乐是与人的较高级的心能相联系的，一个具有较多高等心能的人，他对快乐在质上的要求越高，也越容易感受到痛苦的存在和快乐的缺失，也必定在较多的方面会与苦楚接触，但他仍不会愿意沉沦到他觉得是一种下等人的生活。穆勒认为这种不情愿来自于人的自尊心。自尊心是一切人都有的，尽管在不同的人那里，它可能以这样或那样的方式表现出来。这种自尊心与人所有的高等心能在某种程度上成正比，虽然并不是成准确的正比例。一般而言，越是拥有较高等心能的人，自尊心也就越强烈。而对于自尊心强烈的人，自尊心成为他幸福的重要部分，它甚至可以重要到

---

① John Stuart Mill. Utilitarianism[M]. London: George Routledge & Sons, Limited, 1895, P18.

一切与之相冲突的事物，除在偶尔情况下之外，都不能够成为他欲望的对象。但是有的人会提出疑问，现实生活中会不会有人为了自尊心的偏好而牺牲个人幸福呢？是不是追求较高等快乐的人会比追求较低等快乐的人不幸福呢？穆勒认为，持有这种疑惑的人混淆了幸福（happiness）和满足（content）这两个非常不同的概念。他指出，最能够获得满足的人不一定是最幸福的人，因为享受能力低下的人、禀赋低下的人，他的能力获得满足的机会最大；而心能较高等、禀赋较高的人往往更能意识到世界的不完美性，他所期望的幸福较为不容易满足。

穆勒在快乐主义理论中所做的种种改造，否认了行为的善与它所产生的快乐的数量成正比例的观点，实质上是背离了纯粹的快乐主义理论。如果说对快乐的质和量的区分是穆勒对既有理论的破坏性修正，那么，对幸福的论述则是对新的理论的建设性推进。

二、快乐与幸福

穆勒虽然指出效用主义的传统理论没有明确定义快乐和痛苦，但是他本人也未具体界定这两个概念。穆勒认为，快乐的意义是不明确的，可以指快乐的经验，也可以指这种经验所具有的"令人愉快的"感觉或情调。而对于幸福，他则试图在一个更广的范围内做出界定。对于快乐与幸福的关系问题，传统的穆勒研究者认为，穆勒同边沁一样，并不区分快乐和幸福。他们的证据就是穆勒在《功利主义》一书中第二章开头所说的那段话："把'效用'或'最大幸福原则'当作道德基础的信条主张，……或者是因为内在于他们之中的快乐，或者是因为它们是增进快乐避免痛苦的手段。"[①] 然而，牛京辉则认为，这段话其实是穆勒对边沁所创建的效用主义伦理学的基本主旨的系统化总结，这一总结也正是穆勒在该书中试图进一步修正和改进的观点。因此，不能单从这段话得出穆勒将快乐视为唯一的内在的善的观点。研究者在此认同牛京辉的观点。因为，在此段话之后的论述中，穆勒引入了快乐质与量的区分，而后又讨论了人们其他的追求在何种意义上成为幸福的不同组成部分或是实现幸福的手段。由此可以认为，穆勒实际上是将快乐与幸福作为两个不完全等同的概念来使用的。

---

① John Stuart Mill. Utilitarianism[M]. London: George Routledge & Sons, Limited, 1895, P13-14.

"幸福"是穆勒理论的核心概念。在穆勒看来，幸福与快乐相比，是一个更为多元、整体性的概念，爱音乐、追求健康、崇尚德行、追求个体的自由发展①，这些都可以作为幸福的组成部分，包括在幸福之内。另外，像对金钱、名利、权力的追求，由于可以作为获得幸福的手段，因而也作为幸福的组成部分。快乐之所以有价值也是因为快乐是人们幸福的组成部分。在这里，穆勒实际上已经背离了传统的效用主义，他不是以快乐作为道德的最终标准，而以幸福作为道德的最终标准。幸福是道德的标准，幸福为人生的终极目的，只有幸福是自身有价值的，"所有值得欲求的东西之所以值得欲求，或者是因为内在于它们之中的幸福，或者是因为它们是获得幸福的手段"②。当然，穆勒也指出，从幸福的范围上看，被效用主义看作是行为上是非标准的幸福并不是行为者一己的幸福，而是所有与此行为相关的人的幸福。

穆勒对幸福的观点是其对快乐主义修正的核心，也是深入理解快乐的质和量的区别、个人的自我发展和自由的价值的关键。在这一概念之下，穆勒提出其幸福主义理论，包容了简单的快乐体验所不能涵盖的许多其他的追求。穆勒强调"人生的终极目的，就是尽可能多地免除痛苦，并且在数量和质量两个方面尽可能地享有快乐"③。较之边沁的伦理理论，穆勒强调的是幸福生活应当包括质的方面的快乐的最大化，并且尽可能地使人类全体最大限度地得到这种生活。从这一角度立论，针对边沁快乐主义理论的很多指责都可以从根本上消解。

在对幸福做出了范围上的限定说明之后，穆勒进一步回应了反对者的批评。在以卡莱尔为代表的反对者们看来，"幸福"无论是什么样的，都不可能是人类生活与行为的合理目的。因为，首先，幸福是不可得的；其次，人们没有幸福也能生活，所有高尚的人都懂得这一点，并且，高尚的人之所以高尚，正是因为其舍弃幸福以获得美德。④穆勒对这种批评做了有力的反驳。

批评者否认幸福可得，其实质是否认幸福的现实性。穆勒分四步进行了

---

① 穆勒：《论自由》，程崇华译，北京：商务印书馆，1959 年版，第 60 页。

② John Stuart Mill. Utilitarianism[M]. London: George Routledge & Sons, Limited, 1895, P13-14.

③ John Stuart Mill. Utilitarianism[M]. London: George Routledge & Sons, Limited, 1895, P22.

④ John Stuart Mill. Utilitarianism[M]. London: George Routledge & Sons, Limited, 1895, P23.

驳斥：第一，假使真如卡莱尔等人所言，人们根本就得不到任何幸福，那么，幸福的获得便不可能成为道德的目的或任何理性行为的目的。但是，依照效用主义的主张，效用不仅包括幸福的追求，也包括不幸或痛苦的避免，即使获得幸福是异想天开的，但至少我们可以说避免不幸或减轻痛苦仍是人类有必要追求的效用目标。第二，事实上，认为人生绝不可能幸福这种主张本身就是不确定的。穆勒对幸福的生活做出了分析。若说幸福短暂不可得，这对于那种"持续不断的兴高采烈"的快乐刺激而言是正确的；但是，所谓的幸福生活并不是"一种狂欢的生活；而是指生活中痛苦少而短暂，快乐多而有变化，积极主动的东西大大超过消极被动的东西，并且整个生活的基础在于，期望于生活的不多于生活中能得到的"①。这说明效用主义所期望获得的幸福生活是可以持久存在的。第三，反对者怀疑说，人们是否会满足于这种中等程度的幸福呢？穆勒指出，令人满足的生活有两个要素：宁静与兴奋，并且其中任何一个要素都可以使人感到满足。这两者自然连带，相互引发。假如一个人不对生活感到满意，感受不到生活中的宁静或是兴奋，从他个人角度看，他或者是过于自私，对他人缺乏感情、缺少兴趣；或者是他自身缺乏精神上的修养，对于周围种种自然人文的东西都漠不关心。受过正当教育的人，都会产生对他人的真挚情感和对公众利益的诚挚兴趣，尽管程度有所不同。因此，每一个具备一定道德修养和智力水平的人，都能过上一种值得称为令人羡慕的生活。第四，从外在与个人的原因来看，如果一个人得不到那种令人满意的生活，可能是由于恶劣的法律或他人的意志剥夺了自由，导致无法力所能及地运用各种幸福的源泉；或者由于贫穷、疾病以及所爱的人的冷酷无情、卑鄙无耻或者过早夭折等肉体与精神方面的原因，这些导致人类痛苦的根源都能在很大程度上通过人类的关心和努力去消除的，而且人可以在这种奋斗中得到一种"崇高的乐趣，而且这种乐趣，人们是不会为了任何自私的欲望而放弃的"②。通过上述分析，穆勒驳斥了卡莱尔等人关于幸福不可得的观点，阐明每个人都有能力也有可能得到幸福。

批评者提出的第二个根据则涉及对自我牺牲行为的评价。穆勒从人没有幸福也能生活这一问题开始分析，认为自我牺牲实质上是一种自愿抛弃自身

---

① John Stuart Mill. Utilitarianism[M]. London: George Routledge & Sons, Limited, 1895, P24.

② John Stuart Mill. Utilitarianism[M]. London: George Routledge & Sons, Limited, 1895, P29.

幸福的行为，我们的英雄或者烈士就是这样的人，他们常常为了某种在他们看来比自身幸福更有价值的东西而情愿牺牲自己的幸福。但这种牺牲行为本身并不是目的，它应当是实现他人或社会总体幸福的手段。因而，穆勒反问："如果英雄或烈士不相信自我牺牲会让他人免于类似的牺牲，他还会做出这样的自我牺牲行为吗？如果英雄或烈士认为，舍弃自己的幸福不会对任何同胞产生有利的结果，不过使他们像自己一样，也陷入已经抛弃幸福的人的状况之中，那么他还会做出这样的自我牺牲行为吗？"[①] 没有或不能够增加幸福总量的自我牺牲，在效用主义看来是徒然的浪费，在道德上也并不是值得称赞的行为。但是，效用主义者应该始终坚持有合理的权利认为自我牺牲的美行是他们学说的应有之义。效用主义的道德观确认人类有为别人幸福而牺牲自己的最大幸福的能力；不过他不肯承认这种牺牲自身就是幸福罢了。效用主义道德观所称赞的自我牺牲是"是为了他人的幸福或有利于他人幸福的一些手段而做出的牺牲（这里的他人既可以是全体人类，也可以是为人类集体利益所限定的个人）"[②]。这些论证捍卫了效用主义的基本理论特质。

穆勒对于幸福主义的维护，就如他所言，是在伊壁鸠鲁的快乐主义理论中又包罗了许多斯多葛学派和基督教的成分在内。[③] 首先，他的幸福观不是单纯的快乐主义理论。他认可了斯多葛对宁静沉思的生活的推崇，摒弃了后者完全拒斥肉体感受的禁欲主义观点，也承认感官的快乐对人的重要性。但是，同时也指出，像"不满足的苏格拉底"那样的人，他们对较高等和较低等的两方面的快乐都有体验，最终他们会选择后者。其次，对于基督教理论中的自我牺牲的部分予以批判的接受，将其合理性建立在效用主义的基础之上。

从总体上看，穆勒的幸福主义理论中处处可见亚里士多德的理性主义幸福论的影响。亚里士多德对快乐和幸福以及它们的相互关系问题做出了精细的理论探讨。在他看来，幸福，就是至善，是人类生活的根本目的和伦理学研究的核心问题。快乐是片刻的精神体验，它可以属于幸福，但是必须由理性加以控制和引导，没有理性的控制和引导的快乐是低级的；快乐并非人生

---

① John Stuart Mill. Utilitarianism[M]. London: George Routledge & Sons, Limited, 1895, P29-30.

② John Stuart Mill. Utilitarianism[M]. London: George Routledge & Sons, Limited, 1895, P31.

③ John Stuart Mill. Utilitarianism[M]. London: George Routledge & Sons, Limited, 1895, P15.

的目的，它只是人完美地发挥自己的能力之后产生的自然的结果，它伴随着人的美德和相应的行为的完善共同构成幸福。幸福并不能归结为快乐，快乐只是德行中产生的次要效果，包含在至善中。快乐的来源不同，性质不同，有正当与不正当、高尚与卑下、道德与不道德之分。而幸福则是属于人类的，在这个意义上说，动物不可能是幸福的，因为它们没有能力进行"合乎德行的灵魂的现实活动"。在他看来，人们渴望快乐是因为人们渴望生活，快乐是完整生活的一个组成部分，有了快乐，人的生命活动才会更加丰富和完整；但是快乐不是人类生活的终极目的，幸福的存在和快乐的生活是绝对不可能等同的。在亚里士多德的理论中，并没有否定快乐在人生中的积极作用，而是严格地在快乐和幸福之间做出了区分。穆勒在一定程度上采取了亚里士多德的这种观点，认为人的至高的幸福是在有德行的生活、理智的活动中获得的，人的最大幸福是品格德行的发展和完善。穆勒的幸福理论将被边沁所混同的快乐与幸福以及"效用""利益""优势""善"这些概念，重新区分开来。在穆勒那里，理智的、感情的和想象的快乐总是比单纯感官的快乐高级，这与亚里士多德的至善观是相一致的。穆勒虽然也以个人的幸福作为道德的最终标准，但是，在个人的幸福中，他包容了对他人的关切、对德行的渴望等广泛的内容，使个人的幸福与他人的、社会的许可联系起来，因而在一定程度上克服了边沁的以个人的快乐为最终标准的褊狭性，应当称之为一种幸福主义的理论。

三、道德标准可从生活经验中获得

质疑效用主义者常常会把效用冠上"利益"（Expendiency 也译作"权宜之计""便利"）的不好称谓，并利用"利益"这个词的日常用法，将"效用"与"原则（Principle）"对立起来，认为效用主义是一种不道德的学说。正如，在日常生活中，人们可能会为了摆脱一时的尴尬境地或为了获得眼下对我们自己或他人有用的目标而说谎。但穆勒认为，这样的举止会严重削弱人们彼此间言论的可信性，这种言论可信性的缺失会比任何其他东西都更加严重地阻碍人类的文明和美德，破坏人类幸福的一切主要支柱，给社会带来相当大的伤害。因此，为了一种眼前的利益而违背一个对人类极其有利的规则，那并非明智的做法。一个人如果为了他自己或某个人的便利，就自行其是，破坏人们彼此之间的言论或多或少能够给予的信任，剥夺了人们由于彼此信任而得到的好处，使人们由于丧失信任而受损，那么他的行为无异于是人类最大的敌人。不过，所有的伦理学家也都承认，这个诚实守信的行为规则虽然神圣,还是允许有例外情况的。但除非绝对必要,这样的情况仍应尽量避免,"例外应当被承认为只是例外,如果有可能,还应当规定例外的界限",否则社会互信的基石很容易就被侵蚀。

也有人会批评,人们在行动之前根本没有时间来计算和权衡每个行为对公众幸福可能造成的后果,所以效用主义并不可行。穆勒指出,这种反对意见好比基督教不可能指导人们的行为一样,因为每当人们不得不行事时,人们都没有时间通读《旧约》与《新约》。穆勒对这一问题的答复是,人类从过去到现在,已有充裕的时间从生活经验里学习到行动的倾向,这些经验都是道德生活所能依赖的,所以我们在采取行动之前,完全不需要大费周章地重新计算行动可能造成的结果。

四、效用原则是最后的仲裁

诚如上述,穆勒主张我们从生活经验中产生一些道德标准,也可能会因"效用"的考量而有权宜之计。因此,有人便批评效用主义者往往会把自己所遭遇的特定情况视为道德规则的例外,而且在诱惑下也常常会因自己的利益而违反道德规则。然而,穆勒却指出:"难道只有效用主义是为我们提供作恶的借口、提供欺骗我们自己良心的手段的信条吗?所有明智的人无不相信,在面对道德冲突时,所有的道德理论,只要承认道德标准中存在着各种彼此冲突的考虑,都会有同样的问题。"① 这不是哪一个主义的错,而是因为人类事务的复杂性质,为了适应各种特殊情况,所有的伦理主张都会给行为者的道德责任留有某种余地,以缓和其规则的刚性。穆勒进一步指出,所有的道德系统都存在着道德冲突的情况,这些冲突是真正的难题,它们同时存在于伦理学理论和指导个人行为的良心之中,我们通常仰赖个人的智慧和美德来处理。在我们日常生活中,除了最基本的道德原则之外,我们还会有许多次级原则(secondary principle)来指引我们的行动;只有当次级原则之间发生冲突时,我们才需要应用第一原则(first principle,即效用原则)来做最后的仲裁。②

由此可发现效用原则对穆勒来说是一个终极的原则,而不是决定道德行为的直接原则和对行为进行道德评价的直接依据。只有当这些次级原则产生

---

① John Stuart Mill. Utilitarianism[M]. London: George Routledge & Sons, Limited, 1895, P46.

② John Stuart Mill. Utilitarianism[M]. London: George Routledge & Sons, Limited, 1895, P47-48.

冲突时，才需要诉诸作为终极标准的效用原则。我们应理解是复杂的现实生活和人类处境，导致道德冲突的存在。如果我们一味要求人们应依义务感而行动，或纯粹以效用考量为主，就可能会与我们一般人的道德情感相违逆。穆勒认为，没有任何伦理学系统要求我们行为的动机应该只出自于义务感。相反，我们的行动有百分之九十九是来自于其他动机，假如这些动机不会受到义务规则的责难，那就是正确的。这就如同有人去救了溺水的人，不管他的动机是出于义务或希望得到报酬道德上，都是正确的；有人背叛了信任他的朋友，即使是为了对另一位朋友尽更大的义务，也是违反道德的行为。换言之，效用主义虽然承认人类行为可能会因人、事、时、地、物之不同而变通，但仍应尽量遵守道德规范，以避免破坏社会互信的基础。最后，当基于道德义务之要求产生矛盾不兼容时（如你应该做 A，同时你也应该去做 B，但在你无法同时做 A 和 B 的情况下），我们才需要诉诸中级的效用原则来评判，虽然此标准也有令人诟病之处，但相比边沁的主张已是明显进步了。

五、如何获致幸福

效用主义的支持者认为人类一切活动都以获得幸福为最终目标，这种幸福不是行为者仅对个人最大幸福的追求，而是对最大多数人最大幸福的追求。然而在实际生活中，我们该如何获致幸福？穆勒主要从环境的优化与教育的深化这两方面来分析获致幸福人生之道。

首先是环境的优化。如先前所言，穆勒认为人类因为自尊的关系，所以会追求较高层次的快乐。这世界上原本就充满乐趣，有众多事物值得我们来享受，而且也有很多事物等待我们来改善。每个人只要有适度的道德和知识能力，就能够过着令人羡慕的生活。除非是有不好的法律或屈从于他人的意志，致使个人无法自由地使用身边的资源以追求幸福，或由于生活中的不幸事件，如身体或心理的苦痛，让我们对事物失去情感。然而，穆勒也指出，人们常因品德的薄弱而选择较接近的利益，如果生活及社会环境未能提供体验练习，则人们的高尚能力很容易遭到扼杀。穆勒说道："人类追求高尚情操的能力之本质，就像一棵非常柔弱的花草，不仅很容易被各种不良的环境因素扼杀，而且只要缺乏营养，就很容易枯萎。"①

其次是教育的深化。教育是人性化工程，是人类的希望工程。效用主义

---

① John Stuart Mill. Utilitarianism[M]. London: George Routledge & Sons, Limited, 1895, P19.

的支持者主张我们不仅要追求个人幸福，也要追求最大多数人的最大幸福。亦即我们应陶冶每个人的心灵，使其尽可能地具备增进全体人类幸福的胸怀。反对者会质疑此种目标是否要求过高？穆勒认为，效用主义者要求自己要公正无私，假如要让这种理想能够真正实现，那么效用就得是："首先，法律和社会的安排，应当使每一个人的幸福或（实际上所谓的）利益尽可能地与社会整体的利益和谐一致；其次，教育和舆论对人的品性塑造有很大的作用，应当充分加以利用，使每一个人在内心把他自己的幸福，与社会整体的福利牢不可破地联系在一起，尤其是要把他自己的幸福，与践行公众幸福所要求的各种积极的和消极的行为方式牢不可破地联系在一起。"①

谈到教育问题，此处有一点值得一提。穆勒深受父亲的教育方式及边沁效用思想的影响，早年以社会制度的改革为志向。然而，在1826年，穆勒却遭遇了严重的心理危机，此心理危机对他日后的思想产生重大的影响，可以说是其思想的转折点。穆勒在其《自传》中说道："自从1821年冬天我第一次读到边沁的著作起，尤其是从《威斯敏斯特评论》创刊开始，我对生活可以说有了真正目标，希望自己能成为世界的改革者。我把这个目标看作个人幸福的所在。我所希望得到的个人同情也就是在此目标下共同奋斗者的同情。我竭力享受生活道路上所能得到的同情；但是我把这个目标看作个人永久满足的源泉，因而把全部希望寄托在这一点上；我一直庆幸自己确实无疑地享受着幸福生活，我把幸福放在长期和遥远的事物上，在追求这种事物上总是时时有进步，而这种事物又绝不会完全得到，因而我的幸福也不会完全消失。这种想法在好几年中鼓励着我，在这几年里，世界上发生的一般性改良，以及想到我和他人为改良世界所进行的斗争，使现实似乎充满了乐趣和生气。但是到1826年秋天，那样的时刻终于到来，我仿佛从梦中醒来，处于一种神经迟钝的状态中，就像人人偶尔会碰到的那种情况，对娱乐和快乐的刺激不感兴趣……在此种心情下，我不禁自问：'假如生命中所有的目标都实现了，假如你所期望的全部制度和思想上的改变，都可以在此刻全部实现，你会觉得非常快乐和幸福吗？'一种难以压抑的自我意识清晰地回答说：'不会'。至

---

① John Stuart Mill. Utilitarianism[M]. London: George Routledge & Sons, Limited, 1895, P32.

此，我的心往下沉，我生活所寄托的整个基础崩塌了。"① 此时期的穆勒对一切事物都缺乏兴趣，为求跳脱此种困境，穆勒做了各种努力，直到 1828 年秋天才出现了重大的转机。穆勒从法国作家马蒙泰尔（Jean Francois Marmontel，1723—1799）的回忆录中，发现自己的情感并未枯竭；从英国诗人华兹华斯（William Wordsworth，1770—1850）的作品中，汲取了情感的养分。此一人生的重大转折，让穆勒深刻体悟到情感教育的重要。穆勒在自传中回忆起这段往事，曾不讳言地指出其父亲的教育方式重理性而轻情感。穆勒进一步指出，那些他所尊敬的人认为，以造福人类为生命目标的感情，是最重要又最确定的幸福源泉。穆勒相信这种想法是对的。然而，尽管穆勒知道此种情感的重要性，但其所受的教育并没有创造出强有力的感情，以抗拒分析的消融力量，同时，在穆勒整个智性培养的过程中，早熟和过早的分析成为根深蒂固的心智习惯。对于这种情况，穆勒将自己比喻为有如一艘装备齐全的船，一起航就搁浅了。因为虽然有人为他装备以便为目标而努力，但是没有达成目标的真正渴望。②

由上可知，穆勒早已认识到环境与教育对一个人德行及情感陶冶的重要性。我们常说现代学校道德教育日渐低落的主要原因是学生普遍只关心自己及缺乏心灵的陶冶，因此必须营造友善的校园环境以培养高尚情操，此种观点可说与穆勒的观点非常吻合。然而我们也可发现穆勒在此只提出粗浅的教育建议，亦即善用教育和舆论的力量来陶冶人们民胞物与（泛指爱一切的人和物）的胸怀，但对于高尚品德的培养似乎有意忽略。这应是穆勒虽认同自我奉献美德的道德观，但并不鼓励人人仿效之。毕竟，如果牺牲不能增进幸福的总量，那它就是一种浪费。

在牺牲自己以成就他人的美德上，研究者认同穆勒的观点。举两个生活曾发生的真实案例：

某私立幼儿园因举办校外教学却不幸发生火烧校车事件，A 老师奋不顾身地牺牲自己勇救小朋友，我们赞扬其完全牺牲自己以成就别人幸福实在是

---

① John Stuart Mill. Autobiography of John Stuart Mill[M]. New York: Cosimo Classics, 2007, P93-94.

② John Stuart Mill. Autobiography of John Stuart Mill[M]. New York: Cosimo Classics, 2007, P97-98.

人类最高贵的情操。

某市消防队员 B 因基于职责，和队友在恶浪中冒险搜救落海垂钓者而牺牲宝贵的生命，其精神虽然令人敬佩，但家人却悲痛万分，不能理解为何风浪那么大还要冒险搜救。

由上两例我们可以看出，同样是牺牲奉献，一般人总认为前者令人敬佩而毫无遗憾，后者虽也令人敬佩却徒留遗憾。不过，在此我们须了解的是，穆勒承认在一个不完美的社会中，的确会有牺牲自己以成就他人幸福的事情。换句话说，如果我们能让"人我一体、休戚与共"的效用主义幸福观深植人心，让每个人了解自己的所作所为不仅影响自己，也会影响他人，则追求自己和社会的最大幸福之事例将日渐增多，而牺牲自己以成就他人幸福之事例将日渐减少。如上述两个事例中，如果校车管理人员和司机都能善尽职责，岂会发生火烧校车事件而迫使老师必须牺牲生命以拯救小朋友？如果垂钓者能遵守相关规定，岂会无故落海而需消防队员冒险在惊涛骇浪中搜救，终至白白牺牲，徒留两个破碎的家庭？罗素在《幸福之路》一书中也指出，幸福并不会像成熟的水果一般，仅靠着少许的幸运便自然地滑进你的嘴里。因为世上充满着不可避免的不幸、疾病、心理纠缠、斗争、贫穷和恶意，每个人若要幸福，就必须发现一些方法来处理威胁每个人幸福的许多原因。因为这些原因，对大多数的人而言，幸福是一种成就，而非上帝的礼物。在这成就里面，内在和外在的努力占了极大的作用。[①] 凡此种种，皆让我们理解到环境与教育对于幸福人生的重要性。因此，当我们感叹今日道德教育功能不彰而导致种种社会乱象时，不妨从人我一体、休戚与共的效用主义伦理学观点来思考道德教育的可行方向。

3.2.3 效用原则的约束力

效用原则就是"最大多数人的最大幸福原则"，此种标准与一般人所认知的常识道德可能会有一些出入。因此，当效用主义者要求人们相信道德是源自于最大多数人的最大幸福原则时，不免会遭受人们质疑其约束力究竟来自何处，即我们为什么要遵从效用原则来行为？边沁和穆勒对效用原则的约束力都曾加以说明，只是内容有些差异。根据前文可知，边沁认为约束法律或

---

① Bertrand Russell. The Conquest of Happiness[M]. New York: H. Liveright, 1930, P177-178.

人们行为规则的力量主要来自于自然的、政治的、道德的和宗教的等外在因素，穆勒则较偏向内在的约束力。以下研究者从外在约束力、最终约束力两方面来论述穆勒的看法。

一、效用原则的外在约束力

穆勒指出，任何道德体系的约束力，不是外在的就是内在的。通过审视边沁的约束力理论，穆勒也肯定了外在约束力对效用主义道德观的效力，认为外在的奖赏，无论是肉体的还是精神的，以及"希望从自己的同胞和宇宙的主宰那里得到恩宠，不愿在自己的同胞和宇宙的主宰那里找到不痛快，以及我们对同胞的同情挚爱和对宇宙主宰的敬畏等"[①]，都是使我们能够不顾及私人利害而遵循增进公共福祉的原则的动力，因此，所有这些外在力量当然可以用来推行效用主义的道德。但是，作为一种伦理学理论来说，单凭外在约束力的力量是远远不够的，外在约束力对于已经采纳该伦理体系的人来说，具有更强的约束力；然而对于原本就未掌握这一伦理体系的人来说，外在约束力就只能以一种强迫遵守的方式起作用。换句话说，外在约束力只是最终约束力的辅助工具，以利编织出一张更加缜密的道德网络。当某些人毫无道德良心情感，不会遵守任何道德原则时，对于这些人，只有透过外在的约束力量才能让他们依道德而行。因此，还应当向人的内在挖掘，从人的心理要求和人的社会成长中找到遵循效用原则的义务性的最终推动力和根本来源，从自我教育、社会情感的培养中寻找效用主义道德发生作用的社会推动因素。

二、效用原则的最终约束力——穆勒的良心论

外在约束力虽然有利于效用原则的实施，但终非正本清源之道。因为外在约束力只有对于那些已经公开，或已经造成某种结果的行为才能产生约束作用。然而，人类的行为有不少是属于"莫见乎隐、莫显乎微"的思想和行动，此时，外在约束力的作用就受到限制。要填补这种空白，显然就需要"良心（consciousness）"的作用了。穆勒承认，与其他绝大部分伦理系统的标准一样，效用主义也是以良心作为最终的约束力[②]，但是每一种理论的良心观在本质上都服从于它自身理论的宗旨。与直觉主义的良心观以及义务论的良心观相比，效用主义伦理理论的良心观有其特殊之处。从效用主义经验论的立场上来看，

---

① John Stuart Mill. Utilitarianism[M]. London: George Routledge & Sons, Limited, 1895, P51.

② John Stuart Mill. Utilitarianism[M]. London: George Routledge & Sons, Limited, 1895, P53.

良心是人们内心的一种主观情感，"这种情感，如果是无偏私的，并且与纯粹的义务观念相关联，而不只是与某种特定形式的义务或任何附加的情况相关联，那么它就是良心的本质"①。良心是"一种伴随违反义务而产生程度不等的强烈痛苦感"②，它就像阻碍人们做出违反伦理标准行为的一道屏障，一旦人们冲破这道屏障，做出违反伦理标准的事情，这团情感就"变成了悔恨而重现于心上"；而且德性修养程度越高的人，违反良心所伴随的痛苦就越强烈。无论我们对良心的性质或起源有什么意见，这种感情都是构成良心的基本成分。

由此可见，在约束力的问题上，穆勒的视野显然比边沁宽广得多。穆勒把人类内心的主观情感良心也视为维护效用主义道德的约束力之一，与边沁相较，在道德约束力上可说是一大进步。

既然穆勒主张道德的最终约束力量在于我们内心主观的情感——良心，那这种情感是与生俱来还是后天习得的呢？这种情感是一种什么样的情感呢？穆勒认为，良心是一种复杂的现象，其中的简单事实，通常都被依附在上面的各种关联所完全掩盖，这些关联来自同情、爱，尤其是恐惧，来自各种形式的宗教情感，来自儿时或对过去生活的回忆，来自自尊和渴望获得他人的尊重，有时甚至来自自卑。③良心的这种极端复杂化的表现，使得以往的唯心主义伦理理论认定良心是源于人内心神秘的直觉体验，是人生来就有的。

穆勒反对这种良心起源上的超验论观点。他指出，假定认为良心是先天就有的，那么它天生就会附着于什么东西之上，但是超验论者对于这一点给不出令人信服的解释。④穆勒则提出与之相对的经验论基础上的良心起源观点。他认为，良心不是生来就有的，而是后天获得的。就像说话、推理、修建、耕种一样，虽然都是通过学习而获得的能力，但是，对人来说仍是自然的事情。"道德的心能，就像说话、推理等后天获得的能力（acquired capacities）一样，即便不是我们本性的一部分，也是从我们的本性中自然生长出来的，像其他

---

① John Stuart Mill. Utilitarianism[M]. London: George Routledge & Sons, Limited, 1895, P52.

② John Stuart Mill. Utilitarianism[M]. London: George Routledge & Sons, Limited, 1895, P52.

③ John Stuart Mill. Utilitarianism[M]. London: George Routledge & Sons, Limited, 1895, P52-53.

④ John Stuart Mill. Utilitarianism[M]. London: George Routledge & Sons, Limited, 1895, P56.

的能力一样，能够自发地萌芽，并通过培育而得到高度发展。"① 因此，如果充分利用外在约束力和儿时印象所具有的力量，就可以使道德心能朝几乎任何方向发展。正如穆勒所言，"借助这些力量，就几乎没有什么荒谬绝伦、绝顶搞笑的东西是不可以利用良心的全部权威作用于人心的，效用原则即便在人心中没有这种基础，也可以通过同样的手段获得同样的力量，若怀疑这一点，那是与全部经验相违背的"②。

穆勒强调，联想是良心形成过程中的重要因素，观念的联想往往使人们将某一事物与一种观念，或是与另一种事物联系起来，所以，很有可能当我们接受某一事物后，对他的好恶就转移到另外那个与之相联系着的事物上去了。这种好恶情绪的转移就产生了习得性的道德心能。但是单纯的联想还不够，经过习染而形成的良心有其自然的基础，即在人性中有相应的一种强有力的情操，可供与那个联想协调一致，可以使我们觉得这联想与我们相投合，"从而使我们不仅要在他人身上培养这种联想（对此我们具有充分的利益动机），而且也在我们自己身上珍惜这种关联"③。也就是说，良心的形成不仅是由于联想的作用，还是因为在人性中有一种自然的基础，这样，经教育而培植出的联想，才不会因人类智育的进步而逐渐被分析消解掉。良心的这种人性基础就是人类的社会感情，即"人类欲与同胞成为一体的社会情感"，"当公众幸福被承认为伦理标准，这种自然情感的基础便将成为效用主义道德的力量源泉"④。

社会情感是穆勒所提出的解决个人幸福和他人、社会幸福的关系，或是解决利他主义的可能性问题的关键，所以穆勒进行了详细的论证。按照穆勒的论证，社会情感是人们在社会生活过程中逐渐形成的。社会情感的产生过程，足以说明人的利他情感的产生。处在社会生活状态中的每个人，都将自己视为社会群体中的一分子，这是一种很自然、很必要的态度。穆勒还认为，只有平等地对待每个人，社会才能生存。一个愈健康的社会，人际间的关系

---

① John Stuart Mill. Utilitarianism[M]. London: George Routledge & Sons, Limited, 1895, P56-57.

② John Stuart Mill. Utilitarianism[M]. London: George Routledge & Sons, Limited, 1895, P57.

③ John Stuart Mill. Utilitarianism[M]. London: George Routledge & Sons, Limited, 1895, P57-58.

④ John Stuart Mill. Utilitarianism[M]. London: George Routledge & Sons, Limited, 1895, P58.

就愈紧密，每个人在情感上就会愈顾及到他人的福祉，或者是"至少自己不能去做严重有损于他人的事情，并且（哪怕只是为了保护自己）要生活在不断反对损害他人的社会之中"①。也可以说，人们倾向于公利的一个重要原因是因为他们都看到了"人类的个别的和自私的利益几乎总是分裂的"②。由此，"社会中的个人也不得不开始与他人合作，提出公共的利益作为共同的行动目标。在合作的过程中，他们个人的目标与他人的目标是一致的，或者使人至少暂时地感到，别人的利益就是他们自己的利益。各种社会联系的加强和社会的健康发展，不仅会使每一个人更有兴趣在实际上顾及他人的福利，而且会使每一个人在感情上日益倾向于他人的福利，或者至少倾向于在更大的程度上实际考虑他人的福利。以至于到最后人们就认为自己是从天性上就自然地关心他人的人，关注别人的福利就像关注自己平时的身体状况一样，成为一件自然且必然的事情"③。当某人具有了这样的情感，不管有多少，他都会处于最强烈的兴趣和同情心把这种情感展现出来，并且尽自己最大的努力来鼓励别人产生同样的感情。经过同情心的接触传染和教育的广泛培养，即使这种情感只是十分弱小的萌芽，也会被人们发掘出来并精心培养。同时，再加上各种外在约束力的强大作用，进而使得个人产生出强烈的欲与同胞成为一体的社会情感。在这样的过程中，效用主义所主张的个人的幸福与他人幸福，乃至最大多数人的最大幸福之间就获得了一种强有力的联结。而这种社会情感正是最大幸福的道德观（效用主义的道德观）的最终约束力，这种情感若能获得良好的发展，则会与外在动机相互配合而来关怀他人。即使缺少某些外在约束力，内在约束力也会形成一股强大的约束力量。

从总体上来说，社会情感的产生依赖于社会生活的实际状态的影响，借助于心理联想的作用，也诉诸教育、制度、舆论的力量。社会生活是社会情感产生的基础，心理联想是产生的机制，而教育和环境的影响则是灌输、强化、巩固社会情感的必要手段。穆勒所阐释的是人的道德情感形成的较为客观的过程和机制，在 20 世纪的心理学理论中得到了进一步的印证。

---

① John Stuart Mill. Utilitarianism[M]. London: George Routledge & Sons, Limited, 1895, P59.

② 穆勒:《代议制政府》汪瑄译，北京：商务印书馆，1982 年版，第 99 页。

③ John Stuart Mill. Utilitarianism[M]. London: George Routledge & Sons, Limited, 1895, P59-60.

对于本身不具有社会情感的人来说，效用主义所说的良心对他是没有任何约束效力的，但是，如果这些人不具有效用主义所谓的良心，那么其他任何道德学说所提供的约束力对他也都是无效的。所以，只能通过间接的外部约束力的约束使他遵守道德的要求。由此可见，穆勒主张将内在良心的约束与外在约束力结合起来，以实现效用主义的有效约束力。

综合上述，大体上穆勒对人性抱持着积极乐观的看法，虽然他认为当时的社会并未达到完全成熟的状态，但透过教育的力量，"休戚与共、人我一体"的人性光辉还是可以闪耀人间的，而此种社会情感也是效用主义道德观的最终约束力。在 19 世纪的英国社会，穆勒一反传统见解，反对宗教启示说，否认良心来自于先天的情感，把良心看成是透过后天的教育而习得的，在当时可谓是独树一帜。我们若从效用主义支持者所抱持的理念来分析，效用主义可说是一种社会改革运动和伦理学理论，他们想要改善社会上穷人和不幸的人的生活条件，并认为行为的道德性应该以结果为唯一的判断。效用主义是第一个展现出希腊时期的快乐主义能应用于社会的哲学，其试图结合个人的快乐主义和社会的幸福主义，并希望能创造一个关心自己和关心公共善的公民社会。因此，效用主义非但不是早年很多学者所谈论的"功利主义"般那样自私自利，反而更具有民胞物与的经世济民之淑世情怀。如果未能正确理解穆勒对人类自然情感所秉持的理念及效用主义所主张的最大幸福的道德观，则恐怕会减损我们对效用主义的热情。诚如穆勒所言，理性地接受或拒绝效用原则的初步条件是效用原则应被正确地理解，相信对效用原则一知半解是阻碍接受效用原则的主要障碍，只要让效用原则走出误解而更加清晰，这些困难大部分都会消除。①

3.2.4 效用原则的证明

效用主义强调快乐和痛苦是经验事实，人们有追求快乐和避免痛苦的倾向也是可观察到的经验事实。然而，从每个人都是在追求快乐和避免痛苦的经验事实中，如何得出我们必须谋求最大多数人的最大幸福的结论呢？这个结论显然需要加以论证。穆勒大胆地假定效用原则是我们道德标准的最后仲裁，且提出所有的第一原则都不能用一般的推理方式来证明，不管这第一原

① John Stuart Mill. Utilitarianism[M]. London: George Routledge & Sons, Limited, 1895, P8.

则是我们的知识还是行动。① 那我们不禁要问：其依据是什么？亦即效用原则的证明何在？

穆勒对于效用原则的证明主要可分为两个步骤：首先，穆勒区分伦理学和科学的不同，说明效用原则是不可能有科学的证明。穆勒指出："关于终极目的的问题是无法直接证明的，任何事物能被证明是好的，必定是因为我们可以证明它是获得那不证自明而被认为是好的事物的方式。例如，医术有助于健康，所以被证明是好的，但我们如何能证明健康是好的呢？音乐特别能带来快乐，所以被证明是好的，但我们又怎么能证明快乐是好的呢？"② 可见穆勒并没有试图要去证明作为第一原则的效用原则。穆勒认为，只要"我们可以提出各种理由，这些理由能够使理智赞成或者不赞成有关的学说，那也是一种证明"③。其次，穆勒说明效用原则在意义上是可从三个方面来证明的：(1) 幸福是可欲的 (desirable)，因为每个人实际上在欲求它；(2) 个人幸福是好的，因此普遍幸福对所有人来说也是好的；(3) 幸福是人类行为的唯一目的，促进幸福便是人类行为的判断标准，也是道德的标准。④

第一步，穆勒认为，要证明幸福是可欲的，首先必须证明人们实际上欲求幸福。从经验的角度观察，人们事实上是欲求幸福的，人的天性如此，因此，幸福就是可欲的，是作为一种目的而被人们所欲求。第二步，证明普遍幸福是可欲的。普遍的、公共的幸福之所以值得欲求是以"个人在相信他自己的幸福可以得到的范围内欲求自己幸福这个理由"为基础的，这是一个基本的事实。公共幸福之可欲是由于个人具有与他人的"人我一体、休戚与共"的情感要求，这种情感要求是基于人们共同的社会生活、由心理联想所促成的、经教育和环境加以强化的情感。这一主张在上一小节中关于良心的论述中就已说明。第三步，证明只有幸福是可欲的。这部分是穆勒论证的重心。穆勒认为，人所欲望的其他事物，例如对美德的欲求以及其他一些人们通常看作目的的欲求，如金钱、名利，都因为或者是幸福的组成部分或者是获得幸福

---

① John Stuart Mill. Utilitarianism[M]. London: George Routledge & Sons, Limited, 1895, P65.

② John Stuart Mill. Utilitarianism[M]. London: George Routledge & Sons, Limited, 1895, P7.

③ John Stuart Mill. Utilitarianism[M]. London: George Routledge & Sons, Limited, 1895, P8.

④ John Stuart Mill. Utilitarianism[M]. London: George Routledge & Sons, Limited, 1895, P65-77.

的手段而被欲求，而真正为人们所欲求的其实只有幸福。

在穆勒的效用主义理论中，对效用原则的证明招致了最广泛、最持久的批评，一些人对他的证明目的、步骤以及结构提出质疑，即使是穆勒思想的捍卫者和试图合理解释穆勒思想的人，在对效用原则证明的诠释上也不尽相同。批评者认为效用原则的证明犯了最基本的逻辑错误和混淆概念的错误。正如穆勒在为效用主义做辩护时所指出的，批评者的许多指责并不单是效用主义这种伦理体系所面临的，许多问题"其实是所有伦理标准都要面对的问题"[①]。从总体上说，批评者一般认为，穆勒在证明中有两个跳跃，分别发生在论证过程中的第一个和第二个步骤中：一个是从欲求到可欲性，从某事物被个人所欲求跳跃到认为它是可欲的；第二个是从每个人的幸福跳跃到普遍的幸福、所有人的幸福的加总。对这两个跳跃，穆勒并没有就其合理性给予有力的论证。

在第一个论证中，"可欲的"一词是可以有多方面的理解。如果将其理解为"能够被欲求的"，则这种论证本身就没有什么意义了。也可以理解为"值得欲求的"，这种论证虽有效但是不合理，因为事实上人们欲求的一些东西本身并不值得欲求。若理解为"应当被欲求的"，则同样会犯第二种理解的错误。就穆勒的论证本身来看，在他的前提中，他使用"可欲的"一词，是在描述性的意义上指幸福是能够被欲望的东西，而在结论中，他则是在规范的意义上使用该词的，即幸福是值得欲求或是应当欲求的东西。批评者因而指出，穆勒在此处犯了语言模棱两可的错误。元伦理学家摩尔曾明确地批评穆勒混淆了人们所欲望的东西与值得欲望的东西。穆勒在他的论证中没有详细界定可欲问题，这是他论证的疏漏之处。另外，穆勒用视觉、听觉的例子来类比人对幸福的感觉，这种类比的可行性也值得商榷，因为，视觉、听觉都是人的外部感官，而幸福感则来自于人的内在感觉。从这些问题来看，穆勒的第一步论证无论是在逻辑上还是在用词上，都不是无懈可击的。

穆勒的第二步论证，是关于个人的幸福、利益如何过渡到普遍的、公共的幸福，也就是说，为什么普遍的幸福比个人幸福更值得追求？为什么追求实现自身幸福的个人应当追求和促进普遍的幸福？虽然从形式上不能做出这种推断，但是穆勒是从社会情感的角度进行论证，并从社会生活的现实需要

---

① John Stuart Mill. Utilitarianism[M]. London: George Routledge & Sons, Limited, 1895, P49.

中引申出其结论的，批评者认为其中有前后矛盾之处：一方面反对在效用主义道德中借助任何直觉的因素，另一方面又实际上引入了直觉的因素。在社会情感的形成中，人的道德心能在教育和环境的影响下向各个方向发展，既可以使人以行善为乐，也可以使人以作恶为乐而不以为恶。既然如此，为什么穆勒只认定效用主义所要求的社会良心才是最自然且必要的呢？穆勒实际上是将这一问题当做一个不证自明的论断，因此是将效用主义的证明建立在直觉的基础之上。这与他一贯的反直觉主义的主张是不一致的。这一点为很多批评者所指责，例如罗尔斯所提出的反对效用主义的理由之一，就是效用主义在根本上是借助于直觉的帮助，因而不是一种令人信服的理论。在穆勒的这一论证中存在的另一个问题是，他没有明确指出个体的幸福是以什么样的方式联合为普遍幸福。个体的幸福是否可以加总为公共的幸福，这本身就是一个需要证明的问题。当代新效用主义者提出了新的理论来解决这一问题。

在穆勒论证的第三个步骤中，他试图将德行纳入幸福的范围以调和二者的努力也受到了批评者的质疑。穆勒所设计的幸福主义与亚里士多德所提出的幸福理论是不同的，其中最主要的区别就是对于德行与幸福的关系的观点。德行概念在亚氏的体系中是一个核心概念，而在穆勒的理论中，德行只是一个从属于幸福的概念，是作为达到目的的手段而被人们所欲求，成为幸福的组成部分。穆勒对德行的这种理解受到了从亚里士多德幸福理论出发，或是从其他的德行伦理理论出发的批评者的批评。

由上分析可知，穆勒指出在"终极目的"的问题中，我们不可能有科学的证明。边沁也认为，效用原则似乎是无法直接证明的，因为被用来证明其他一切事物者，其本身无法被证明（不能自我证明）。要证明效用原则既不可能，亦无必要。虽说如此，但穆勒仍根据心理学所观察的事实来论证幸福是唯一值得我们去追求的事物，并以此来作为支持效用原则的证据。虽然穆勒的证明并不是十分成功的，但其仍具有十分重要的理论意义。穆勒在论证的过程中，"将效用主义方法与其他理论的方法进行了大量的调和，而这些理论上的调和几乎全部在现代效用主义论争中得到了继承和发挥，在这一意义上可以说，穆勒对效用主义所做的修正与发展是现代效用主义理论的一个简化了的模型"[1]。

---

[1] 牛京辉：《英国效用主义伦理思想研究》，北京：人民出版社，2002 年版，第 135 页。

3.2.5 正义与效用的关系

效用主义者主张行为的对错取决于行为是否能增进人们的幸福，而非行为的内在特性，此种主张让许多人无法接受。在质疑效用主义的论述中，正义的理念是最强而有力的，它与效用原则冲突的实质可以表述为："效用原则所提出的最大化幸福的主张，不能圆满地解决如何在不同的人中间分配幸福的问题，而且贯彻最大化的要求往往会导致违反正义原则的后果。"[①] 穆勒也察觉到此问题的重要，因此在《效用主义》一书中，用了相当多的篇幅来论述正义与效用的关系，且自认为已能有效化解影响人们接受效用主义的最大障碍。

一、正义与效用名异实同

穆勒指出，事实上从长远结果来看，正义的理念和效用并没有分道扬镳。穆勒首先剖析正义概念的实质，否认正义观念是一种直觉。由于正义这个名词总是伴随着一种强烈的情感，并且引起一种清晰的知觉，正义情感产生时伴随着较强烈的使人遵守的力量，而且具有较强的紧迫性，因而，人们往往认为正义与一般来源于效用的情感不同，它应当有一个不同于效用的来源。这种情感与知觉在大多数学者看来，好像指明正义是事物本有的性质，是自然界的一种绝对的东西，在种类上不同于各种各样的权宜之计（the expediency）。然而事实上，正义感是一项人类特有的本能，但同其他本能一样，也需要理性的控制和教导；"假如我们既有一些动物性的本能，激发我们以特定的方式做出行为，又有一些智力性的本能，引导我们以特定的方式作出判断，那么，在他们各自的领域内，智力性本能犯错的可能性并不一定比动物性本能犯错的可能性要小"[②]。穆勒进一步指出，检视正义和效用之间的关系后可发现，正义的客观性质和效用主义所依赖的原则——"普遍的权宜之计"有部分的一致性，正义并不是来源于效用之外的其他东西，而是适应社会的普遍的权宜之计的需要而产生的。只是由于正义的主观心理情感和一般依附于单

---

① 宋希仁：《西方伦理思想史》[M]，北京：中国人民大学出版社，2010年版，第309页。

② John Stuart Mill. Utilitarianism[M]. London: George Routledge & Sons, Limited, 1895, P79-80.

纯的权宜之计有所不同，因此人们难以发现正义其实是效用广博含义中的一部分。

二、正义的特性

穆勒指出，要了解正义和效用之间的关系，需要先区别正义或非正义的特性。一般而言，我们会从探讨非正义行为有哪些共同特性着手，来找出正义的核心特质。根据穆勒的观点，正义或非正义的特性有下列五点：（1）大多数人都认为，剥夺任何一个人的个人自由、财产或其他依法属于他的东西，都是非正义的，也就是说，尊重别人法律上的权利（legal rights）是合乎正义的，侵犯别人法律上的权利是非正义的。（2）有些法律也许是恶法，如果真的如此，那么违法行为正义与否就会产生争议。穆勒认为，有一个观点似乎是普遍被认可的，即可能有不合正义的法律存在，所以法律不是正义的最终标准，有些不合正义的法律会侵犯一些人的权利，这些权利不是法律上的权利，而是道德的权利（moral right），因此，我们可以说非正义的第二种情况是侵犯了个人的道德权利。（3）每个人对正义的普遍考量是他得到了自己应得到的，一般而言也就是善有善报，恶有恶报（good for good, evil for evil），或许这是一般人的心里最清晰和最强调的正义观念的形态。（4）不管违背的是明确的表达或暗示的承诺，对任何人毁约都是大家公认非正义的，但和其他正义的义务一样，信守承诺的义务也不是一种绝对的义务。（5）我们普遍承认，偏袒或者在不适用偏爱和偏好的事情上偏爱和偏好某个人是与正义不一致的。虽然无偏私（impartiality）本身似乎不是一种义务，但在涉及权利的地方，保持公正的态度就是一种义务。与无偏私有密切关联的是平等（equality），无论是从正义的概念或是实践上，平等通常都是正义的组成要素，而且在许多人看来，平等是正义的本质。尽管平等是正义的核心概念，但也会同意在权宜之计下，不平等是可以接受的。即使有人主张每个人会有不平等的权利，但也会在正义的理念下，主张每个人的权利都应平等地受到保障。①

在穆勒列举出正义和非正义概念的五个特性后，人们可能还无法掌握其中的关联性和正义所代表的道德情感的基础。为了解决此问题，穆勒认为可从正义的字源学中得到一些帮助。穆勒分别从拉丁文、古希腊文、日耳曼语系、

---

① John Stuart Mill. Utilitarianism[M]. London: George Routledge & Sons, Limited, 1895, P82-88.

英文和法文中，来说明正义的相关概念和意义，最后提出形成正义这个概念的原始要素是遵守法律。① 由此演化而来的现代正义概念的一个核心就是"权利"。正义不同于其他的道德义务如慷慨或仁慈的地方就在于是否牵涉权利，正义是完全强制性的义务，是"有与道德责任相当的某个人的一个权利"，慷慨则是不完全强制性的义务，也就是不发生任何权利的义务。凡有权利的场合，都是正义的问题，而不是仁慈的问题。人们在使用正义一词时所表达的部分就是正义的诸种完全的义务。

三、正义的感情

穆勒在论述完正义的特性之后又探讨了伴随正义观念而生的感情是出于天性还是产生于关于权宜之计的问题。穆勒认为，一般情况下，权宜之计的观念并不直接产生正义情感，但是，包含在这种情感之中的道德成分却是出自这种权宜之计观念的。

穆勒指出，正义感有两个基本要素："一是想要去惩罚侵害者；二是知道或相信存在着某个或某些确定的受害者。在我看来，要惩罚侵害别人的人的正义感，乃自发地出自两种情感，一是自卫的冲动，二是同情心，两者都是极为自然的情感，都是本能，或说类似于人类本能。"② 穆勒认为，人类自我防卫的冲动及同情心是一种本能或理智的结果，这是所有动物自然共通的反应。但是人类和其他动物有两点不一样：第一是人类的同情心可以扩及所有人类，甚至包含所有有感知能力的生物；第二是人类具有更加发达的智力，所以人类能够理解个人和社会之间存在着利益的一致。因此，如果有任何行为会威胁到社会安全，就如同威胁到他自己一样，会唤起他自我防卫的本能。穆勒进一步指出，这种优越的智力再加上较强的同情心，就能使我们认同所处的部落、国家甚至全人类，在这样的态度下，任何会伤害到这些群体的行动，都会激起我们同情的本能，促使我们进行反抗。③ 因此，正是社会的普遍的利益和权宜之计提供了正义原则产生并发生效用的根据，使人类的自然报复感情道德化、社会化，使之顺着合乎公共福利的方向发展。一个秉持正义原则

---

① John Stuart Mill. Utilitarianism[M]. London: George Routledge & Sons, Limited, 1895, P89.

② John Stuart Mill. Utilitarianism[M]. London: George Routledge & Sons, Limited, 1895, P96.

③ John Stuart Mill. Utilitarianism[M]. London: George Routledge & Sons, Limited, 1895, P97-98.

的人，遇见危害社会的行为，即便这种行为并没有伤害到他自己，他也会感到愤怒；但对于伤害他本人的行为，无论多么令人痛苦，除非社会和他有共同的利益来压制它，否则正义的人不会感到愤怒。因此，在穆勒看来，正义感不仅有理性的成分，也有动物性的成分，一种渴望报复侵犯我们权利者的心理，而人类正义情感的特殊之处在于，人有博大的同情能力和明智的利己观念，因而可以将同情的对象扩展到一切人以及人的集合体。

穆勒还特别谈到了正义感的培养问题，他认为，"行动是感情的食粮"，要使个人具有正义感，必须首先使他有维护自己正当权利、利益的权利，有参与国家、社会事务的权利；否则"使一个人不能为他的国家做任何事情，他也就不关心他的国家。古来有一句谚语说，在专制国家最多只有一个爱国者，就是专制君主自己"①。只有把个人利益与公共利益协调起来的社会制度，才有利于培养公民的正义情感和正义观念。在这里，穆勒又一次将个人的道德情感和德行的问题与社会制度的设计结合起来，显示出一个社会哲学家所具有的广阔视野和深邃的洞察力。

四、权利与正义

穆勒认为权利和正义的理念是不可分的。当我们称某种东西是一个人的权利时，意味着他可以正当地要求社会保护他所拥有的这种东西，无论是借助法律还是借助于教育或舆论的力量。如果反对者要问为什么社会应当保护某个人的权利时，穆勒认为，基于"普遍的社会效用（general utility），即社会安全的需要"是唯一的理由。②在穆勒看来，正义感不仅包含理性的要素，而且含有动物性的要素，包含着对侵犯权利的行为的愤怒和报复的心理。这种报复欲所具有的强烈程度和道德合理性，都来自一种特别重要、极其动人的相关效用。这种效用包含了人身安全，它是所有效用中最重要的部分，是"除了物质营养之外最不可或缺的必需品"。也因为我们对人身安全的关怀之情非常强烈，所以对人身安全的保障就从"应当"变为"必须"，且认知到这是道德所必需的一部分。在这里，穆勒肯定了霍布斯的观点，也认为安全是首要的社会善，一个人可以不具有其他特殊的善，但是不可能不需要安全。

---

① 穆勒：《代议制政府》，汪瑄译，北京：商务印书馆，1982 年版，第 39 页。

② John Stuart Mill. Utilitarianism[M]. London: George Routledge & Sons, Limited, 1895, P101-102.

五、正义与道德义务

从穆勒对正义一词的探讨中，我们可以发现，正义概念起源于法律约束的观念，法律和惩罚是它的两个重要特质。不过穆勒也了解到，这样并没有说明正义义务和其他道德义务之间有何区别。因为事实上，作为法律本质的惩罚性制裁观念，"不仅进入了非正义的概念中，而且同时也进入了任何种类的错误概念中。当我们说某件事情是错误的，意思就是说，某个人应当为自己做了这件事而受到这样那样的惩罚。即使没有受到法律的制裁，也要受到同胞的舆论抨击；即便没有受到舆论的抨击，也要受到他自己良心的谴责。这一点似乎构成了区分道德与单纯的权宜之计两者的真正关键之处"[①]。义务这一概念，无论它是何种形式，总是包含着我们可以正当地要求一个人去履行它。因此，任何事情，除非我们认为可以强制别人去履行，否则就不能称为他们的义务。相反，另外有些事情，我们也希望别人去做，如果他们做了，我们会喜欢或称赞他们；如果不做，我们也许会不喜欢或鄙视他们，但我们还是要承认，这些事情并不是他们非做不可的，它们不属于道德义务（moral obligation），我们不能因此而谴责他们，也就是说，我们并不认为他们应当为这些事情而受到惩罚。穆勒进一步指出，这种区分构成了行为对错概念的基础。"一个人应当为某个行为受到惩罚，那么就会说这个行为是错的；但如果我们认为，一个人不应当为了这个行为而受到惩罚，那么就不会说它是错的，而会用其他一些表示不喜欢或者贬抑的语词来描述这个行为"[②]，这是道德与"权宜之计"和"价值"区分开来的特征。

那正义义务和道德义务的区别是什么呢？穆勒认为，伦理学家将道德义务分为两类：完全强制性义务和不完全强制性义务。所谓不完全强制性义务是指虽然行为具有义务性质，但具体什么时候实施却由我们自己来决定。例如慈善或仁慈行为，固然应当实践，但并不是一定要施与某人或者一定要在某个时候实施。用法哲学家的话来概括的话就是，完全强制性义务是可以使某个人或某些人拥有一种相应权利的义务；而不完全强制性义务则是一些不

---

① John Stuart Mill. Utilitarianism[M]. London: George Routledge & Sons, Limited, 1895, P92.

② John Stuart Mill. Utilitarianism[M]. London: George Routledge & Sons, Limited, 1895, P92-93.

产生任何权利的道德义务。^①穆勒认为，正义义务是属于完全强制性义务，个人必须履行，没有选择的空间；道德义务则是不完全强制性义务，我们固然承担了某些义务，但可以选择要不要履行这些义务。

虽然穆勒主张正义义务是一种完全强制性义务，因此比其他的道德要求具有更大的义务性，但是当正义与其他道德义务产生冲突时，正义也并非是绝对必须遵守的，穆勒将此种情形视为特例。例如，当我们为了救助一个人的性命，那么我们不仅可以闯红灯，违反交通规则甚至可以偷窃必需的食物和药品或绑架医生。穆勒指出，在这种情况下，我们并不会说正义不是一种美德，我们经常会说，并非正义必须让位给其他道德原则，而是在一般情况下的正义举动在特殊情况下便不是正义的了。或者，换句话说，在特殊情况下，正义并未消失，而是以另一种正义的形式来加以取代。

六、正义以效用为基础

穆勒指出，有人质疑效用不是一个明确的标准，对它的解释因人而异，只有正义发布的那些永恒不变的、不可磨灭的、不会被弄错的命令，它们不证自明，不受舆论的影响，才是可靠的标准。然而，迄今为止，关于正义的理念同样存在着许多意见分歧和争论，不仅不同的民族和个人有着不同的理解，即便在同一个人心中，正义也不是一个规则、原则或行为准则，而表现为多个规则、原则或行为准则，它们的要求并不总是一致的，因此在它们之间进行取舍时，个人或者要受某种外部标准的影响，或者要受他自己的个人偏好影响。穆勒并以惩罚、报酬和税收的问题来说明我们对正义理念的掌握并不如想象中清晰。因此，当双方都坚持己见而无法回答相关问题时，任何基于正义理念所做的选择都绝对是独断的，此时只有社会效用原则来决定优先地位。

根据穆勒的主张，基于效用原则的正义理念乃是一切道德体系最核心、最神圣及最具约束力的部分。正义是一类道德规则的名称，这类道德规则就人类福利的基本要素而言，要比其他任何生活指导规则具有更加密切的关系，因此具有更加绝对的义务性。而那个被我们发现构成正义理念之本质的概念，即个人权利的概念，则蕴含并证明了这种更具约束力的义务。而道德是保护

---

① John Stuart Mill. Utilitarianism[M]. London: George Routledge & Sons, Limited, 1895, P93-94.

每个人免于受到他人的伤害，及个人追求幸福生活的自由免于受到妨碍。

穆勒进一步指出，平等和无偏私是正义理念的格言。根据正义原则，每个人都应根据他所为而有应得的回报，此种善有善报、恶有恶报的原则需要我们平等地对待每一个人，不因他的身份而有所差别。这就是社会正义和分配正义最高的理论标准，一切社会制度和所有有道德公民的行为，都应尽最大的可能达到这个标准。但穆勒也指出，这种平等的道德义务并不仅是根据次要的或派生的学说而来的逻辑推论结果，而是直接来自第一道德原则，它包含在"效用"或"最大幸福原则"的含义之中。穆勒解释说，"最大幸福原则之所以含有合理的意义，全在于它认为，一个人的幸福，如果程度与别人相同（种类可允许有适当的不同），那么就与别人的幸福具有完全相同的价值"①。这种情形正好也印证了边沁的名言："每个人都算作一，没有人会更多。"这样，穆勒就将对一切人完全无私的正义原则包含在效用原则之内了。

当时的另一个效用主义进化论者斯宾塞也认为，效用原则预设了一个更先的原则，即每个人对幸福拥有平等的权利，说得更准确些，就是不论是在同一个人的感受中还是在不同的人的感受中，同等数量的幸福都具有同等的欲求价值。他主张将正义地分配幸福的原则包含在效用原则之中。穆勒认为，这并不是更为基本的假定，不是效用原则需要做根据的前提，效用原则本身就将"幸福"与"可欲"看作是同义的。如果效用原则真含有什么更先的原则，那么它也只能是，算数的真理是可以应用于幸福的评价的，就像可以应用于其他一切可度量的数量一样。②

最后，穆勒对于正义和效用之间孰轻孰重的问题做了一些诠释。穆勒指出，正义代表着某些特定的道德要求。从整体上说，这些道德要求在社会效用的范围内比其他任何道德要求的地位都要高，因此也比其他道德要求具有更大的义务性。然而，在某些特定的情况下，某个人也可能有其他的社会义务非常重要，以至于我们可以改变正义的普遍法则。例如为了挽救生命，可以允许一些非常手段，如偷窃、绑架等。穆勒不是将这一观点解释为正义原则对

---

① John Stuart Mill. Utilitarianism[M]. London: George Routledge & Sons, Limited, 1895, P117.

② John Stuart Mill. Utilitarianism[M]. London: George Routledge & Sons, Limited, 1895, P118.

别的原则的让步，而理解为，"在特殊情况下，正义并未消失，而是以另一种正义的形式来加以取代"，并进一步解释道："我们这样使语言迎合事实是很有用的，这样，正义所具有的不可废除的性质得到了保留，而我们也可以不必坚持非正义的举动能够值得称赞了。"①

穆勒在这里所做的解释，反映出他自身的矛盾心理，他确认正义是效用原则之下的次级准则，但是又指出正义即使是作为次级准则，当二者发生冲突时，也处于次级准则中的最高层级。在一般情况下，可以直接运用的次级准则，但当二者发生时，就必须诉之于效用原则。尽管如此，穆勒仍不愿称为"正义原则服从于效用原则"，因为正义的情感是如此强烈，人们对于违背正义原则的事情是如此反感，以致于穆勒不得不"使语言迎合事实"。但透过这样有用的调适，一方面可以继续支持正义的理念，一方面可以避免许多不合正义的事假正义之名而存在。由此，穆勒认为道德上的效用主义唯一真正的困难已经获得解决。所有正义的事例也都是权宜之计的特例，所不同的是大家对正义抱持着特别的情感。穆勒认为，假如我们能充分说明这种情感的本质，那么正义的理念就不再是效用主义伦理思想的绊脚石。穆勒强调，正义理念代表着某些广大且重要的特定社会效用，因此比其他道德理念更具有绝对性及强制性，所以，"这些社会效用应当并且自然而然地会受到一种在程度上和种类上都与众不同的情感的保卫，较之人们仅仅想要增进快乐或舒适时所怀有的那种温和感情，这种正义的情感显然具有更加确定的命令性和更加严格的约束力"②。

由上可知，在穆勒的观念中，正义和效用其实是并行不悖的，或更确切地说，在效用主义的基础上，借由法律、教育或舆论来执行正义和道德权利，在增进最大多数人的最大幸福上具有真实重要的价值。其实，在正义和效用之间，许多人往往会偏爱正义是因为我们认为效用原则主张当最终结果能增进共同体的福祉时，我们可以牺牲个人的幸福以达成共同体的福祉，然而这样的牺牲并不能确保每个人的幸福都能被公平地考量。而正义理念则主张每

---

① John Stuart Mill. Utilitarianism[M]. London: George Routledge & Sons, Limited, 1895, P120-121.

② John Stuart Mill. Utilitarianism[M]. London: George Routledge & Sons, Limited, 1895, P121-122.

个人的权利是神圣不可侵犯的，特别是选择我们自身目的的权利。换句话说，即使有较佳的利益和他人分享，失去自由也绝对是错误的。此种正义理念合乎大多数人的道德情感，自然也较易受到欢迎。然而穆勒虽然认同在某些特殊事例中可以改变正义的普遍法则，但他也指出，正义感只有附属于社会同情心中且服从它的指导时才具有道德成分，只有在具有道德成分的社会情感的指导下，我们的行动才能促进社会全体的福祉。例如，正义之士会对伤害到社会福祉的人感到愤怒，但不必然会对伤害到自己的人感到愤怒。正义之士反对的是那些损及社会共同利益的人。换言之，当牺牲某些人的利益能增进社会更大的幸福时，所谓正义之士应当会乐于选择牺牲奉献的，他人自然无权假借正义之名来批评效用主义者不合正义。我们应注意的是每个人的幸福是否都能获得平等的对待，是否能对人们的种族、性别、社会阶级、天赋能力和宗教信仰等敞开胸怀，没有任何先入为主的观念，让每个人都能自由地选择安全的策略去追求他的美好生活。但同时也要看到，穆勒对于效用主义与正义观念的调和是从社会总体的安全和利益角度入手的，他没有完全回应批评者认为效用主义忽视甚至允许牺牲少数人的权利和利益以换取最大多数人的最大幸福的指责。这也是古典效用主义伦理思想最易受到攻击之处，也是现代效用主义理论争论中最受关注的问题之一。

3.2.6 个人的自由权与自我发展

《论自由》是穆勒最具个人特色，也是最具影响力的著作之一，穆勒效用主义思想之所以能在 19 世纪乃至 20 世纪西方社会产生如此巨大的影响，就在于其整个思想的支撑点是自由思想，并且其自由思想构成了 19 世纪以来自由主义思潮的核心。在穆勒内涵广泛的幸福概念中，自我的发展和人的自由权是其中的两个重要内容。在穆勒看来，全面的深刻的幸福不能脱离个人的自我发展、个人的能力的发展、个人自身的趣味、追求和同情心的培养和发展。或者说，个人的幸福是同他自身的自由及个性自由发展密切相关的。穆勒的幸福理论是其自由观的基石。自我发展是个人自由的积极的实现，而不受干涉的自由权则是消极的个人自由的维护，两者结合起来才构成了穆勒自由观的主旨。

一、个人的自由权

自由主义最初是以个人主义为基础的价值观念。以洛克为代表的早期自由主义者宣称的自由有两个特点：其一，自由权利是一种天赋权利，人们生来就有；其二，自由权利具有高于政府权利的优先性和不证自明的合法性。洛克开了自由主义先河，并且此后的自由主义理论都是以洛克的自由思想作为基础，虽然自由主义思想屡经演变和发展，但这种以个人主义为价值导向的思路则一直没变。穆勒继承了自洛克以来的英国自由主义传统，坚持个人自由至上的自由主义基本原则，在自由主义思想史上更为精辟地阐述了个人自由。

穆勒认为，个人的自由权设计的主题是："公民自由或社会自由，也就是要探讨社会所能合法施用于个人的权力的性质和限度。"① 穆勒的观点可以概括为两条基本原则：第一，个人的行为只要不涉及他人的利益，个人就有完全的行动自由，不必向社会负责；他人对这个人的行为不得干涉，至多可以进行忠告、规劝或避而不理。第二，只有当个人的行为危害到他人利益时，个人才应当接受社会的或法律的惩罚，社会只有在这个时候，才对个人的行为有裁判权，也才能对个人施加强制力量。② 这就是穆勒划定的个人和社会之间的权利界限。他的研究目的是在个人的独立性和社会的控制之间做出恰当的调整，使社会意见对个人独立的合法干涉有一个限度，找出这个限度并使它不被破坏。这一点对于促进个人幸福的获得以及社会的稳定和发展都具有重要意义。

个人自由的实质是能够不受外界强制，按照自身的条件去自主地追求自己的生活目标。在穆勒看来，"唯一实称其名的自由，乃是按照我们自己的道路去追求我们自己的好处的自由，只要我们不试图剥夺他人的这种自由，不试图阻碍他们取得这种自由的努力。每个人是其自身健康的适当监护者，不论是身体的健康，或者是智力的健康，或者是精神的健康。人类若彼此容忍，各照自己所认为的好的样子去生活，比强迫每人都照其余的人所认为的好的样子去生活，所获是要较多的"③。穆勒认为个人拥有广泛领域内的自由权利，其中包括：（1）思想和感情的自由，要求在一切题目上的意见和情操的绝对自由；（2）趣味和志趣的自由，要求有自由制订自己的生活计划以顺应自己的性格；（3）随着各个人的这种自由而来的，在同样的限度之内，还有个人之间相互联合的自由。第一项自由权利实际上是一种政治上的、思想上的自由，第

① 穆勒：《论自由》，程崇华译，北京：商务印书馆，1959 年版，第 1 页。
② 牛京辉：《英国效用主义伦理思想研究》，北京：人民出版社，2002 年版，第 103 页。
③ 穆勒：《论自由》，程崇华译，北京：商务印书馆，1959 年版，第 13 页。

二、第三项自由则具有更多的道德和伦理的内涵。上述这些领域中的自由权利，如果在一个社会中得不到尊重，或者不是绝对的和没有限制的，那么，这个社会就不算是自由的。因此，一个健全的社会有责任在其制度上做出相应的规定，保护个人的自由权利的实现。这一点贯穿在穆勒的政治自由主义理论和他所领导的政治自由主义运动中，他极力主张建立一种能够代表每个人的权利和意愿的"代议制政府"，并且极力鼓吹公民普选、妇女解放和参加选举的权利，其目的就是期望从社会制度的安排中确保个人都能享有他应该享有的自由权利。

按照穆勒的自由观，个人的自由权利不是全然没有限制的。就个人方面而言，"个人的自由必须约制在这样一个界限上，就是必须不使自己成为他人的妨碍"①。就社会方面而言，社会之所以对个人的行为有裁判权，必须是在个人的行为影响到他人和社会利益的时候，才能施行，任何借社会、舆论、习俗和教育之名干涉私人行为或是左右个人的思想，都是对个人自由的不合理的限制和干涉。显然，不能说穆勒在"宣扬绝对的自由"。穆勒所强调的是在自由问题上的一条极其简单的原则，凡属于社会以强制和控制方法对付个人的事情，不论所用手段是法律惩罚方式下的物质力量还是公众意见下的道德压力，都要绝对以它为准绳。这条原则是：人类之所以有理由有权利可以个别地或者集体地对其中任何分子的行为自由进行干涉，唯一的目的只是自我防卫。这就是说，对于文明群体中的任何成员，如果能够施用一种权力以反对其意志而不失为正当，唯一的目的只是要防止对他人的危害。"任何人的行为，只有涉及他人的那部分才需对社会负责。在仅涉及本人的那部分，他的独立性在权利上则是绝对的。对于本人自己，对于他自己的身和心，个人乃是最高主权者。"②但是，这一原则只适用于能力已达成熟的人类，对于婴儿、尚未成年的青少年或者精神有缺陷的人来说，由于他们没有健全的意志，不可能对自己的行为负完全责任，因而也就不能成为自己的绝对权利的拥有者。

穆勒上述关于个人自由的论述是古典自由主义的经典论述。他奠定了英国式的个人自由模式，即强调个人的消极的自由权，强调为个人自由划定一个不可侵犯的最小范围、最小的空间界限，在这些范围内，才能保证个人的

---

① 穆勒：《论自由》，程崇华译，北京：商务印书馆，1959年版，第59页。

② 穆勒：《论自由》，程崇华译，北京：商务印书馆，1959年版，第10页。

天赋能力得到起码的发挥，并且认为唯有这些天赋得到起码的发挥，个人才有可能进一步追求、构想人类认为是善的、正确的、神圣的目的。消极自由观的意义在于，使个人自由与社会控制之间相互制约，保持最低限度内的自由；其目的是抑制社会权威的过度扩张，防止个人的基本生存和发展权利受到社会专制的侵犯和束缚。在这种消极的自由观看来，法律所能起的作用只是保护个人最低限度的自由，而国家的作用也只不过是亚当·斯密所说的"守夜者"的作用，保证消极自由的实现。穆勒所树立的这种消极自由观有着重要的理论意义和历史意义，它已经随着资本主义社会的发展而逐渐内化成为西方社会自由主义传统的特质之一。穆勒的《论自由》一书被称为西方资本主义社会中"捍卫自由的经典著作"，穆勒本人也被称为"19世纪最令人心悦诚服的自由主义者"，其原因也正在于此。

虽然穆勒奠定了要求社会对个人实行最小干涉的消极自由观点，成为西方社会尤其是英国社会的政治文化的一种特质，但是穆勒的自由观并不是人们通常认为的那样仅仅局限在消极自由领域，如果将穆勒的幸福理论和他的《论自由》一书结合起来考察，可以发掘出穆勒自由观的另一侧面——对积极的自由的设想。

二、自我发展

自我发展或个性的自由发展是穆勒的积极的自由理论的核心概念。在幸福理论中，穆勒就已经强调了自我发展概念的重要性。他虽然没有明确定义"自我发展"，但是归纳其散见的论述，可以得出穆勒的自我发展概念的基本含义：自我发展是个人的自我培养和教育过程，它的最终目标是实现个人在心智、情感和道德上的充分的、全面的发展，表现为个人具有充分发展了的个性、自主性、独创性和健全的社会性情感。[①] 简而言之，自我发展的过程既是个体充分实现自身的社会化、道德化的过程，同时也是个体保持并充分发挥其个性自由发展的过程。

自我发展在幸福理论中的作用就在于，首先，它是幸福的重要组成部分和源泉。个人的幸福与他的潜能的自由发挥密切相关。穆勒在对快乐的质和量做区分时就曾指出过，较高等的快乐的产生是与人的较高等的心能联系在一起的，一个秉有较多的高等心能的人所体验到的必然是更为深沉、更有价

---

① 牛京辉：《英国效用主义伦理思想研究》，北京：人民出版社，2002年版，第106页。

值的快乐，而较高等的心能的获得是与个人自我发展的程度成正比例的，例如，人的创造力、自主性、社会性这些心能的发挥所带来的是较低级的快乐所无法比拟的幸福感受，因而，人宁可舍弃较大量的低等快乐而偏向高等快乐的满足。最有价值的幸福就是那些在人们发展和运用自身的理智的、情感的和道德心能是所体验到的幸福。

其次，自我发展是个人成为有资格的道德人的前提条件。穆勒用以评判快乐的质与量的重要性以及质的快乐的价值的标准，不是通过一个既定的准则，也不是依赖边沁的那种快乐的计算，而是依赖于这样一个富有阅历的权威人物——他对较高等和较低等的两方面的快乐或痛苦都有体验，并且秉有自觉和自省的习惯。这个人所觉得的好恶、他所做出的判断就是快乐的质的标准，也是对不同的快乐进行优先性排序的标准。由此可以看出，穆勒所诉诸的这样一个评判者，并不是一般人生来就能够胜任的，对阅历和体验的要求使得他必定首先是一个经历了自我发展的过程的有资格的人，除非主体已经达到了某种特定的自我发展的水平并成为有资格的评判者，否则他就不能完全、充分地评估价值。因而，否认了人们发展的机会，就是否认了人们所应该具有的道德主体的地位。从这一观点看，自我发展了的道德主体在穆勒的道德理论中处于中枢地位。

自我发展的概念是沟通穆勒的幸福理论和自由理论之间的桥梁。穆勒在《论自由》中指出，个性与发展乃是一回事，"只有培养个性才产生出或者才能产生出发展得很好的人类"①。这里首先应当解释清楚的是，发展和自我发展之间的关系。自我发展是发展中与个人相关的一个重要阶段：从个体角度来看，个体发展的最初阶段主要是接受社会教育和培养的阶段，而当个人具有了一定的意识、能力之后就进入自我发展即自我教育和培养的阶段；从社会的角度来看，发展不仅包括社会中的诸个体的自我发展，而且是社会的文明本身的发展过程。所以，自我发展的概念无论从内涵还是外延上来说，都是从属于发展概念的。由此，穆勒的观点也可以理解为个性与自我发展的同一关系，只有尊重个性、培养个性才可能产生出发展得很好的个人。因此，幸福论中的自我发展的重要性在自由论中则体现为个性自由发展的重要性。

穆勒认为，个性的自由发展首先表现为不盲从于传统，敢于摆脱传统、

---

① 穆勒：《论自由》，程崇华译，北京：商务印书馆，1959年版，第68页。

习俗和他人意见的束缚。人的个性应当显示出多样性的丰富的发展，应该像一棵树，需要生长并且从各个方面发展起来。其次，个人的自由发展也表现为独创性、想象力的发展，并且由少数人的卓越的创造才能的发展带动社会中尚未发展的人学到很多东西，最终导致整个社会的首创性的发展。穆勒认为，个性的自由发展也是大众社会中防止"多数人的暴政"的一项措施。个性的自由发展的最终目标是既要推动社会文明整体的发展，也要促进个人在心智、情感和道德等方面的自我发展。个性的自由发展和个人的自我发展之间最终朝向共同的目的。穆勒的这些主张使他的幸福论与自由观密切联系起来，幸福系于自由的个性的发挥，自由引向个人和社会的精神和文化的发展。

在这种积极的自由观中，穆勒提出了自由地追求和创造的社会和个人的精神生活和文化生活的观点，这是消极的自由观所未能达到的。如果说消极自由观注重为个人提供不受外界过多干涉的自由空间和外部条件的话，那么积极的自由规则指出了个人应当培养内在的文明修养和精神创造力，应当将两者结合起来，才会产生真正自由的选择和自由的行为。在穆勒的自由理论中，无论是自我发展还是人的自由权的维护，都必须借助一定的制度安排，通过建立良好的政治制度与良好的教育体系来保证个人自由的权利，保证个人形成良好的心态，保证个人能够不被剥夺自我发展的权利。正是这一思想，使穆勒关注代议制政府的设立，关注平等的普选权，并促使他的政治哲学倾向于激进平等主义的方向，致力于使每个人都有自我发展的自由权利。从另一方面来说，穆勒用个性发展和个人幸福来衡量、判断社会的价值和幸福的观点，也为社会制度建立了一种评价标准。后来美国实用主义者杜威吸收了穆勒的这一思想，认为，"社会制度的良否，取决于它的教育效果——即它所养成的个人的性格；而一个社会的历史价值，就在于它所造就的是什么样的个人"[①]。由此可见，穆勒理论所体现的是将外在的制度设计与内在的精神发展相结合的精神，它以外在的社会制度来保障个人发展的权利，又通过个人内在的发展最终促进社会的进步。

三、自由观与效用主义

穆勒的自由理论与他的效用主义是否相一致呢？这是人们争论较多的问题。自由理论与效用主义有其冲突之处，在某些情况下，维护个人的自由权

---

① 周辅成主编：《西方伦理学家评传》，上海：上海人民出版社，1987年版，第570页。

利不一定会导向最大效用，而限制个人自由却可能产生更多的社会福祉。因此，批评者指出，穆勒的自由理论不是效用主义意义上的理论，或者至少与其效用理论不一致。罗素就认为，穆勒是一个自由主义者，而不是一个效用主义者。对于这一问题，我们可以从两个方面来进行分析。

首先，自由的价值可以从效用主义角度加以肯定。穆勒在《论自由》中指出，人的自由仍是一种可由效用主义确证的价值。无论是消极意义上的自由权，如言论自由、思想自由，还是积极意义上的个性的自由发展，都是如此。穆勒对这一点做了多方面的论述。就消极的自由权利而言，他指出："只有从内心认识到平等发表各种见解的自由对人类的重要意义，由此产生的宽容才是唯一值得称赞的宽容，或者可以说是值得称为符合人类精神上最高道德标准的宽容。"① 至于积极的自由，更是他着力从效用主义角度论证的目标。他声称，"个性的自由发展乃是福祉的首要要素之一……这不只是和所称文明、教化、教育、文化等一切东西并列的一个因素，而且自身又是所有那些东西的一个必要部分和必要条件"②，所以，不应当低估自由的重要性。作为个人，到了能力已经臻于成熟的时候，要按照他自己的办法去运用和解释经验，这是人的特权，也是人的正当的条件。进一步说，只有培养个性才产生出发展得很好的人类。穆勒说："人类要成为思考中高贵而美丽的对象，不能靠着把自身中一切个人性的东西都磨成一律，而要靠在他人权利和利益所许的限度之内把它培养起来和发扬出来。由于这工作还一半牵连着做这工作的人的性格，所以借着这同一过程，人类生活也就变得丰富、多样，令人有生气，能供给高超思想和高尚情感以更丰富的养料，还加强着那条把每个人和本民族联结在一起的纽带，因为这过程把一个民族也变得大大地更加值得个人来做它的成员。相应于每人个性的发展，每人也变得对于自己更有价值，因而对于他人也能够更有价值。他在自己的存在上有了更大程度的生命的充实；而当单位中有了更多的生命时，由单位组成的群体中自然也有了更多的生命。"③ 这就是说，人的个性的发展不仅对于个人的价值实现和生命的充实有着促进作用，而且对于群体社会的发展和人类的发展都有裨益。因此，即使是人性的过度

---

① 穆勒：《穆勒自传》，吴良健、吴衡康译，北京：商务印书馆，1998 年版，第 38 页。

② 穆勒：《论自由》，程崇华译，北京：商务印书馆，1959 年版，第 60 页。

③ 穆勒：《论自由》，程崇华译，北京：商务印书馆，1959 年版，第 67 页。

发展可能会侵蚀他人的权利而不能免去对个人的必要数量的压制，但是从人类发展的观点来看，尊重和宣扬人的自由发展的权利也是所得足以补偿所失的。既然只有在人们能够按照他们自己的希望，按照只与他们自己有关的方式去生活的时候，人类的文明才能获得多样化的发展和进步，人的自主性、创造性和心智能力才能够得到发挥，那么，从总体上说，不干涉人们的自由是符合效用主义理论的要求的。自由所最终诉诸的仍是效用原则。自由的效用含义就在于为人类的幸福和个体的发展提供了必要的保护，它的约束力也正源于此。

但是，在此基础上，穆勒没有进一步明确解释在本节开头所提出的自由与效用最大化要求之间的冲突问题。事实上，这不是效用主义所单独面对的问题，任何一种伦理理论或是政治思想都不可避免地会面临这一问题的挑战，即如何看待自由与其他的道德原则之间的关系，是自由高于一切，还是在某些情况下人们有理由放弃自由以实现其他目标？自由不是人类的唯一目标，这是自由主义者也不能否认的事实，人类的其他追求，如福利、正义、平等、社会的安全等等，都是为人们所珍视的价值目标，有时候可以牺牲自由以换取这些价值或是其他更为基本的要求（如保暖的要求），而这种放弃实质上可以理解为对更深层的生存的自由权利的维护，这是可以合理地从穆勒的效用主义理论中引申出来的答案。

因此，我们可以说穆勒是一个将理论建立在效用主义基础上的自由主义者，也是一个效用主义者，虽然不能说是一个严格意义上的古典效用主义者，至少是一位从古典效用主义理论转向现代理论的过渡性人物。由此来看，罗素的论断是有失偏颇的。

总体来看，穆勒在他的理论中仍然贯彻效用主义的基本原则，坚持了边沁所奠定的效用主义理论的社会批判性特点，包括力主社会改革，要求健全对个人行为进行社会约束的机制等因素；在此基础上对效用原则进行了详细的论证，使理论更详尽、周密、系统化和富有逻辑性，从而真正确立了效用主义理论作为一种伦理学范型的地位；同时他也发掘了个人行为的内在特质，在对人的幸福的深入探究中，揭示了发挥人的潜在能力、发展人的个性、培养个人道德的重要价值，并且兼顾了边沁所未能注意到的正义和自由的价值，从而使效用主义伦理思想包括了从政治学、经济学到心理学诸种学科背景，广泛地涉及从个人到社会诸多伦理道德问题。这样一种并不诉诸形而上学的理论体系，直到今天还在种种不同的形式之下被广泛运用着。当然，穆勒在试图扩大其理论的深度和广度的同时，也给理论带来了调和性的特点，因而往往会被调和的理论双方所指责。

3.3 古典效用主义伦理思想的修正与总结

19 世纪下半叶，随着穆勒《效用主义》《论自由》等著作的相继发表，效用主义伦理思想受到广泛的重视。一直到 1903 年 G.E. 摩尔（G.E.Moore）发表《伦理学原理》一书的 40 年间，穆勒的效用主义伦理思想一直是英国社会主要的伦理学理论。[①] 虽然支持效用主义者人数众多，但反对声浪亦不小。其后亦有许多学者对边沁和穆勒所提效用主义思想加以修正和扩充，其中最受瞩目的当属英国剑桥大学哲学教授西季威克（Henry Sidgwick），就连罗尔斯也对其贡献赞誉有加。罗尔斯在《正义论》一书中对效用主义的批判就以西季威克的观点为主。罗尔斯指出："我在此要描述的功利主义就将是一种严格的、古典的理论，这种理论也许在西季威克那里得到了最清楚、最容易理解的概述。"[②] 西季威克的《伦理学方法》在 1981 年再版时，罗尔斯还为该书写了一篇序言，再次认为，"如欲对古典效用主义学说有准确的理解和全面性评价，最好是从认真研究西季威克的著作开始"。

西季威克第一次明确地陈述他的效用主义立场是 1873 年在"形而上学学会（Metaphysical Society）"所发表的《效用主义》论文，随后在他的《伦理学方法》（The Methods of Ethics）著作中，对效用主义做了一个广泛综合的论述，此书在英语世界的伦理学著作中也占有重要地位。在他的另一本著作《伦理学史纲》中，列有一章专门讨论英国主要伦理学的发展，介绍从霍布斯到穆勒的英国伦理思想。并对当时兴起的所谓"发展的（Evolutional）"和"先验的（Transcendental）"伦理学做了一简要介绍，也提到边沁和穆勒的效用主义系统分别受到法国作家爱尔维修和孔德的影响，也部分受到康德主义的影响，并简要说明一些特定的法国和德国的伦理学系统和英国思想的关系。以

---

① 宋希仁：《西方伦理学思想史》，[M]，北京：中国人民大学出版社，2010 年版，第 312 页。

② John Rawls. A Theory of Justice[M]. Cambridge,Mass: Belknap Press of Harvard University Press.1971,P22.

下研究者从对经典效用主义的传承与改变、效用主义的内涵、效用原则的证明、效用主义与常识道德的关系、效用主义的方法以及实践理性二元论等六方面来分析西季威克对古典效用主义伦理思想的修正与总结。

3.3.1 对古典效用主义的传承与改变

边沁和穆勒是古典效用主义的重要代表人物。边沁注重效用主义理论体系的构建，强调了效用主义在形式上的一致性，但是内容却相对贫乏；穆勒则牺牲了内容与形式上的一致性，深入回答了道德生活中不可回避的一些具体问题，如快乐质与量的区别、效用原则的证明、效用原则的内在约束力等，在许多方面都超出了传统效用主义的结构和体系，但同时也暴露出以经验主义作为效用主义哲学基础的局限性。西季威克是 19 世纪古典效用主义的重要代表人物之一，他对于边沁和穆勒的效用主义主张，有明显的继承，也有重大的改变。

一、对快乐的观点

在对快乐的观点上，边沁主张快乐只有量的差别而无质的差异；穆勒则主张快乐有量的差异，在质上也不同，他将快乐分为高级快乐和低级快乐，高级快乐的价值比低级快乐的价值更高，更值得人们去追求，即他所说的，人们宁愿做不满足的苏格拉底也不愿做满足的猪。西季威克则批评穆勒的主张，认为快乐只有量的差别，没有质的差异。西季威克指出，首先，他把快乐定义为值得欲求或值得偏爱的感觉，但由于快乐是不纯的，所以在估算时就必须把痛苦作为一个负量抵消掉；其次，要避免把快乐的强度混同于感觉的强度。换言之，如果像穆勒所说的，有些快乐比较高级，但在量上比较少，意思只能是说较少令人快乐的感觉比较多令人快乐的感觉更为可取，但这样显然是自相矛盾的。如果要坚持穆勒的看法，我们就会陷入一种非快乐主义的标准中。西季威克认为："为了不自相矛盾地推导出把快乐作为合理行为的唯一终极目的的方法，我们必须接受边沁的命题：快乐的所有的质的比较必须分解为量的比较。因为，大家都理解，所有的快乐之所以被叫作快乐，是因为它们有一共同的令人愉快的性质，因而能根据这一共同的性质来比较。所以，如果我们在追求的东西是快乐本身和唯一的快乐，我们显然总是宁取更令人愉快的快乐而舍弃较少令人愉快的快乐；其他的选择都是不合理的，除非我们的目标是快乐之外的东西。"①

二、效用原则的证明

效用主义主张，判断行为对错的标准是效用原则，即"最大多数人的最大幸福"。然而，如何来证明效用原则是正确的道德原则呢？在效用原则的证明上，边沁认为效用原则是用以证明其他一切事物的原则，因此效用原则无法自我证明。要证明效用原则既不可能，亦无必要。而由前文可知，穆勒则是通过他的三个步骤，来对效用原则进行论证。②

西季威克认为穆勒对效用原则的证明是有问题的。首先，从快乐是人们所欲求的推导出快乐是值得欲求的，即从心理快乐主义推导伦理快乐主义是根本行不通的。不可能从心理学原理中有说服力地推出伦理学原则，穆勒在这里犯了从"是"推导"应当"的错误。西季威克指出，心理快乐主义本身也是存在问题的。如心理快乐主义者所说，所欲求的都只是快乐的获得或痛苦的免除，但实际上我们的欲望是否始终有意识地指向决乐，这是一个有争议的问题。其次，穆勒认为对每一个人而言，个人的幸福是好的，因此，普遍的幸福对所有人（或个人的总和）而言也是好的。然而，穆勒接着却又说，每个人都欲求他自己的幸福。西季威克指出了其中的逻辑错误，若每个人都欲求他自己的幸福，那么所有人的幸福（即普遍的幸福）就不是每个人所欲求的对象。即使像穆勒一样，承认实际被欲求的事物就是值得欲求的事物，也不能得出普遍幸福是每个人值得欲求的对象。因为，即使各种实际的欲求是指向普遍幸福的各个部分，它们的综合也不构成一种存在于某人身上的对普遍幸福的欲望。穆勒当然不会认为，一种不存在于任何个人身上的欲求能够存在于所有人之中。而如果不存在对普遍幸福的实际欲求，普遍幸福是值得欲求的这一命题就不能以这种方式得到证明。所以，西季威克认为，穆勒所表述的论据中存在一个漏洞，而这个漏洞，西季威克认为只能依靠合理仁爱的直觉的那些命题来弥补。③

---

① ［英］西季威克：《伦理学方法》，[M]，廖申白译，北京：中国社会科学出版社，1993 年版，第 116 页。

② 本文"3.2.4 效用原则的证明"。

③ ［英］西季威克：《伦理学方法》，[M]，廖申白译，北京：中国社会科学出版社，1993 年版，第 402-403 页。

为了说明追求普遍幸福的效用原则是直觉命题，西季威克阐述了他的直觉主义思想。即感性的直觉主义、教条的直觉主义与哲学的直觉主义。西季威克认为真正的直觉命题只有在哲学直觉论（philosophical intuitionism）中才能得到。哲学直觉论中有三个直觉命题：(1)通过思考构成一个逻辑整体（或种）的个人的相似性，可以获得公正原则（principle of justice），即如果我做出一项行为是正当（或错误）的，而另一个人做出这样的行为却是不正当（或正确）的，其理由必定是这两个例子中的情况存在某种差异，而不是因为我和他是不同的人。(2)通过思考构成一个数学整体（或量整体）的个人的各个相似的部分，可以获得审慎原则（principle of prudence），即无偏袒地关心我们的有意识的生命的各个部分，也就是说，以后的善和现在的善应得到同样多的关心。(3)从公正原则和审慎原则的理性直觉中，我们可以得出合理仁爱原则（principle of rational benevolence），即每个人都在道德上有义务把其他任何一个人的善，看得与自己的同等重要，除非他通过公正的观察而判定那个人的善是比他的善更小的，或者是他更没有把握去认识或获得的。[①] 西季威克透过直觉自明的命题，让效用主义有了直觉的基础，亦即作为一个有理性的人，每个人的善都是同等重要的，而我们应当追求普遍的善（普遍幸福）。

三、幸福的分配

效用主义不仅要使幸福最大化，还应当对幸福做公正的分配，行为的正当性应当包括这两方面的内容。西季威克批评穆勒在关于正义问题上没有说透问题的实质，认为他对于效用优先性的证明也是片面的，并进一步认为仁爱原则也是不充分的，应以审慎的原则加以补充。也就是说，以有关分配的诸原则来补充最大幸福原则，并通过直觉来说明正义和分配信念的自明性。

四、效用原则的约束力

对于效用主义者而言，如何调和利己主义者的个人幸福和效用主义者的最大多数人的最大幸福，一直是实践上的一个难题。效用主义者在面临此问题时，有何方法来保证人们在追求个人幸福时，也会同时去追求最大多数人的最大幸福呢？这就需要约束力来加以保证了。在效用原则的约束力方面，边沁强调法律制裁等外在约束力；穆勒则在肯定外在的因素的基础上，更强

---

① [英]西季威克：《伦理学方法》，廖申白译，北京：中国社会科学出版社，1993年版，第394-397页。

调人类良心情感的内在约束力。

西季威克则认为，外在和内在约束力均有其限制，所以特别强调宗教的约束力。"即使在功利主义义务同履行这种义务的个人的最大幸福之间存在不可分割的联系，这种联系也不可能在经验的基础上得到满意的证明。所以，另一派功利主义者宁愿从宗教的制裁那里寻求对义务的证明"①。从这一观点出发，西季威克把效用主义规则设想为神法（Law of God），"并把这个神设想为这样一个存在物：他命令人们去促进普遍幸福，并宣布他将奖赏那些服从他的命令的人并惩罚不服从者。显然，如果我们相信——无论以何种方式——一个万能的主宰已经宣布了这些命令和他将施与的赏罚，一个合理的利己主义者便无须进一步地引诱也能遵守功利主义的原则"②。人们或者通过超自然的启示，或者通过运用理性，或者共用两者来获得这种信念。此外，正如穆勒所强调的，"就效用主义比常识道德更严格地要求个人为整个人类的幸福而牺牲他的幸福而言，它在严格的意义上是符合最典型的基督教教义的"③。

从上述的分析中可以发现，西季威克的效用主义思想相对于边沁和穆勒而言，有继承也有发展。许多后来的效用主义者，也都遵循着西季威克的主张来开展效用主义。罗尔斯也把西季威克的思想视为"经典效用主义最清晰、最易于理解的概述"④，因而西季威克比其他古典的学者更加清楚地意识到效用主义所面临的许多困难，并且试图在不偏离效用主义的基本教义下，以一种一致且完善的方式来处理这些困难。

3.3.2 效用主义的内涵

西季威克认为，"效用主义"已经成为一个大众普遍使用的术语，且人们

---

① ［英］西季威克：《伦理学方法》，[M]，廖申白译，北京：中国社会科学出版社，1993 年版，第 511 页。

② ［英］西季威克：《伦理学方法》，[M]，廖申白译，北京：中国社会科学出版社，1993 年版，第 511 页。

③ ［英］西季威克：《伦理学方法》，[M]，廖申白译，北京：中国社会科学出版社，1993 年版，第 511 页。

④ John Rawls. A Theory of Justice[M]. Cambridge,Mass: Belknap Press of Harvard University Press.1971, P22.

认为它所指的是一种我们大家都很熟悉的理论。但是经过缜密的考察，西季威克发现"效用主义"似乎适用于几种没有关联的独特理论，它们之间甚至没有共同的主题。所以，在讨论效用主义前，有必要对其含义作一分析，以便把它与这个词按照通常用法也适用的其他理论区别开。

一、效用主义的含义

西季威克所指的效用主义，是这样一种伦理学理论："在特定的环境下，客观的正当的行为是指整体上倾向于能为所有可能受到影响的最大多数人产生最大可能的幸福的行为，亦即把其幸福将受到影响的所有存在物都考虑进来的行为。"① 西季威克认为，或许把这样的理论称为原则，把基于这种理论的方法称为某些人所说的"普遍的快乐主义"，将有利于阐述的明确性，以便于人们理解。

根据西季威克对效用主义的定义，效用主义是一种伦理学的主义，而不是心理学的主义；不是一种"是什么"的理论，而是一种"应该成为什么"的理论。因为从心理学的类化来说，所有人确实会寻求快乐，可以自然转变到快乐是他们应该去追求的伦理原则。但是，这些转变最多只能是自然的，且不是逻辑的或必需的。其次，我们所传达的伦理结论是原始的利己主义或利己的快乐主义（行动者把自我的幸福作为他行动的最终目的），而不是西季威克所定义的效用主义。很清楚，从这样的事实可知道每个人会去寻求他自己的幸福，但不能总结出一种直接的、明显的推论，说他应当去追求他人的幸福。② 西季威克清楚地指出，效用主义或所谓的普遍的快乐主义和利己的快乐主义其实是不相同的理论，但因心理学理论的作用，此两者容易产生混淆。不过，去陈述不要把两者产生混淆或许是多余的，事实上，这两种原则的原初印象便是不兼容的，因为关心社会的利益经常会强调牺牲个人的利益。

二、最大幸福的概念

西季威克认为最大幸福的概念，可适用于普遍的和利己的快乐主义的讨论。首先，幸福必须被理解为等同于快乐。虽然有许多人认为幸福和快乐之间有些区别，但西季威克认为效用主义的支持者和反对者现在已经常用快乐来理解幸福。另外，因为我们的行为不可避免地会对自己或他人产生痛苦和

---

① Henry Sidgwick. The methods of ethics[M]. Indianapolis:Hackett Publishing, 1907, P411.

② Henry Sidgwick. The methods of ethics[M]. Indianapolis:Hackett Publishing, 1907, P412.

快乐，而效用主义者总是将痛苦视为与快乐同值的负量，所以，严格来说，效用主义所主张的最大幸福，不是指总体上可以产生最大量的幸福，而是快乐和痛苦相抵消后所剩余的最大量的快乐。在伦理学的计算上，最大幸福的观点有一个假设，其假设快乐和痛苦是可以互相抵消的，而且在计算时，所有快乐和所有痛苦之间都能做量的比较，否则最大幸福的观点在逻辑上是不可能的。西季威克并不打算去讨论这种假设是否可以证明，仅指出这是无法透过经验来证实的，且根据经验或许也可能会反对。因此，无疑地，我们持续地比较快乐并且宣称较偏爱某一事物。

其次，效用主义的最大幸福概念所要考虑的对象应该包含哪些呢？西季威克指出，边沁和穆勒显然是将对象扩展至受我们行为所影响的所有有苦乐感知的存在物的幸福，而不仅仅是人的幸福。虽然这样在计算和比较快乐和痛苦的量时，会产生更大的困难，因为，如果把他人的苦乐同我们自己的苦乐加以比较是困难的，那把我们的（或他人的）苦乐与兽类的苦乐加以比较则更为困难。但西季威克认为，效用主义所面临的这种困难，至少不会比其他未将所有有感知的存在物包含进来的道德学家们大。退一步说，即使我们只考虑人，幸福的主体范围同样也是不确定的。因为，我们后代的利益同样难以预测和界定。

最后，还有关于幸福数量的分配问题。西季威克指出，为了尽可能地完善效用主义标准，我们应当弄清哪种分配方法最为可取，或许是因为这个问题提出了一种纯粹抽象的、理论上的、不可有实际例证的困惑，使它在效用主义的阐述中常常被忽略。西季威克认为，我们应用某种公正原则或幸福的正确分配原则，来补充追求整体的最大幸福原则。而多数的效用主义者已经隐蔽地或明确地接受这种公正原则是纯粹平等原则，而这条原则似乎是唯一不需要特殊证明的原则。因为就如我们所看到的，"如果没有明显的理由可以差别地对待他人，我们必须合理地以相同的方式来对待任何一个人" [①]。

3.3.3 效用主义的证明

效用主义强调快乐和痛苦是经验事实，人们有追求快乐和避免痛苦的倾向也是可观察到的经验事实。然而，从每个人都是在追求快乐和避免痛苦的

---

① Henry Sidgwick. The methods of ethics[M]. Indianapolis:Hackett Publishing, 1907, P417.

经验事实中，如何得出我们必须谋求最大多数人的最大幸福的结论呢？西季威克就指出，追求普遍幸福的原则，一般而言比追求个人幸福的原则更需要某些证明，或者至少（如穆勒所言）需要一些"驱使心灵去接受它的思考"①。然而，西季威克也指出："如果效用主义者不得不回答'为什么我应当为另一个人的更大幸福而牺牲我自己的幸福？'他也必定可以问利己主义者'为什么我应当为未来的更大快乐而牺牲当下的快乐？为什么我对自己未来感觉的关心应当超过对他人的未来感觉的关心？'"②换言之，西季威克虽然认为效用主义在效用原则的证明上无法令人满意，但直觉主义和利己主义在证明上也会面临同样的问题。他最后得出的结论是："被严格运用的直觉方法最终将导致一种纯粹是普遍化了的快乐主义的理论，简言之，将导致功利主义。"③那些自明的道德原则为功利主义体系提供了道德基础，功利主义与直觉主义之间并非对立。

3.3.4 效用主义与常识道德的关系

西季威克把历史上的伦理学理论归纳为利己主义、直觉主义和效用主义。如果效用主义要成为一种合理的理论而被人接受，显然，效用主义就必须在与利己主义和直觉主义做一番比较后，能够显示出它理论的优越性。西季威克在经过一番考察后，发现可以调和效用主义和直觉主义，但无法调和效用主义和利己主义。效用主义和利己主义的对立关系容后面再述，而直觉主义中的常识道德概念，在西季威克的效用主义主张中，扮演着重要的地位，因此，我们有必要对效用主义和常识道德的关系做一番考察。

一、常识道德充满模糊性

西季威克在《伦理学方法》的第三编中，用了大量篇幅来探讨常识道德。根据西季威克的看法，所有的道德理论都基于道德的直觉，西季威克从

---

① [英] 西季威克:《伦理学方法》,[M], 廖申白译, 北京: 中国社会科学出版社, 1993 年版, 第 431 页。

② [英] 西季威克:《伦理学方法》,[M], 廖申白译, 北京: 中国社会科学出版社, 1993 年版, 第 431 页。

③ [英] 西季威克:《伦理学方法》,[M], 廖申白译, 北京: 中国社会科学出版社, 1993 年版, 第 421 页。

四个标准来评估直觉：（1）命题的术语必须是明晰准确的。（2）命题的自明性必须是经缜密反思确认了的。（3）被视为自明的命题必须是不自相矛盾的。（4）命题必须获得一致的同意。如果一个命题具有上述的四个特征，我们就有充分的基础来说这个命题是真的。但是，就纯粹的道德基础主义者而言，西季威克所认为的常识道德的命题，被认为无法满足他自己所提的这四个标准。

西季威克在常识道德的标题下，提出了许多关于美德和义务的一般自明的规则，如遵守承诺、仁爱、诚实、不可伤害他人、公正、遵从法律等，也包含避免有害的情感和意志，应该审慎和节制并保持性的贞洁，以及勇敢和谦卑的美德。而西季威克在常识道德的绝大多数讨论上，认为常识道德本身并不清晰明确，当我们对常识道德的命题做缜密的反思后，就会发现常识道德的模糊性和令人困惑之处。例如，以承诺而言，西季威克说道："'淳朴的良心（unsophisticated conscience）'绝对承认'承诺应得到遵守'这一准则，纯粹是出于一种疏忽所造成的。当我们公平地考量所根据的许多限定后，这种信心便必然改变为犹豫和困惑。"[1] 西季威克进一步指出，当两个道德原则发生冲突时，我们最能清楚地看到由常识所确定的每个道德原则的界限的模糊性和不一致性。常识当然是必要的，但我们却无法以实践的精确性来应用常识，因为常识的义务概念具有高度的不确定性。然而，常识的不确定性是否就表示常识道德对我们而言没有意义呢？西季威克的本意显然并非如此，其指出："仁爱、公正、诚实、贞洁等概念并不必然因为我们发现无法准确地界定它们就对我们没有意义。由每一个概念规定的绝大部分行为都是足够明确的。而且，规定着它的普遍规则也并不因为在每一具体情况下都有些边缘行为（margin of conduct）具有模糊性和困惑性，或因为经过反思它似乎不再是绝对的和独立的而必然失去意义。"[2] 简而言之，在平常的环境下，常识道德或许仍能为一般人的行为提供完美适当的实践指导。但是，把它提高为一种直觉的伦理学的尝试将使它的不可避免的不完善性充分暴露，并且对于我们克服这些不完善性没有任何帮助。

---

[1] Henry Sidgwick. The methods of ethics[M]. Indianapolis:Hackett Publishing, 1907, P354.

[2] Henry Sidgwick. The methods of ethics[M]. Indianapolis:Hackett Publishing, 1907, P360-361.

二、常识道德是一种无意识的效用主义

利用常识道德来作为效用主义的主张，是西季威克对道德哲学的主要贡献之一。西季威克对效用主义和常识道德的考察主要是透过否定的和肯定的两种方式来进行。在否定方面，西季威克表明，首先，常识道德有许多的例外情况，其基本概念是模糊的和需要进一步界定的；其次，不同规则可能相互冲突，因而我们需要某种更高的原则来解决如此产生的冲突；第三，这些规则被不同的个人做了不同的表述，直觉不可能排除这些差别，尽管它们表现了直觉主义者所诉诸的常识道德的模糊性和歧义性。在肯定方面，要阐明效用主义同常识道德的关系，我们就需要表明效用主义如何支持当前的道德判断的普遍有效性，因而弥补着对于严格的直觉认识的反思所发现的缺陷，并同时提供着一个综合的原则和一种方法，这种方法将常识道德推理中的彼此没有联系并时而相互抵触的原则结合成一个完整的、和谐的体系。①

西季威克对效用主义和常识道德关系的考察，其主要目的是想证明效用主义和常识道德间有一种一致性，无论我们对于道德"善"卓越的概念的原意为何，无疑，"效用"都是我们应用这个概念时的一般特征，常识道德至少可以在实际上被再现为"无意识的效用主义者"。效用主义者想表明的是，常识道德会自然转变到效用主义，这种转变有些像特殊实践活动中的一种转变，即从后天培养本能和经验规则到体现并运用着科学结论的技术方法的转变。这样，我们就可以说，"效用主义是在整个人类历史中始终指向同一方向的行为规则的转变形式，即它科学完善、系统反思的形式中。对于这一目标而言，我们无须去证明现存道德规则比其他规则更有利于普遍幸福，而只需在每一场合中指出这些规则所具有的某些明显地有利于幸福的倾向"②。

西季威克在讨论常识道德时，从最初和广泛的要点而言，我们是忠于常识道德的，但是，西季威克也指出，透过哲学的心灵可以发现，无论多么精确有序的常识道德，都经常被发现是一个不令人满意的体系，以致即使这些规则能被规定得如此精确，使它们能符合并概括整个人类行为的领域，而不会导致冲突或留下任何无法回答的实践问题，其所达到的法规似乎也仍然是

---

① Henry Sidgwick. The methods of ethics[M]. Indianapolis:Hackett Publishing, 1907, P421-422.

② Henry Sidgwick. The methods of ethics[M]. Indianapolis:Hackett Publishing, 1907, P425.

规则的偶然堆砌，仍需要理性地综合。简而言之，我们不是倾向于否认公认为正当行为的正确性，而是可能需要获得它们为什么是正当的更深层次的解释。① 这个更深层次的解释是什么呢？西季威克认为就是效用主义的思维。西季威克指出，常识道德是一种刚萌生的、不完整的效用主义（inchoately and imperfectly utilitarianism），我们会透过效用主义来限定常识道德，且根据效用主义者的标准来评价常识道德的改变。西季威克以"感激之情（gratitude）"来说明常识道德中潜在的效用主义。西季威克提到，在任何情况下，助人而不图回报都是一种特殊的美德，而且特别容易引起感激之情；而如果施恩是为了图报，它们就失去了这种卓越的美德。不过，我们又很难把一个不能期望他报恩的人当做朋友。一个人可能怀有一种完全无利害的欲望去利益他人，以及一种纵使全无得到回报的希望也能支持其战胜其他矛盾冲突的动机，不过这种慷慨的冲动也可能是由对方应该给予回报这一模糊信念所支持的。事实上，这种表面上的困惑提供了对常识道德中潜在的效用主义的又一说明。因为一方面，效用主义要求我们，只要提供服务有利于普遍幸福的就去做，而不需去考虑是否得到回报；另一方面，从一般人们的实际的自私性推断，如果没有图报之心，人们就不会充分地提供这类服务，人们会承认，一种回报帮助的道德义务是有利于普遍幸福的。②

三、效用主义是道德冲突的最终依据

由于常识道德在某些情境下可能会模糊不清或相互冲突，让西季威克无法给予常识道德高度的评价。为解决这个问题，必须找出一个能作为终极裁判角色的最终原则，西季威克认为，效用主义的方法可以胜任这一角色。西季威克指出，我们可从四个方面来表明效用主义的重要性："（1）当现行的道德规则的准确度不足以指导行为时，而提高其准确度又将引起困难与困惑时，效用主义方法能按照符合于模糊的常识本能的方式解决这些一般性困难和困惑，并且在日常道德讨论中自然成为解决这些困难和困惑的根据。并且当通常被视为能协调一致的规则产生冲突时，效用主义自然地被召唤来做仲裁者。（2）当同一规则被不同的人解释得不尽相同时，无论一个人可能多么强烈地

---

① Henry Sidgwick. The methods of ethics[M]. Indianapolis:Hackett Publishing, 1907, P101-102.

② Henry Sidgwick. The methods of ethics[M]. Indianapolis:Hackett Publishing, 1907, P438.

坚持那条规则是自明的和先验的，他都自然而然地会以强调它的效用来佐证他的观点。（3）当我们在同一时代同一国家的人们关于某个问题的道德意见中发现明显的歧见时，我们通常会在双方的意见中，发现到明显且令人印象深刻的效用主义理由。（4）对不同时代、国家的道德规则的评价中的明显分歧，主要与行为对幸福的不同影响有关，或者与人们对这些影响的不同预测和关注有关。"① 西季威克提出上述主张，无非是想说明，无论人们对规则的解释与评价存在着多大的差异，他们最终都会自然地强调这些规则所产生的效用。

西季威克在 1873 年第一次发表效用主义主张时便指出，大部分对于效用主义的讨论，有许多论点都隐隐地被忽视了。在《伦理学方法》第四编的效用主义中，西季威克不仅探讨效用主义的含义、证明和方法，也详述了效用主义与常识道德的关系，并从常识道德中一些显见的美德和义务着手，来分析当人们在同一条道德规则的准确范围和定义上产生分歧时，他们通常把这条规则的不同含义对普遍幸福或社会福利的影响，视为解决分歧的终极依据。例如，西季威克在探讨家庭义务时指出："在我们试图明确地表达常识承认的不同家庭义务时，我们发现在大多数情况下都存在一个宽泛的、模糊不清的边缘地带：我们不可能在这里找到普遍的一致意见，而且这里事实上还成了一个不断产生争吵的场所。但是，我们现在不得不指出：正是这个边缘地带把常识道德意见中的潜在的效用主义伦理思想最清楚地表现出来了。因为，一旦提出了有关（诸如）夫妻间、父母与子女间的确切义务的问题，每个争论者就通常会借助于一种对于普遍地建立某种规则可能对人类幸福所产生的影响的预测来支持他的观点。这种做法似乎是一种被公认为可以作为解决这个问题的依据的标准。"②

西季威克的此种见解，让研究者想起国内一则案例：有一位生活困苦的母亲到法院控告自己的女儿不尽赡养义务，希望法官能给她一个公道。女儿则满腹委屈地向媒体诉说着自己小时候即因遭受家庭暴力而离开家庭，母亲对她而言，可说无养育之恩。如今，母亲却因生活困苦而告她弃养，实在是

---

① Henry Sidgwick. The methods of ethics[M]. Indianapolis:Hackett Publishing, 1907, P425-426.

② Henry Sidgwick. The methods of ethics[M]. Indianapolis:Hackett Publishing, 1907, P435-436.

没有道理！此案例可谓是突显出父母与子女间的义务问题。一般而言，社会普遍公认，父母有义务在孩子尚未成年时，须将孩子养大成人；而成年子女则有义务在父母年迈时照顾父母。此种义务根源于何处？是直觉的自明规则、神的命令，还是自古以来约定俗成的风俗习惯？上述三者恐怕都难以说明父母和子女间的义务问题。在上述母亲控告女儿弃养的案例中，研究者无从得知最后法官如何判决，但从报道明显偏向同情女儿遭遇的内容中可知，绝大部分人对父母与子女间的义务关系，似乎与西季威克的见解不谋而合。亦即每个争论者通常会借助于一种对于普遍地建立某种规则可能对人类幸福所产生的影响的预测来支持他的观点。因为，如果父母未善尽养育子女的责任，日后却奢望能得到子女的反哺之恩，这样对个人幸福和社会的总体幸福而言都是极为不利的，换言之，是不符合效用主义精神的。因此，即使是显而易见的规则或义务，一旦实行此种规则或义务所能产生的效用不存在，或被具体的不良后果超越时，我们就会发现常识至少在实行这条规则或义务上迟疑不决。

西季威克在概述几个例证后指出：常识对于那些相互冲突的义务，以及对于公正概念中的不同原则的相对价值感到困难时，人们通常会用效用主义来权衡这些不同要求的方式。而当人们对同一条道德规则的准确范围和定义产生分歧时，他们通常把这条规则的不同含义对普遍幸福或社会福利的影响视为解决分歧的终极依据。① 简而言之，常识道德对于我们而言有其重要性与必要性，然而，当常识道德产生分歧时，效用主义是我们抉择的最终依据。

四、效用主义和常识道德的结合

虽然常识道德因有不一致的现象，而让西季威克无法对其给予高度的评价。然而，西季威克也从对常识道德的考察中，发现常识道德是一种无意识的效用主义，常识道德所主张的自明的规则和美德，也都有利于社会幸福的实现。换言之，西季威克肯定人们如果按照常识道德来行动，也是获致最大幸福的方式之一，常识道德规则在实现效用主义的目标中具有重要地位，效用主义者可说是在总体上支持常识道德，却又在细节上修正它。就如西季威克所言："就我们目前的知识水准而言，效用主义者不可能为一个人重新建构一种道德。一般来讲，效用主义者必须从现存的社会秩序和作为这个秩序的

---

① Henry Sidgwick. The methods of ethics[M]. Indianapolis:Hackett Publishing, 1907, P453.

一部分的现实道德出发。在确定对这一道德规则的背离是否应当推荐时，它必须着重考虑这种偏离对于在一般情况下得到这一规则支持的那个社会的直接影响。诚然，一个思考周延、受过良好教育的效用主义者可以模糊地看出前进的道路，而且这种认识可以在一定程度上修正他对现实道德的态度。"① 西季威克认为，一个实践效用主义的社会将具有这样的性质："它只在极小的程度上偏离那个现实的社会、它的现有道德规则体系，以及它对于美德与恶性的习惯判断。"②

从上述可发现，西季威克非常重视常识道德的作用，也以常识道德来开展他的效用主义主张。亦即想要达成效用主义的理想，并非只是纯粹出于能让效用最大化的行为而已。对此，西季威克就曾表示："将普遍幸福作为终极标准的理论也绝不意味着普遍的仁爱是唯一正当的和始终最好的行为动机。因为，提供着正当性标准的目的不一定始终应当是我们有意识追求的目的。如果经验表明出于其他动机而不是出于纯粹的普遍仁爱的行为常常能更好地实现普遍幸福，那么根据效用主义的原则，我们选择这些其他动机就更合理。"③

根据西季威克的观点可知，一个行为是正确的，若且唯若，这个行为能让效用最大化，以及行为者的动机、反应形态和思考风格，都应能让效用最大化。西季威克特别敏觉（敏觉力，指发现缺点、需求、偏失、不和谐、不寻常及未完成部分等能力）于效用主义的优势，而不是效用的考量，此种观点也是西季威克对道德哲学最有影响的贡献之一。许多效用主义者遵循着西季威克的引导，借由声称某些非效用的动机和反应形态，会比坦率的效用主义者有较大的效用，来让效用主义更符合常识的观点。

3.3.5 效用主义的方法

从前述的讨论可知，常识道德一般都具有效用主义的基础。那在日常生活中，承认效用主义将在实践上引出何种正当的方法？西季威克认为最明显的方法是经验快乐主义（Empirical Hedonism）的方法，但是此种方法也有许

---

① Henry Sidgwick. The methods of ethics[M]. Indianapolis:Hackett Publishing, 1907, P473-474.

② Henry Sidgwick. The methods of ethics[M]. Indianapolis:Hackett Publishing, 1907, P474.

③ Henry Sidgwick. The methods of ethics[M]. Indianapolis:Hackett Publishing, 1907, P413.

多令人困惑和不确定之处。① 研究者综合西季威克对效用主义和常识道德的考察后，认为效用主义的方法主要可透过相对比较和改造创新两种方式来说明。

一、相对比较

西季威克在考察了效用主义和常识道德的关系之后，认为我们可以得出下述结论："在常识道德之中已经有了一种效用主义的理论：'大众的道德规则'应当被看做'人类对其行为对幸福的影响的肯定信念'，以至常识的那些表面的首要原则可以被看做效用主义的'中间准则（middle axioms）'。为了解决常识只能提供模糊的、矛盾的意见的问题，它也仅仅诉之于效用主义的考虑。按照这种观点，德行的倡导者和幸福的倡导者之间的传统对立似乎最终能得到和谐的解决。"② 然而，事情并非如此简单。西季威克进一步指出，承认现行的道德主要是人类无意识的关于行为效果的经验是一回事，而完全接受此种道德可作为我们能实现最大普遍幸福的最佳指导又是另一回事。首先，西季威克在经过一番考察后指出，有一个事实是我们不能忽视的，即在比较不同时代和国家的道德时所发现的那些差异，在某种程度上也存在于任何时代的任何社会的道德之中。"当如此之多的少数人采取对立的意见，以致我们不能恰当地把多数人的教义当作常识的清晰声音时，我们就必然诉诸某种更高的原则，并且通常是诉诸效用主义。同样，较少的少数人同样可以合理地激起我们对常识道德的不信任，尤其当它是由开明的和特别熟悉所判断的行为效果的人们构成的时候；就像在某些颇具技术性的实践中，我们宁愿听取少数训练有素的专家判断，而摒弃粗陋的本能一样"③。其次，西季威克认为，改善不完善的道德秩序是效用主义者的义务，而经验快乐主义的方法通常是解决此问题的方法。从效用主义的观点来看，我们可以比较已建立的现有规则可能产生的苦乐量和将取代现有规则的新规则可能产生的苦乐量，虽然此种比较一般而言是粗略的和不确定的，但按照人们的通常假定，每个明智的人实质上都是采取这种方法来决定他的大部分行为。"在道德划定的界限之内，一个明智的人将以某种方式把他自己的以及他人的有关行为对幸福的影响的经验结合起来，并根据他人与自己的关系去努力为他自己和他人获得尽可能

① Henry Sidgwick. The methods of ethics[M]. Indianapolis:Hackett Publishing, 1907, P460.

② Henry Sidgwick. The methods of ethics[M]. Indianapolis:Hackett Publishing, 1907, P461.

③ Henry Sidgwick. The methods of ethics[M]. Indianapolis:Hackett Publishing, 1907, P466.

多的幸福。实际上，每个人通常都以这种方式来思考他应当选择何种职业，或者为他的孩子选择何种教育，应当结婚还是过单身生活，应当住在城里还是住在乡下等问题"①。因此,效用主义者仅是比普通人更一贯和系统地运用同一种方法，去批判和纠正道德本身的限制。

二、改造创新

当常识道德无法符合效用主义者促进最大幸福的要求时，效用主义者所坚持的方法对常识道德而言无疑是一种改造创新。然而，西季威克认为，创新并不一定代表着完善。首先，创新可能是否定性的或破坏性的，也可能是肯定性的和补充性的。西季威克就指出,"根据经验表明：像效用主义这样的一种范例的作用与其说是肯定的，倒不如说是潜在的否定的。像在人类其他事业中一样，破坏容易建设难。削弱和摧毁一个一贯普遍得到遵守的道德规则对人们心灵的约束力容易，而以一种新的不能同样以传统和习惯支持的新的约束习惯来取代它则很难"②。此外,我们也绝不可忽视对传统道德的破坏在行为者自己的心灵上产生的反作用。因为，"对每一个人而言，通过遗传和教育所获得的习惯或情操构成了一种激励人们理性意志的重要力量，是对抗诱惑的激情和欲望的一个天生的好帮手，削弱这些帮手的力量在实践上可能是危险的"③。由此可见，虽然西季威克认为常识道德具有模糊性与不一致性，但他肯定常识道德对人们心灵的约束力量是不容忽视的。所以，西季威克接着说道："在一个彻底的效用主义者试图引入的对常识道德的改造中，有很大一部分与其说是旨在建立新规则（无论是与旧规则相冲突的还是纯粹补充性的），不如说是旨在实施旧规则。"④

其次，西季威克也警觉到有别于公认的道德规则的效用主义方法，潜藏着一种难以公开的问题。一般而言，效用主义者在借由范例或戒律来推荐一种偏离已建立的行为规则时，总是希望他的创新能被广泛地模仿。但是在某些场合，他可能既不期待也不希望会被模仿，尽管这些场合极少而且也难以确定。西季威克就指出，"按照效用主义的原则，在某些情况下，公开地宣传

---

① Henry Sidgwick. The methods of ethics[M]. Indianapolis:Hackett Publishing, 1907, P478.

② Henry Sidgwick. The methods of ethics[M]. Indianapolis:Hackett Publishing, 1907, P482.

③ Henry Sidgwick. The methods of ethics[M]. Indianapolis:Hackett Publishing, 1907, P482.

④ Henry Sidgwick. The methods of ethics[M]. Indianapolis:Hackett Publishing, 1907, P484.

一件事是不正确的，而私下地去做或推荐它却是正确的；公开地向某些人讲授某种观点是正确的，而公开地向另一类人讲授此种观点却是错误的；公开地做一件事是错误的，而相对秘密地去做它——如果可能的话——却是正确的；甚至，私下地以劝告或榜样推荐某件事是错误的，而完全秘密地去推荐——如果可能的话——却是正确的。像这样的结论都具有一种自相矛盾的特点"①。最后，我们又会回到效用主义如何处理同一社会的不同成员同时持有不同道德意见这一问题上。很清楚，虽然在相同情况下，两种不同类型的行为不可能都正当，但关于行为的正当性的两种相互矛盾的意见却可能都是有利的。甲做出某项具体行为可能最有利于普遍幸福，与此同时，乙、丙、丁谴责这项行为也可能如此。"基于同样的理由，在某些特殊的职业和社会阶层中存在着一些可能会产生效用的特别宽松的道德规则，与此同时，这种现象又不断受到社会上的其他人士的谴责"②。

西季威克并未特别举出例子来说明困境，研究者认为现代医学伦理中极具争议的"安乐死"问题，颇能贴切说明西季威克的看法。义务论者主张"不可伤害他人"是一种绝对义务、无上命令，任何人都没有权利以任何理由来剥夺他人的生命；效用主义者则主张，在促进最大多数人的最大幸福下，某些牺牲是可以容许的。基于上述理由，义务论者主张严禁安乐死，效用主义者则倾向默许安乐死，许多医护人员也都在效用主义思维下，私下进行"消极性的安乐死"，如在家人的同意下，放弃对病人采取积极治疗，但敢于公开倡导安乐死的医护人员则为数甚少。此种情形可说是在某些特殊的职业和社会阶层中，存在着一些可能会产生效用的特别宽松的道德规则，与此同时，这种现象又不断受到社会上的其他人士谴责的最佳例子。最后，西季威克特别指出，近来流传的效用主义主要是朝着积极修正我们社会的理想的方向，效用主义伦理学也经常显示出转向政治学的倾向。这是因为，如果一个人对行为的评价是取决于它所带来的幸福结果，他自然就会更为重视公共事务中的有效的仁爱行为，而不是私人生活细节中的纯粹德行的表现。

---

① Henry Sidgwick. The methods of ethics[M]. Indianapolis:Hackett Publishing, 1907, P489.

② Henry Sidgwick. The methods of ethics[M]. Indianapolis:Hackett Publishing, 1907, P491-492.

3.3.6 实践理性二元论

西季威克自认为其已能成功地调和效用主义和直觉主义，但是当他试图调和效用主义和利己主义的关系时，却陷入了困境。此困境就是道德哲学上有名的"实践理性二元论（dualism of the practical reason）"的困境。对于行为者而言，在实践的场合中，同时按照利己主义和效用主义的原则来行动都是正当合理的，如此一来，理性在作为指导行为的实践上，便产生了无所适从的问题，这对原本相信能将利己主义和直觉主义统一在效用主义的方法下的西季威克而言，无疑是一个棘手的困境。最后，西季威克不得不求助于宗教的约束，来保证效用主义的达成。然而，西季威克自己又是一位宗教怀疑论者，这使得他非常沮丧，同时也困扰着他一生。

实践理性二元论到底意旨为何？西季威克在《伦理学方法》的第二版序言中曾提到："关于快乐主义的两个原则，我不认为以普遍幸福为目标的原则比指向个人自己的幸福的原则更合理。我的计划不是抽象地研究这种'实践理性二元论'，但我赞同巴特勒的看法，即'合理的自利和良心是人类本性中两种主要的或优先的原则'，我们具有服从这两个原则的显明义务。"① 在第六版序言中，西季威克说道："在更仔细地读了巴特勒的作品之后，我快乐而惊奇地在他那里发现了一种与我在努力吸取穆勒和康德的思想时涌上心头的念头十分相似的观点。我发现巴特勒直截了当地承认'利益、我自己的利益，是一种显明的责任'，承认'合理的自利'（是'人的本性中的两种主要的或优先的原则之一'）。这就是说，巴特勒承认'调节能力的二元论（Dualism of the Governing Faculty）'，或者，我更愿意说，'实践理性二元论'；因为在我同意采取他的'权威'概念之前，他所强调的'权威'在我心目中就是理性的权威。"②

从上述说明可知，作为一名效用主义者，西季威克所说的实践理性二元论是指存在于"个人应当追求最大多数人的最大幸福（普遍的快乐主义）"和"个人应当追求自己的最大幸福（利己的快乐主义）"之间的矛盾。西季威克在《伦

---

① Henry Sidgwick. The methods of ethics[M]. Indianapolis:Hackett Publishing, 1907, Px-xi.

② Henry Sidgwick. The methods of ethics[M]. Indianapolis:Hackett Publishing, 1907, Pxviii-xix.

理学方法》最后一章中，指出要调和直觉方法和效用主义的方法并不困难，但是，利己的快乐主义和普遍的快乐主义两者，则不可能在经验基础上达到一致。西季威克认为，摒弃将道德完全理性化的观念是必要的。诚然，不仅由于自我利益，且由于保护着社会福祉的同情和情操——它们是借助于教育来传递，也借由与他人的沟通来维系，我们仍然会感受到一种欲望，即希望人们普遍遵守有利于普遍幸福的规则。而且，在更多的日常生活场合中，由于我们所承认的义务，与恰当理解的自我利益能和谐一致，实践理性将果断地驱使我们去履行义务。但是，在我们承认自我利益与义务存在冲突的少数场合中，由于实践理性自身之中产生了矛盾，它不再是义务或自我利益的一个动机，此时，冲突也将不得不听凭这两组非理性冲动比较之下的相对强度来裁决。[①]

综合上述，西季威克相信效用主义能为道德提供合理的基础。但是，他也发现边沁和穆勒所未察觉到的一些问题。西季威克从理性的反思中，发现效用主义存在着三个问题：（1）效用主义和直觉主义的关系；（2）效用主义作为伦理学理论所涉及的公开性的悖论；（3）理性自利和普遍效用的冲突。关于第一个问题，西季威克自认为已经获得解决。第二个问题则颇为棘手，因为如果人人都从效用原则的角度来计算每一个行动，则可能是一种灾难。所以，大多数人最好都停留在常识道德和宗教信仰的世界中，这样才能普遍地提高社会效用。换言之，效用原则应该是一种隐微的真理，只能靠私传，不能公开。第三个问题更困扰着西季威克，也是其未能解决的难题，也显示出效用主义的内在困境。

西季威克虽然是古典效用主义的重要代表人物，但是他的思想并不仅仅局限于古典效用主义。西季威克柔性处理了效用主义和常识道德间的明显冲突，促进了效用主义重视规则的发展。当然也有学者认为西季威克对效用主义的修正造成了破坏性的妥协。[②]西季威克将普遍幸福是最终的道德目的这一原则，建立在直觉的基础之上，试图证明效用主义需要一种直觉作为其理论基础；而直觉主义则需要效用主义的方法，否则直觉主义无法解决道德分歧。效用主义可以为常识道德提供良好的理论表述。在西季威克看来，通过他的

① Henry Sidgwick. The methods of ethics[M]. Indianapolis:Hackett Publishing, 1907, P508.

② 宋希仁：《西方伦理思想史》，[M]，北京：中国人民大学出版社，2010年版，第314页。

修正，效用主义与直觉主义在结果上是一致的，二者之间不存在任何真实的对立。但是，建立在直觉主义基础上的效用主义，在某种程度上已经偏离了效用主义的方向。

3.4 摩尔对古典效用主义的终结

1903 年，摩尔发表《伦理学原理》，明确提出了元伦理学与规范伦理学的分野，对经典效用主义乃至整个规范伦理学提出了严峻的挑战。摩尔认为"善"是不可定义、不可分析的，效用主义以幸福来定义善是犯了"自然主义的谬误"，并声称他是受到休谟的启发。根据休谟在《人性论》中的观点，即理性并不是道德上的善恶源泉，道德是不能通过理性来证成的，善与恶的区别来自道德感。摩尔认为休谟首次提出了关于"是"和"应当"的关系问题[①]，指出"是"与"应当"或者事实判断与价值判断不是完全同一的，关于事实的真与假的判断是理性的功能，而关于道德上的善与恶的评价则是道德感的作用对象。摩尔从休谟的这一思想出发，进一步阐释了"是"与"应当"、事实与价值的关系问题。他指出，不可能从人们事实上欲望某物的角度推出某物可欲的结论。西季威克指出道德术语是不可定义的，强调"应当"的不可定义性；摩尔则强调"善"的不可定义性，否认了"自然主义"学说从"是"中推导"应当"的努力。摩尔的直觉主义不同于他以前的绝大多数直觉主义。以前的直觉主义伦理学家主张道德原则是自明的，各种行为法则（即我们应当怎样去做）

---

① 休谟在《人性论》中给摩尔以启发的那段论述是："在我所遇到的每一个道德学体系中，我一向注意到，作者在一个时期中是照平常的推理方式进行的，确定了上帝的存在，或是对人事做了一番议论；可是突然之间，我却大吃一惊地发现，我所遇到的不再是命题中通常的'是'与'不是'等联系词，而是没有一个命题不是由一个'应该'或一个'不应该'联系起来的。这个变化虽是不知不觉的，却是有极其重大的关系的。因为这个应该或不应该既然表示一种新的关系或肯定，所以就必须加以论述和说明；同时对于这种似乎完全不可思议的事情，即这个新关系如何能由完全不同的另外一些关系推出来的，也应当举出理由加以说明。不过作者们通常既然不是这样谨慎从事，所以我倒想向读者们建议要留神提防；而且我相信，这样一点点的注意就会推翻一切通俗的道德学体系，并使我们看到，恶和德的区别不是单单建立在对象的关系上，也不是被理性所察知的。"转引自休谟：《人性论》，[M]，北海：商务印书馆，1996 年版，第 509-510 页。

是直觉上确定无疑的。而摩尔则认为恰恰相反，任何道德法则都不是自明的，只有道德法则赖以推论的前提即关于善本身的命题基础，才是直觉的，也即是不能证明的。① 摩尔还指出，效用主义理论所强调的只有快乐或幸福才是人们行为的最终价值目标是错误的，在他看来，除了快乐之外，还应包括对美的欣赏、对真理的追求等精神上的价值目标。摩尔的这一主张也被称为"理想的效用主义"，在现代效用主义论争中仍被一些学者用来批评古典效用主义理论。

摩尔提出"善"的不可定义、不可分析，震动了 20 世纪初的伦理学界，使之前的伦理学赖以建立的根基受到了质疑。自然主义谬误提出之后，伦理学界唯一可行的思维方式就是发展摩尔的直觉主义理论，为伦理学寻求一个无可辩驳的基础。这使得 20 世纪上半叶，包括效用主义在内的规范伦理学都逐渐消隐，而直觉主义、语言分析哲学则占据了英美伦理学讨论的核心地位。

从英国本土来看，19 世纪后期，英国哲学处在德国唯心主义的巨大而强有力的压力之下，新黑格尔主义者布拉德雷对穆勒的效用主义伦理理论进行了彻底的否定。正如沃诺克所描述的，当时学术界在黑格尔精神哲学的影响之下，个人已经很少有活动的余地。② 摩尔理论的本意原是反对布拉德雷的新黑格尔主义，"将黑格尔的幽灵赶出英伦三岛"，重新确立经验论传统的地位。在伦理学上，他主张重新修正效用主义。事实上，正是他的修正，在驱逐黑格尔主义的同时，也促成了效用主义的沉寂和现代经验论对传统经验论的扬弃。但是，效用主义伦理学的影响并未完全消除，在英国受到冷遇的效用主义伦理思想在美国获得了另一种意义上的发展——实用主义理论。虽然效用主义与实用主义在思维方式和具体的论证方式等方面有所不同，但它们在理论的基本结构上是相同的，都主张一种从后果来判断是非的后果论的思路③，也从自然主义的立场建立其理论，并且都关心个人的快乐或是幸福、愿望。

---

① 李莉：《当代西方伦理学流派》，沈阳：辽宁人民出版社，1988 年版，第 57 页。

② 玛丽·沃诺克：《1900 年以来的伦理学》，北京：商务印书馆，1987 年版，第 5 页。

③ 美国实用主义的代表人物詹姆斯对实用主义的后果论思路有一段接近效用主义主张的论述："这个态度不是去看最先的事物、原则、'范畴'和假定是必需的东西，而是去看最后的事物、收获、效果和事实。"参见《实用主义》，北京：商务印书馆，1983 年版，第 31 页。

实用主义在美国的发展为后来效用主义的再度复兴提供了理论上的支持。

　　摩尔的自然主义谬误的提出，固然给效用主义伦理学理论的研究以致命的打击，20 世纪初的数学、物理学和数理逻辑等现代科学的最新成果所推动的逻辑实证主义的蓬勃发展，也使包括效用主义伦理理论在内的规范伦理学受到理论上的忽视，但是究其根源，效用主义不能适应资本主义经济和社会发展的新情况、新要求，则是其衰落的主要社会历史原因。这也表明，现代效用主义要想重新激活效用主义的理论主旨，就必须适应新历史条件的新情况、新要求，获得新的理论基础，拓展其领域，发掘新的论题，并且改善其理论的特质。这些正是我们下一章所要讨论的。

效用主义伦理思想探析（下）
——现代效用主义部分

　　1903 年，摩尔发表《伦理学原理》，明确提出了元伦理学与规范伦理学的分野，对经典效用主义乃至整个规范伦理学提出了严峻的挑战。摩尔认为"善"是不可定义、不可分析的，效用主义以幸福来定义善是犯了自然主义的谬误。元伦理学的兴起，让具有自然主义倾向的经典效用主义屡遭质疑和诘难。元伦理学相对于规范伦理学而言，其较具优势的地方在于元伦理学并无意指出行为规范的具体规则，只是分析道德语言的逻辑特性和意义，因此，如果不犯逻辑上的错误，在具体行为指导上很少能对元伦理学做出指责。

　　然而，到了 20 世纪中期，由于元伦理学偏重对道德语言、逻辑的语言学之研究，使得伦理学理论脱离了社会现实，缺乏道德实践的指导意义，复以科学技术的进步，社会经济得到空前的发展，为适应社会发展的客观需要，伦理学不能再停留于纯理论分析的框架中。针对元伦理学脱离社会现实的不足，规范伦理学中的效用主义再次受到重视。在这种情况下，一些西方伦理学家运用现代研究方法对古典效用主义进行修正和发展，并逐渐形成了以行为效用主义与规则效用主义为主的现代效用主义规范伦理学。迄止今天，以行为效用主义与规则效用主义为主要代表的现代效用主义规范伦理学已走过了半个世纪的历程，并仍然呈现出方兴未艾的发展趋势，成为当代西方最有影响的伦理学类型之一。本章试图从现代效用主义的复兴背景、理论特征、主要理论形态等方面对现代效用主义伦理思想做一论述。

4.1 现代效用主义伦理理论概述

二战后的几十年间，随着社会生产力的发展，西方主要资本主义国家的经济和政治制度逐渐成熟并趋于稳定。经济平稳发展，社会福利政策进一步落实，长期困扰资本主义社会的公平与效率问题在福利国家的框架下得到了一定程度的缓解。社会结构中中产阶层比例的扩大，为社会秩序的稳定提供了物质基础。这些表明，现代资本主义社会已经发展到了一个新的阶段。罗尔斯曾不无粉饰地将现代资本主义社会的主要特点归结为正义、合作、效率与稳定①，以表明它区别于近代社会的特点。从另一方面来看，现代资本主义社会也面临着一系列新出现的社会问题，它们既源于社会中个体的生存困境、社会阶层的冲突，也源于科技和社会发展所带来的道德两难选择。古典效用主义不能圆满地解释所有的这些社会问题，效用主义要想有所发展，就必须在理论上有所突破，以适应现代社会现实发展的需要。

4.1.1 现代效用主义复兴的背景

一、伦理学理论的困境及其进展

20 世纪初，摩尔"自然主义的谬误"的提出，不仅对古典效用主义乃至整个规范伦理学提出了严峻的挑战，也引发了现代经验主义元伦理学思潮。此后的半个多世纪中，元伦理学理论在英美哲学界占了主导地位。

元伦理学的发展大致可以划分为直觉主义、情感主义和语言逻辑分析三个阶段。在其中的第二个阶段中，逻辑实证主义者发展了元伦理学中自始就存在的轻视伦理道德问题的趋向。他们认为只有经验的命题才是可以证实的、有意义的命题，形而上学和伦理学的命题都是无意义的伪命题。就伦理学命题而言，它并没有肯定或否定任何事实性的东西，只是表达了人们的一种态度或情感，因而不是客观事实的表述，而是一种主观意见。情感主义学派的代表人物艾耶尔在这一基本主张的基础上又提出，"伦理的词不仅用作表达情

---

① 罗尔斯：《正义论》，何怀宏、何包钢、廖申白译，北京：中国社会科学出版社，1998 年版，第 4 页。

感。这些词也可以用来唤起情感,并由于唤起情感而刺激行动"①。逻辑实证主义的理论使其自身逐渐走向形式主义的困境,形式主义架空了道德的实在性内涵,进而怀疑、否认道德推理的意义,甚至于怀疑道德真理的存在。在这种怀疑主义的框架内,伦理学不能运用自身理论对实际社会生活和个人生活问题提出任何一种解决方式,因而对个人生活、社会实践问题采取了避而不谈的态度,以致元伦理学极其不能适应二战后社会问题日益复杂化的社会现实,对于科学技术的发展所带来的伦理道德问题也不能提供有效的解释和行为指导,使元伦理学陷入自身所设定的形式主义的困境。

为了克服元伦理学所面临的形式主义的困境,在语言逻辑分析阶段,元伦理学开始了对自身理论困境的反思和修正,其中以图尔闵和黑尔为代表,他们的理论都带有规范伦理学的痕迹,并且在不同程度上诉诸效用主义的思路。黑尔试图在他的理论中表明的是关于道德语词的意义的理论如何能成为一种规范性的道德推理的理论基础。普遍的语言分析理论的提出,产生了伦理学中的一种新倾向,即"充足理由的理论"。这种方法的主要观点是:伦理学中逻辑上的充分理由有两类——实质性的理由和形式性的理由,可以将这两种理由结合起来,从而也就将某一种规范伦理学的立场与形式上可普遍化的原则结合起来。黑尔所提出的就是这样一种理论。充足理由的理论所指出的是,人们确实为道德信念和道德行为提出理由,其中有的理由被认为是可靠的或充足的。由此可以认为,道德评价不完全是直觉情感或选择的问题。在这一认识的基础之上,元伦理学对于规范伦理学的严厉批判受到了削弱,元伦理学原来认为在伦理学理论中不可能形成普遍认同的协议和评价标准的观点,反而受到有力的批判。

元伦理学克服自身形式主义困境的努力也受到了元伦理学之外的其他理论发展的呼应和有力推动。其一,新自然主义的兴起。摩尔在批判自然主义谬误时,把自然主义扩大为一切企图给善本身下定义的伦理学理论,认为它们都犯了"自然主义谬误"。摩尔认为自然主义不能作为任何伦理学理论的基础。此后的伦理学家都在设法避免陷入摩尔所批判的"自然主义谬误"中去。然而,新自然主义观点则主张事实和价值之间不可能做截然的区分,伦理学

---

① [英]A.J.艾耶尔著:《语言、真理与逻辑》,尹大贻译,上海:上海译文出版社,1981年版,第123页。

的陈述和伦理学的信念也可以由经验或者观察来证明，"是"与"应当"之间具有一定的联系，人们可以从事实中得出价值的评价，这种事实可以是关于人类的需要、要求和利益的事实，也可以是关于制度的事实。新自然主义观点的兴起使效用主义从"自然主义谬误"的阴影中摆脱出来，获得了理论上的解放。其二，欧洲大陆伦理学对元伦理学的影响。在 20 世纪初期，英美元伦理学的发展是与欧洲大陆伦理学的发展相互独立的，在元伦理学发展的后期（也就是它的衰落时期），两种伦理学研究开始相互影响，欧洲大陆伦理学派如存在主义、商谈伦理学等对英美伦理学的转向产生了一定的促进作用。尤其是哈贝马斯的商谈伦理学，主张在达成一致性共识的基础上产生基本的道德要求，这一观点为规范伦理学重新登上英美伦理学界的舞台打下了基础。其三，科学哲学理论的新发展也促进了规范伦理学的复兴。科学哲学中新起的反科学主义观点表明，科学知识本身比以前所设想的更有理论性。科学的客观性似乎更多地依赖于充足的理由、共有的事实根据的一致性和人们之间的一致意见，而不是未经阐释的观察。伦理学中的客观性也是如此，人的需要、理由和一致意见都是赋予伦理学以客观根据的因素。这些都促使由元伦理学批判、否定了的规范伦理学的基石重新得到了一定程度的确立。其四，社会哲学的复兴，也是推动现代伦理学理论克服元伦理学形式主义的困境的一种重要力量。率先提出并论证社会哲学理论的是罗尔斯的正义理论。罗尔斯在其正义理论中首先在方法论上批评了分析哲学纠缠于语言分析细节、局限于概念定义和语言意义的研究方向。他抛弃了现代语言分析的方法，转而运用经典作家们的方法，将事实的假定和修正引入实质性的伦理学的讨论中，以抗衡分析哲学的方法。罗尔斯的理论采取了不同于元伦理学的另一个研究方向，是其社会哲学的视野。罗尔斯指出，正义问题是一个非常复杂的问题，不可能由个体单独的道德决定所解决，只能通过社会中所有的人自觉地在社会基本制度应当如何建构才是正义的这一问题上达成一致意见，并进而达成社会契约，在此基础上才能真正得到解决。这一方向的确立将社会制度的问题纳入道德思考之中，扩展了伦理学的研究视野，也使现代效用主义伦理学获得了新的理论生长点。

二、现代经济学理论的发展

伦理学与经济学之间的互动和联姻早在古希腊时期就已有之。亚里士多德的《政治学》作为其伦理学说的延伸，曾广泛地探讨了经济、分配等问题。在亚当·斯密的时代，研究国家财富增长的经济学与伦理学同属于道德哲学范畴。效用主义伦理学与经济学也有着密切的联系，古典效用主义理论曾为边际效用学派的产生提供了精神上的养分，而现代经济学理论的最新成果又为现代效用主义的复兴创造了条件。可以说，在进入现代效用主义理论的探讨之前，每个人都不能不预先熟悉一下现代经济学的有关内容。

现代经济学理论的发展对新效用主义伦理学的影响，大致可以从两方面来看：一是经济学的转向导致了伦理学理论从生产性的经济伦理到消费性的经济伦理的转变；二是经济学中的规范理论——福利经济学的发展在效用主义伦理学的沉寂和再度复兴中起了重要作用。福利经济学运用数学分析工具，转换研究视角，从个人的偏好与社会偏好之间的关系的维度出发，对效用函数、社会福利函数以及社会选择问题进行研究。这些研究使得效用主义伦理学已有的效用计算问题，人际间价值的衡量和比较问题，个人效用的加总以及个人效用与公共群体的效用之间的关系问题，得到了更为理性化、更量化的讨论，使效用主义理论得以在新的方法和背景之下重新树立了话题和话语范围。可以说，福利经济学为效用主义的复兴和发展提供了丰富的资源滋养和知识支援。①

4.1.2 现代效用主义的基本转向

较之古典效用主义，新的现代效用主义理论在讨论范围的扩展、研究方法与学科背景等方面都有了转变，这些转变也使得效用主义理论重新成为伦理学领域关注的焦点。从总体上说，现代效用主义理论更加关心从新的角度定义效用的概念，以使现代效用主义理论建立在更为合理、更有活力的基础之上；更加注重与其他理论的调和，以弥补效用主义的理论缺失；更为注重理论对一般民众的亲和力，以兼顾人的最为切近的道德要求。探讨现代效用主义理论的这些转向，有助于我们进一步全面了解现代效用主义。

一、理论背景和研究方向的转变

自穆勒之后，效用主义伦理学理论的一个最基本的转向就是日渐疏离政治和社会改革运动。这在西季威克和摩尔等后期效用主义者身上就已显现。这一转向在现代效用主义中也有着不同程度的体现。众所周知，古典效用理论与政治学和心理学有着十分密切的联姻，古典效用主义理论家们一般同时

---

① 牛京辉：《英国效用主义伦理思想研究》，北京：人民出版社，2002年版，第106页。

也都是醉心于人的精神启蒙和社会改革运动的激进主义者，现代效用主义者则日渐摆脱心理学意义上的人性分析和强烈的对社会政治制度改革的关切，而逐渐转向对具体的社会现实问题的关注，把效用主义当作一种试图解决社会现实问题的思维模式。

效用主义的这一现代转向，既有社会历史背景的影响，也有其学科背景的影响。首先，现代效用主义理论所赖以发展的时代，是一个基本上已经走出世界大战阴影的时代，正常社会生活和生产秩序得以确立。随着经济和社会生活的重建，经济学的研究很快就吸引了大批优秀学者投身其中，并且成为诸学科发展的核心。经济学研究方法和理论流派的不断完善和更新，使得它的有关概念和研究方法、理路不断地向其他学科渗透。[1] 现代新效用主义适时地接纳和吸收了福利经济学及决策科学、社会选择理论等最新的理论成果和研究方法，作为自身发展的新的促进因素。

与这些新的理论背景相适应的是效用主义研究方向的转换，这主要体现在对效用主义的核心概念的理解上。相较于古典效用主义仅将效用作为一种纯粹的心灵状态或是一种心理的体验，即"快乐或痛苦的免除"而言，现代效用主义理论则吸收了关于欲望（desire）和偏好（preference）的观点，将效用看做是偏好的实现或满足。在现代效用主义理论看来，传统理论将行为的价值归结为快乐或幸福的体验、感受，从而将效用主义的讨论局限在快乐或痛苦的概念之中，但是从体验中寻求效用主义的价值论基础，不免使效用主义的论证显得肤浅。现代效用主义认为，人们在努力发现自己的欲求并且满足这些欲求的时候是快乐的，偏好恰恰能够揭示可能使人快乐、幸福的东西是什么。将欲望或偏好的满足看做是现代效用主义的核心概念，可以使效用主义所做的道德评价与人们所从事的实际活动有更多的相关性，而避免预先为个人的价值选择做规定。

现代新效用主义伦理理论运用经济学尤其是福利经济学和社会选择理论

---

① 现代经济学向其他学科的渗透趋向被称为"经济学帝国主义"，实际上是经济学和各人文社会学科之间的相互融合。只有这种相互融合的研究才能解决日益复杂的社会、经济、政治和文化等问题。经济学家研究的视野前所未有地广阔和深远，就拿诺贝尔经济学奖获得者来说，哈耶克是一位综合多种人文学科的大家，布坎南的公共选择理论将经济学研究和政治学研究融合在一起，而哈桑伊和森则不仅在经济学领域久负盛名，在伦理学领域也是自成一家。

的最新成果，对古典效用主义所使用的效用概念进行了内涵上的修正，从而对人际间效用比较问题、效用计算问题以及效用主义的理论功能问题有了新的尝试。但是，经济学和其他的理论背景一样，毕竟有它的理论局限性。较之伦理学和哲学理论，经济学更多地注重利益的投入与产出的比值，在欲望、福利、偏好等概念的纠缠之中，道德本身的某些特征被边缘化了。在这里我们可以回想穆勒当年对边沁理论的某些批评，虽然穆勒曾经在他的理论修正中精心地克服了边沁主义者注重商业价值、忽视人的自我发展和人的生活意义等种种缺陷，但是现代理论在繁复精致的欲望分析和效用计算背后无法掩饰他们对穆勒向人的内心世界挖掘的方向的背离。新的效用主义反对者如德行伦理学、权利理论都针对效用主义的这一问题提出了自己的理论。

二、语言框架的转换

20世纪中期之后，规范伦理学研究又重新获得了伦理学家的重视。在此背景之下，元伦理学和规范伦理学之间不再处于截然对立的状态，而是具有了新的关系：元伦理学致力于探讨道德语言问题，规范伦理学则主要研究运用道德语言探讨道德理论中的判断问题；作为元伦理学与规范伦理学二者之基础的事实与价值的区分问题，也有了新的解释，认为事实和价值不可能截然分开，而是相互包含、相互渗透的。

元伦理学理论的洗礼，深刻影响了后来复兴的新效用主义伦理学所使用的学术语言和思维方式。尤其是情感主义学派致力于论证道德判断的主观性，认为道德决定是个人偏好的证明以及规约主义者黑尔对个人偏好和选择所做的分析，这些观点为人们后来采用偏好理论打下了基础。尽管元伦理学最后走向了形式主义的死胡同，但是它的研究促使人们审视伦理学研究的基本概念和语言的系统化、伦理学语言的精确和严谨化。尤其是情感主义学派的斯蒂文森对道德判断、伦理决定以及伦理分歧的语言意义的分析，以及语言逻辑分析主义者图尔闵对在道德问题上行之有效的各种道德推理形式的剖析，都极大地促进了道德语词和判断的规范性。在元伦理学的影响下，现代效用主义伦理学一方面具有了语言的澄明性、概念的清晰性、分析的逻辑性等特点，这使得它在现代伦理学的理论讨论中更具有解释和确证自身理论的能力；另一方面在新的理论高度上对于伦理学的规范性问题，伦理学与法律、政治等规范理论的关系问题做出了进一步的定位，从而坚定了平等参与各种理论讨论的信心。元伦理学的影响使人们认识到，任何一种规范伦理学理论都可以通过哲学论证来申明其理论的合理性和现实性。这种态度促使效用主义者积极地参与到当代伦理学的各种论争之中，并且使效用主义及其批评者的理论在"质疑、挑战——回应、反驳"的循环之中，朝着论域越来越广阔，论题越来越深化的方向繁荣发展。

三、理论态度的转向

效用主义理论发展到现代，亦越来越体现出与其他伦理学派之间相互融合与妥协的特点。在内容上，现代新效用主义伦理学扩展了其核心概念，使效用概念不仅包含人的基本的利益追求，还涵盖个人其他方面的精神的、道德的权利和要求，这样新效用主义伦理学在坚持其理论的基本立场的同时，也具有更大的回旋余地和拓展空间。在方法上，现代新效用主义理论在亚当·斯密的理想观察者理论、康德的义务论和古典效用主义理论之间做出了某些调和和"组接"，以使理论能够最大限度地兼顾道德的不同方面的要求（例如道德的无偏私性、道德义务的要求以及效用的要求），化解古典效用主义理论的批评者所提出的种种质疑。如黑尔等人强调在道德的可普遍性原则基础上重建效用主义理论，权利效用主义者则试图从康德理论中引申出的尊重个人的理念作为基础。此外，义务论对意图的强调也受到了现代效用主义理论的重视，效用主义者在讨论是纯粹而简单的后果决定行为的正当与否，还是有意图的或可预见的后果决定行为的正当与否时，表明了意图和后果都在道德推理中起作用，只不过在义务论和在效用主义理论中起作用的方式不同。现代效用主义伦理学与其他伦理学派之间的这种融合与妥协，表现了现代效用主义正视各种挑战和批评，透过自身理论的弱点，而采取灵活的态度和弹性手段，以试图重新激活效用主义传统理论的努力。

在讨论中，新效用主义的另外一个特色就是大量使用事例，以表示特殊境遇中的道德冲突的特点。其反对者选取了一些极端的、非常态的道德情境，试图说明效用主义违反道德常识或是侵犯个人道德权利，例如希特勒的保姆的选择、威廉斯提出的吉姆的例子、乔治的例子、"荒岛守诺"的例子和诺齐克提出的"快乐机"的例子。其中很多例子已经成为某种特殊道德困境的代名词，反映了所有的或是大部分伦理学理论中悬而未决的问题，而不仅仅是效用主义理论所无法解决的问题；从这些道德难题中引申出与效用主义伦理学理论或是其他伦理学理论的不相容之处，只是表明了后者在理论上的局限和不充分之处，而不是抛弃这种理论的理由。但是，从另一方面说，这种在特例中展开理论探讨的方式，为不同的道德理论提供了共同的话题，有力地促进了不同道德理论之间的对话和沟通。

4.1.3 现代效用主义的基本特征

古典效用主义理论的最大特点就是其后果主义的结构和快乐主义的特征。但是在现代效用主义理论中，一般都接受了后果主义的结构，而对快乐主义有所限制甚至是全面拒绝。这种趋势实际上在此前的理论中就有端倪，穆勒在理论中实际上已经修正了边沁所主张的快乐主义理论，以一种具有广泛内涵的幸福观念代替了边沁的快乐主义理论。发展到现代效用主义理论，除了极个别的理论外，基本上都已经放弃了快乐主义的价值理论，不再将快乐视为唯一内在的善，而认为很多事物本身就是善的；也不再讨论快乐的度量问题，而是谈论人的效用的增加或是减少，代之以福利主义的价值理论。因此，我们可以说，后果主义的结构和福利主义的内容是现代新效用主义伦理理论的两大基本特征，它们分别阐明了效用主义的道德义务理论和道德价值理论，从而勾勒出该理论的总体轮廓。

现代意义上的"后果主义"一词的最早使用见于英国哲学家 G.F.M. 安斯库姆 1958 年发表的《现代道德哲学》① 一文中，虽然是在 20 世纪中叶才开始广泛使用的，但是这一思路却一直为英国效用主义者所遵循，从休谟到边沁、穆勒甚至摩尔，英国的道德哲学家所秉持的大多是这一理论传统。后果主义表明了效用主义理论关于道德义务的观点，即效用主义的道德义务理论，认为行为的正当性由行为的后果的价值决定，不取决于行为的动机和行为者本身，更不取决于某种鲜艳的原则。然而，在现代伦理学论争中，这一特点也被认为是效用主义的根本缺陷。特别是面对"以行为者为中心的道德理论"

---

① 安斯库姆：《现代道德哲学》，谭安奎译，徐向东编：《美德伦理与道德要求》，南京：江苏人民出版社，2007 年版，第 41-58 页。

的批评 ①，而后果主义视野之下的效用主义试图在更宽泛、更复杂精致的理论框架中加以包容，这一点在本章"效用主义与反对理论的论证"中再述。

福利主义表明了现代效用主义关于道德价值的观点，即效用主义的道德价值理论，概括而言，就是认为行为后果的价值是由行为所产生的福利或是偏好的满足所决定的。因此，在现代理论中，提到幸福或是效用的时候，一般是讨论个人的愿望和偏好或是福利的满足，而不是讨论快乐和幸福的感觉。

在这两个特征之下，又可以细分出现代效用主义理论的其他一些特征，如最大化特征、无偏私特征、对福利的加总，等等。虽然这些特质不是全部都能绝对地适用于每一种自称是效用主义的理论，但是它们大致上能够勾勒出现代效用主义伦理理论的基本概貌和区别于其他伦理理论的总体特征。

4.2 主要理论形态

20 世纪中期之后，随着科学技术的进步以及社会经济的发展，元伦理学理论脱离了社会现实，缺乏道德实践的指导意义的弊端逐渐显现。针对元伦理学脱离社会现实的不足，规范伦理学中的效用主义再次受到重视。在这种情况下，一些西方伦理学家运用现代研究方法对经典效用主义进行修正和发展，并逐渐形成了以行为效用主义与规则效用主义为主的现代效用主义规范伦理学。其中，行为效用主义以澳大利亚学者斯马特为代表，主张根据行为

---

① 后果主义理论被认为是"行为者中立的道德理论"，即在作道德评价和道德决定时只注重从行为后果的效用最大化出发，不注重与行为者本人相关的价值，因而有时要求个人为了整体的利益而自我牺牲，这对于行为者来说"过于苛刻"；有时又忽视个人情感等方面的关系，因而"过于随意"。指责后果主义过分随意的人所举的一个典型的例子就是：一个人看到两个儿童落水，假设他只能救其中的一个，两个孩子的被救是同等的事态，若其中一个孩子是行为者本人的儿子，那么这个人应当救哪一个小孩呢？在后果主义看来，既然无论救哪个小孩产生的事态都是一样的，那么行为者是随意的，选择任一可能的行为都是可以的。但是批评者却认为，行为者有救他自己孩子的特殊义务，而后果主义的错误就在于忽视了行为者的特殊道德承诺——一个父亲对其孩子的承诺。从这个意义上来看，反对者的理论可以称之为"以行为者为中心的理论"。在这种理论看来，人们的实际价值观念中包含着许多"与行为者相关"的因素，这种因素与后果主义中的"行为者中立"的因素互不相容，却与常识道德更为接近，因而也更容易被人们所接受。

自身所产生的好或坏的效果，来判定行动的正确或错误；规则效用主义以美国学者布兰特为代表，主张人类行为是具有某种共同特性和共同规定的行为，根据在相同的具体境遇里，每个人的行为所应遵守规则的好或坏的效果，来判定行动的正确或错误。[①] 从历史发展的逻辑来看，斯马特的行为效用主义与边沁和穆勒的经典效用主义有着更直接的继承关系，而布兰特等人的规则效用主义则与西季威克和稍后的罗斯等人的直觉主义有较密切的关联[②]。迄止今天，以行为效用主义与规则效用主义为主要代表的现代效用主义规范伦理学已走过了半个世纪的历程，并仍然呈现出方兴未艾的发展趋势，成为当代西方最有影响的伦理学类型之一。不管是行为效用主义还是规则效用主义，两者均以效用为名，其最终目标当然也是效用，只是达成目标的方式有所不同。以下研究者分别探讨相关学者所热衷研究分析的行为效用主义和规则效用主义。

4.2.1 行为效用主义

从理论上来看，行为效用主义直接关注于个人的特殊行为，根据波依曼的定义："一个行为，若且唯若在所有可能选择的行为中，能获致最大的效用，该行为就是对的。"[③] 例如，甲要在 A 与 B 两种不同行为之间进行选择，如果采用 A 行为能比采用 B 行为获得更好的结果（获致更大的效用），那么甲选择 A 行为，就是道德上正确的，相反，选择 B 行为则是错误的。此外，黑尔也主张，"行为效用主义是指我们必须将所谓的'效用原则'直接应用于个别的行为上，并评估其所能产生的总体满足来作为行为判断的标准"[④]。斯玛特则指出，"行为效用主义认为一个行为的对或错应依据其行为本身的结果之善恶

① J.J.C.Smart and Bernard Williams. Utilitarianism: For and Against[M]. Cambridge[Eng.]: Cambridge University Press,1973, P9.

② 万俊人：《现代西方伦理学史》（下卷），北京：中国人民大学出版社，2011 年版，第 901 页。

③ Louis P. Pojman. Ethics: discovering right and wrong[M]. Boston, MA: Wadsworth, Thomson Learning, 2002,P111.

④ R.M.Hare, Freedom and Reason[M]. Oxford[Eng.]:Clarendon Press,1963,P130.

来判断"①。根据波伊曼、黑尔和斯玛特对行为效用主义的诠释，我们可以将行为效用主义的论证过程归结如下：

（1）一个行为，若且唯若在所有可能选择的行为中，能导致最大的效用，该行为就是对的；

（2）这个行为能产生最大的效用；

（3）所以这个行为是对的。

上述的论证过程可以很清晰地表达出行为效用主义的主张。按照这种思路，行为效用主义在具体实践中遭到了严重的批评。概括起来，主要有如下几个问题：

（1）要确知行为在客观上会产生行为效用主义者所预期的好的结果非常困难

根据行为效用主义的主张，我们在行动之前要详细计算该行为是否能获致最大多数人的最大幸福。然而，事实上这是很难做到的事情。首先，由于时间、信息方面的限制，行为者很难在行动之前对每种可选择行为的效用大小进行准确的计算。并且，我们日常的道德行为很多都需要我们立即反应，采取行动，没有过多的时间留给行为者去考虑和计算各种选择。比如看到落水者在水中呼救，我们不是当即下水救人而是计算救人行为效用的大小，等我们计算好时，落水者很可能早已被淹死了。其次，我们也无法穷究和预知一个个别的行为对未来结果的影响。最后，要决定哪些结果是好的结果又是一个问题。简言之，由于个人所掌握的信息、经验有限，使我们对于结果好坏的判断，极可能会与实际上的结果有落差。

另外，斯玛特虽然是行为效用主义的支持者，但其也指出，在计算行为结果的好坏时，如果涉及行为者本身的利益，行为者就很有可能会产生自我偏私（partiality）的现象，因而误判会带来最佳结果的行为②。例如，某个人的婚姻不幸福而正在考虑是否要离婚。根据斯玛特的说法，他很可能会夸大自己的痛苦而低估了离婚对子女所可能造成的伤害。此外，他也很可能低估自

---

① J.J.C.Smart and Bernard Williams. Utilitarianism: For and Against[M]. Cambridge[Eng.]: Cambridge University Press,1973, P9.

② J.J.C.Smart. Extreme and Restricted Utilitarianism[J]. The Philosophical Quarterly, Oct, 1956, P347.

己的离婚行为对社会可能造成的负面影响（如可能使一般人更加不相信结婚时所许下的白头偕老的诺言），这是即便承认简便规则的情况下（如考虑配偶或孩子会不会受到伤害）也不能解决的难题。

（2）行为效用主义可能会做出违背一般常识道德的行为

行为效用主义认为正确的行为就是那些在整体上会产生最大效用的行为，然而，此种主张会使得行为效用主义在某些情境中与我们一般人所相信的道德禁令产生严重的冲突。所以行为效用主义经常被批评：在某种特殊情况下，为了能为更大多数人带来利益或幸福，我们可以做出说谎、背信或不正义等违背常识道德的行为。伦理学家举出许多例子来说明行为效用主义的问题，最有名的是"荒岛守诺"[①]的例子。

（3）行为效用主义可能导致对个人正当权利和利益的忽视或否认

此问题，也是行为效用主义所面临的最主要的问题。根据行为效用主义，一个行为只要能够满足最大效用原则就是道德的，甚至是道德上必需的。但在许多情况下，严格贯彻这条原则会导致对个人正当权利和利益的否定。汤姆森（Judith Jarvis Thomson）著名的"器官移植（有时也称为'杀一救五'）"例子曾明确地说明这一问题。[②] 然而，行为效用主义和我们关于个人正当权利和利益的观念的不一致和冲突不仅仅是特殊情况下的特例，而是有着其深层次的结构上的原因。行为效用主义建立在一种个人与社会类比推理的理论逻辑之上，其主张：如果一个人牺牲自己的一部分幸福以实现他自身更大更长久的幸福是合理的，那么一个社会牺牲自己的一部分幸福以实现社会整体更大的幸福也是合理的。但这个类比是错误的，因为个人的牺牲和受益都是同一个对象（他自己），而社会的牺牲和受益却有可能是不同的对象（不同的个人、群体）。行为效用主义实际上是将整个社会看成是一个类似个人的"超个人实

---

① 有甲乙两人困于没有人烟的荒岛上，甲濒临死亡，临终前托付乙按照他的计划去处理他的遗产，乙答应甲的请求。假设乙想到一个比甲更好的处理遗产的方法，也就是说比甲的方法更能促进大众的幸福或利益，那么乙会不会背弃对甲的承诺？假设甲吩咐乙要把财产交给甲的儿子，但是乙后来发现甲的儿子是个不务正业、游手好闲的纨绔子弟。又假设乙知道有一家医院缺乏研究癌症的经费，在这种情况下，一向热心公益事业的乙，便把甲的全部遗产都捐给医院。乙的行为符合行为效用主义的主张，但违背承诺。

② Judith Jarvis Thomson. "The Trolley Problem." Willam Parent, ed. Right, Restitution, and Risk. Cambridge: Harvard University Press, 1986, P95.

体"，因此行为效用主义者就会认为牺牲少数人（甚至是无辜者）的利益去实现大多数人的利益是正当的。然而，现实中这样的实体其实并不存在。如果我们以行为效用主义者那样的思维方式去思考，必然会导致对个人权利和利益的否定。

（4）行为效用主义会导致"超道德"的道德要求

道德的行为可以分为两种：一种是道德所要求的基本行为，不采取这样的行为道德上会受到谴责；另一类是"超道德行为"，即能够采取这样行为的人常常受到人们的赞扬，但不能采取这样的行为的人也不会招致道德上的谴责。例如，对灾区捐款，有人将自己的所有积蓄全部捐赠给了灾区，这种行为值得称赞，但是没有将自己全部积蓄捐献的人并不会遭受不道德的谴责。行为效用主义主张人们应该采取能最大限度地增加社会幸福的行为，假设此时你能捐赠 1000 元，而你却只捐了 200 元，你的行动就变成了不道德的了，这显然超出了日常道德的要求。

（5）在决定一个行为正确与否时，行为的效果并非唯一需要考虑的因素

审视我们实际生活中的一些例子，可以发现：最佳效果的行为并不一定总是正确的行为；而正确的行为，也并非总是最佳效果的行为。在许多情况下，我们还需要考虑行为的动机等其他一些因素。比如，一位医生自愿去非洲农村，义务帮助那里贫困的人，但无意中将一种传染病带给了当地居民。他的行为所造成的效果不好，但由于动机是好的，因此，我们很难说他的行为是不道德的。还有一个作弊的例子，假设一个学生在写期末论文时可以通过抄袭获得好成绩而不被发现，这门功课也不是他的主课，即使他作弊，也不会影响他将来的发展。而且由于抄袭，他还节省了大量的时间，从而使他的主课考试获得了更好的成绩。由于没有人知道他抄袭的事情，使得他的老师、朋友、父母也很高兴。这样，按照行为效用主义的思维方式，他必须作弊，因为这样能增加一些人的幸福。但他作弊的行为又显然是错误的，因为这使得期末论文的考核变得不公平，有违我们公平和正义的道德观念。但如果我们仅仅只考虑行为的效果，则作弊的错误行为有可能被说成是正确的。这些例子说明行为的效果并非我们决定一个行为道德属性的唯一因素。

（6）快乐并非唯一有内在价值的欲求对象

传统效用主义学说都预设了人类趋乐避害的本性。边沁认为快乐是唯一有价值的可欲求的对象，其他都是达到这一目的的手段。穆勒认为大众幸福是唯一有终极价值的东西，而幸福就是快乐的获得和痛苦的免除。传统的行

为效用主义者也都将快乐看成是世界上唯一有内在价值的和值得欲求的东西。这一看法似乎和我们的直觉会有冲突，比如很多人也认为知识、真理、美等也具有内在的终极价值，也是自身值得追求的东西。诺奇克（Robert Nozick）以"快乐机"的例子来反驳传统效用主义的上述看法。[①] 诺奇克认为，如果快乐真的就是人类所期望的唯一的终极价值，那么我们就应该选择和这部机器度过一生。但我们绝大多数人都不愿意选择这样的生活，因为它给我们的生活是虚假的、不真实的。如果我们将自己的一生交给这部机器，无疑等于选择了某种形式的慢性自杀。

（7）破坏个人行为的"完整性"

社会价值是多元的，每个人在实践行动中也各有各的偏好和取舍，这些偏好和取舍构成了我们的个性，但是它们有时并不一定符合效用原则的要求，因此，行为效用主义片面强调效用最大化，可能导致我们的行为与我们自己的态度和意图无关，从而破坏个人行为的完整性。[②]

针对上述批评，有些是可以很容易解决的，比如医生的例子，行为效用主义可以说尽管医生的行为实际上造成了不好的后果，但公开肯定他行善的行为，表扬他的动机，可以鼓励更多的人去行善，"榜样的力量是无穷的"，因而，从总体上来说，肯定他的行为是道德的，可以给社会带来更大的效用。但针对其他批评，则需要对行为效用主义进行修正和补充才能回答。许多效用主义者也纷纷就这些批评做出回应。

罗尔斯就主张将道德的最终目的定义为对社会中所有个人的理性愿望的最大满足。并将效用原则重新定义为：一个行为是道德的，当且仅当，在各种可能的选择中，它能够使社会中尽可能多的个人的理性愿望得到最大的满

---

① 快乐机，即假定科学家设计出了一台使人快乐的机器，只要将人的大脑和许多可以刺激大脑的电极连接起来，这台机器就可以让你犹如身临其境般地感到你在度假、谈恋爱等令你愉快的事情，虽然你实际上只是躺在一个容器里。假设你每隔两年都可以重新选择你的生活，你愿意一辈子和这部机器度过吗？引自 Robert Nozick. Anarchy, State, and Utopia. New York: Basic Book, 1974, P42-43.

② J.J.C. 斯马特、B. 威廉斯：《功利主义：赞成与反对》，牟斌译，北京：中国社会科学出版社，1992 年版，第 112-113 页。中译者把"integrity"译成"正直"，晋运峰将认为译成"完整性"更恰当。参见，晋运峰：《当代西方功利主义研究述评》，载《哲学动态》2010 第 10 期，第 57 页。

足。①"理性愿望"的满足区别于"快乐愿望"的满足，可以是追求知识、追求真理、追求美德愿望的满足。这样就可以避免诺奇克"快乐机"的诘难以及对行为效用主义主张"快乐是唯一具有内在价值的欲求对象"的批评。此外，由于愿望是理性的，故有理性的人不太可能将"超道德"的要求当成是日常的道德要求。因此，对于行为效用主义"超道德"的批评似乎也可以避免。但是，罗尔斯的此种主张也有其不足之处，有批评者认为这一理论的最大问题就是没有考虑到愿望的对象和愿望的内容。一个行为即使能满足大多数人的愿望要求，即使这些愿望和要求是理性的（即为了给社会带来最大的效用），也未必是道德的。比如，在纳粹时期的德国，即使我们假设迫害犹太人能够满足大多数德国人的愿望要求，即使我们假设这样做真能增加社会的效用，但这种行为依然是不正确的。②

针对这些批评，巴卡洛（Emmett Barcalow）提出"否定性行为效用主义（negative act utilitarianism）"理论，即：一个行为在某个情景中是道德的，当且仅当，采取该行为在此情景中可以增加社会的福祉。其理论的特点在于：首先，它不要求所有可能的行为选项。其次，它也不要求最大限度地增加大众幸福，只要能增加社会总体的幸福或福祉就是道德的行为。这两个特点可以使其避免"超道德"的批评。第三，它对幸福的解释是外在主义的，将幸福理解为福祉，这样，它可以根据事实上"作弊者"是否侵犯了他人的利益，而不是人们的主观状态来解释"作弊者"的行为为什么是不道德的，从而可以避免"作弊者的诘难"。最后，它强调道德的行为是不要减少社会的福祉，并且在增加社会总体福祉的过程中，不要去伤害他人（更不用说无辜的人），不要伤害社会，这似乎也是对"行为效用主义会忽视或否认个人正当的权利和利益"的批评的一种简单回应。

斯玛特也提出自己的主张——"极端的效用主义（extreme utilitarianism）"。他的理论主要有两个特征：（1）主张一个行为在某个情景中是道德的，若且为若，采取这一行为在该情景中最有可能对社会产生最大的效用。（2）接受日常道德规则在决定一个行为道德与否中的作用。其中的第一个特征，使斯玛

---

① John Rawls. "Classical Utilitarianism." A Theory of Justice. Cambridge, MA: Harvard University Press, 1971, P23-27.

② 陈真：《当代西方规范伦理学》，南京：南京师范大学出版社，2006 年版，第 73 页。

特的理论与规则效用主义区别开来。而第二个特征，接受日常道德规则的作用，可以使行为效用主义避免做出违背常识道德的行为的批评。正如斯玛特所言，"我们可以使自己习惯于按照像遵守诺言这样的常识道德规则而行动，因为我们相信按照这些规则通常可以带来较好的结果，而且我们也知道，我们没有时间去一一计算个别行为结果的好坏"①。在实际生活中，人们经常必须自然且快速的行动，因而，当然无法在每个情境中都能做到必要的计算以决定何种行为是正确的。然而，人们会从过去的历史经验中学习到许多行为的倾向，知道某些类型的行为大致会产生什么样的结果。因此，人们可以归纳出一些简便规则（如一般而言不可说谎、不可伤害人等），在正常情况下，个人的行为如果合乎这些规则的要求，通常会产生最好的结果，所以这些规则可以作为一般人日常生活的行为指引，而对的行为仍然是能导致最大效用的行为。

但斯玛特对日常道德规则的接受只是有条件的接受，他将日常道德规则看成是一种"经验规则（rules of thumb）"，并主张，只要行为者有充分的理由相信，不按照经验规则可以产生更多、更好的效果，这些规则便随时可以被推翻、违反。打个比方：行为效用主义看待经验规则，就只不过是一个考古人类学家观察一个原始部落的道德规范一样，虽然在大多数的情况下都会加以尊重，但毕竟是从一个外部的观点加以理解，而并非加以"内化（internalize）"成为自己所认同的规则。毕竟，行为的是非对错仍完全由效用原则来决定。斯玛特的理论在许多方面表现出某种"准"规则效用主义的特征，但又不同于规则效用主义。他反对规则效用主义，认为只是经过效用原则辩护的规则也不能成为判断行为道德属性的独立依据。但我们仍可以看出，现代行为效用主义理论，已经在很大程度上对规则做出了让步。行为效用主义对道德规则的态度与规则效用主义的一个重要不同之处在于，规则效用主义坚持认为，即使知道在特殊的情况下服从准则会带来坏的后果，也应当遵守最佳的普遍准则；行为效用主义则主张一种更为灵活的态度，为了更好的后果，可以抛弃对日常道德规则的遵守。

对行为效用主义最有力的辩护，当属英国哲学家黑尔（R.M.Hare），就连规则效用主义最主要的代表人物布兰特也称赞黑尔关于伦理学的著作，"是自

---

① J.J.C.Smart and Bernard Williams. Utilitarianism: For and Against[M]. Cambridge[Eng.]: Cambridge University Press,1973, P42.

亨利·西季威克以来对效用主义的最重要和精妙的表述与捍卫"[1]。黑尔所提出的是一种间接的行为效用主义理论,他从道德语言学的角度出发,将道德思维分为直觉层面和批判层面的两层思维体系,来解决行为效用主义所面临的问题。第一层是"直觉层面",其应用于实际的道德思考中,行为者可以通过受教育习得多种一般的道德规则,并可以直接应用这些规则指导自己的行为,但是这些一般的道德规则之间可能会产生冲突;第二层是"批判层面",其应用于对直觉层面的一般道德规则的反思,当一具体情境中可适用两条或者多条一般道德规则时,行为者可以通过对信息、知识的充分掌握获得无偏私的普遍原则,并可以这种普遍原则为标准来比较直觉层面的各种一般道德规则所可能产生的效用大小,进而选择出可接受的使效用最大化的规则,并通过教育使这种道德规则在直觉层面发挥具体指导作用[2]。因此,依照黑尔的理论,通常人们在日常行为中,只需遵守直觉层面的一般道德规则即可,只有当一般道德规则产生冲突的时候,我们才需要运用批判层面的反思来决定取舍。效用原则对个人行为只是发挥一种间接指导的作用,一般的道德规则的基础仍然是效用原则,道德思考的模式是效用主义的。

在黑尔的间接行为效用主义理论中,最大效用原则只是在批判层面发挥作用,而处在批判层面的行为者往往具有充分的信息、知识,因而可以对效用的大小进行准确计算。而直觉层面的行为者通过批判层面的反思早已知悉在各种情境下应该遵守的道德规则,行为者并不需要在行动前再对每种行为所产生的效用一一进行计算。因此,行为效用主义者在面对溺水者的呼救之时会遵守早已知悉的一般常识道德去立刻救人,而不是进行可笑的效用计算。虽然处在批判层面的行为者为了追求道德原则的普遍性需要去除自己的理想,但黑尔认为这只能说明普遍的道德原则是无偏私的,并且以所有人的理想为基础而不受特殊个人的理想的影响的要求也并不意味着一定要放弃特殊的个人理想,因为在批判层面对所有理想的无偏私的考察要求平等考量每个特殊个人的理想,并且在直觉层面的具体行动中,若特殊个人的理想没有影响到

---

① R.B.Brant. Act-Utilitarianism and Metaethics, in Hare and Critics[C], Douglas Seanor and N. Fotion(ed.), Oxford: Clarendon Press, 1988, P27.

② R.M.Hare, Moral Thinking: Its Levels, Method, and Point, New York: Oxford University Press, 1981, P26-43.

其他人的利益，就应该鼓励特殊个人对这种理想的追求。① 由此可知，在黑尔的理论中，个人的完整性并没有受到侵害。

此外，黑尔的两层道德思维体系和合理的道德推理主张，可作为我们实施道德教育的重要参考。在道德教育上，既承认初步原则的必要性，同时也要理解到批判原则的重要性，因此，要慎选道德教材，让学生能有机会透过道德问题的团体讨论，诉诸逻辑与事实，并运用想象力以感受行为相关者的倾向和利益，培养学生在面对不同情境时，能做出符合规约性和可普遍性的道德判断。如此，学生的道德推理能力或许能获得提升。

针对行为效用主义所遭受的批评，行为效用主义者们提出了自己的观点进行回应，在辩论中，使得一些批评得以化解，但行为效用主义仍然有其避免不了的根本的缺陷：即前面列举的第三个批评，行为效用主义主张采取能够带来最大效用的行为，如此可能会允许行为者为了整体的更大的效用而损害一部分人的正当权力和利益，导致个人正当的权利和利益的忽视或否认。"否定性行为效用主义"对此问题的回应比较简单，它将幸福定义为外在主义的福祉，强调道德的行为是不要减少社会的福祉，并且在增加社会总体福祉的过程中，不要去伤害其他无辜的人。间接的行为效用主义对此问题提出了更为有利的辩护，以"杀一救五"为例，他们认为处在批判层面的作为具有充分信息和知识的效用主义者肯定会认识到：假如允许牺牲一个健康且无辜的人以挽救其他五人，这种随意侵害个体生命权的行为以及随之对人们正义观念造成的冲击，必然产生更大的社会危害。所以，不会允许为了更大的利益而对无辜者进行随意的侵害。

4.2.2 规则效用主义

诚如上述，由于行为效用主义会产生一些缺失，有些学者便针对效用主义做一些修正而加以改善，主张虽然权衡幸福是最终的道德标准，但追求幸福的方法是间接的，规则效用主义遂应运而生。规则效用主义不直接将效用原则运用于特殊的行为，而是将其运用于检验道德规则的正当性，然后再以

---

① R. M. Hare. "Ethical Theory and Utilitarianism", in Amartya Sen and Bernard Williams (eds.), Utilitarianism and Beyond, Cambridge, New York: Cambridge University Press, 1982, P29.

这些道德规则作为判断具体行为的标准。根据学者们对规则效用主义的定义，可将其归结为：在相同情境下，在所有可供选择的行为中，哪一种行为规则能产生较大的普遍效用，则该行为就是对的。① 规则效用主义的发展是沿着三条思路展开的。第一条思路是保持效用原则的不变，通过诉诸经验规则的办法来解决行为效用主义所遇到的问题。沿着这条思路发展起来的规则效用主义被称为"简单规则效用主义"，它和行为效用主义没有根本的区别，所以，也无法避免行为效用主义所遇到的根本问题。第二条思路是试图将效用主义和康德的义务论结合起来，以霍斯伯斯的理论为代表，希望通过效用原则和义务论原则的互补来避免行为效用主义的问题。第三条是整体论的思路，也就是布兰特的规则效用主义，他主张将一个社会接受一种道德体系所产生的效用和接受与其竞争的道德体系所产生的效用相比较，能够产生最大的幸福或福祉的道德体系就是我们决定一个具体行为道德与否的根据。

一、简单规则效用主义

费尔德曼（Fred Feldman）将简单的规则效用主义定义为：一个行为在某个情境中是道德的，若且为若，（1）它是一个正确的道德规则所要求的；（2）一个道德规则是正确的，若且为若，在所有可供选择的规则中，普遍遵守该规则能够在社会中产生最大的效用。② 它与行为效用主义的区别表现在：简单的规则效用主义不是直接根据效用原则判断一个行为正确与否，而是根据被效用原则证明的正确规则来判断一个行为的正确与否。

简单规则效用主义通过诉诸经验规则的办法似乎可以解决行为效用主义所面临的一些困难，但许多哲学家对简单规则效用主义进行详细分析后发现，将简单规则效用主义运用于具体行为时，它会产生和行为效用主义一样的结论。这个问题被称为"外延等值的问题"③。我们可以从两方面来理解这个问题：首先，一个规则是否合理、是否得到证明，需要和其他可以运用于当时情况

---

① J.J.C.Smart and Bernard Williams. Utilitarianism: For and Against[M]. Cambridge[Eng.]: Cambridge University Press,1973, P9. 和 Richard B. Brandt . Morality, Utilitarianism, and Rights[M]. Cambridge: Cambridge University Press, 1992, P115. 中都是这样定义的。

② Fred Feldman. Introductory Ethics. N.J.: Prentice-Hall, 1978, P 63.

③ Fred Feldman. Introductory Ethics. N.J.: Prentice-Hall, 1978, P65.

的规则相竞争，看普遍遵守哪条规则可以获得最大的社会效用。而在任何情况下，所有道德规则似乎都要面临与效用原则竞争，而我们似乎有理由相信，效用原则将会击败其他原则。因此，经过证明的只能是效用原则。其次，任何规则似乎都应该允许有例外。以"不说谎话"这一规则为例，假如说谎可以拯救无辜者的生命，而又不产生其他副作用，则此时说谎可以作为一个例外。但怎样决定一个规则在什么情况下可以允许例外，什么情况下不允许例外，根据行为效用主义的思想，我们似乎必须诉诸效用原则，这样，凡是遵守一个规则产生了和效用原则相冲突的结果时，我们都可以违反该规则，都可以作为该规则的例外。这样，任何规则都可以表述为："遵守该规则，除非不遵守该规则可产生更大的社会效用。"这条规则和斯玛特的行为效用主义对待日常道德规则的立场是一样的。如此，简单规则效用主义和行为效用主义在运用于实际情况时没有任何区别，后者无法避免的问题，前者同样无法避免。

二、霍斯伯斯的规则效用主义

简单规则效用主义无法避免行为效用主义所面临的问题的核心原因在于它没有说明经过证明的规则和效用原则之间的关系。怎么解决这个问题呢？一般来说，效用主义所具有的问题，义务论可以避免，而义务论所具有的问题，效用主义可以避免。霍斯伯斯（John Hospers）将效用主义和康德的义务论结合起来，通过对一个行为所隐含的规则，进行效用主义的普遍化，然后将其看成是独立于效用原则的规则，从而避免行为效用主义、简单规则效用主义的问题。他说道："在道德生活中，每一个行为都受某个规则的支配。而我们判断该行为的正确与否不是根据该行为的效果，而是根据它的普遍化的效果，即根据采纳支配该行为的规则的效果。"[1]

按照康德的观点，一个行为正确与否和行为或行为所隐含的行为原则能否普遍化有关，而与行为的后果无关。而霍斯伯斯则认为行为的普遍化需要考虑普遍采纳该行为的后果。我们可以将霍斯伯斯的规则效用主义表述为：一个行为是道德的，若且为若，（1）它是一个被证明正确的道德规则所要求的；（2）一个规则被证明正确，若且为若，人们普遍采用和遵守这个规则的社会效果比不采用和遵守这个规则的社会效果要好；（3）一旦一个规则被证明正确，

---

① John Hospers. "Rule-Utilitarianism. "Louis Pojman, ed. Ethical Theory. CA: Wadsworth, 2002, P204.

他可以为一个行为提供独立的道德依据或道德证明，无须考虑该行为在具体情况下的社会效果。举例来说，假设一座城市因缺水做出规定：不许每天洗澡，不许浇灌自家花园。然而，只是我一个人违反规定，其后果也不至于对整个城市缺水造成什么影响。从效用主义来看，我的这一个别行为没有明显后果可以证明它是不道德的，但是，如果每个人都这么做，则将加剧城市缺水的困难，造成不好的后果。因此，我的行为是错误的。我的行为是错误的，不是因为我的行为的后果不好，而是因为每个人都像我这样做的后果不好。

简单规则效用主义之所以无法解决"外延等值问题"，在于为了决定什么情况下允许一个行为成为一个规则的例外，似乎只能依据效用原则对其效果做出判断。这样，它就会产生和行为效用主义一样的结论，因而无法和行为效用主义相区别。但霍斯伯斯只考虑规则的后果，而不考虑具体行为的后果，任何规则一经产生就不应有例外，只有是否适用的问题。他将例外情况放进规则里面，用独立的规则说明在什么情况下，更为一般的规则为什么不适用于此情景。比如，"不许杀人"这条规则所规定的不许杀人不仅包括无辜的人，也包括罪犯。但在不杀死罪犯就无法保护自己和其他无辜的人的情况下，则杀死犯罪分子似乎就是"不许杀人"的一个例外。霍斯伯斯将这种例外表述为一个人们普遍遵守的规则，即"不许杀人，除非正当防卫"。当然，这种具体条件下的"例外"行为是否能表达为一条规则取决于它是否能够普遍化。人们根据这一行为普遍化后的效果，而非根据其具体条件下的效果，按照效用原则，来判断是否可以将这种行为表达为一个普遍的规则，例如"不许杀人，除非正当防卫"是满足这一要求的。根据霍斯伯斯的说法，这不是"不许杀人"规则的例外情况，而是一条独立的规则，它告诉我们，在什么情况下，"不许杀人的规则不适用"。通常我们只需要记住"不许杀人"的规则，而无须记住各种带具体情况的规则。①霍斯伯斯认为，通过"不许杀人，除非正当防卫"的具体规则，可以解决康德义务论所无法解决的规则的例外问题，同时也可以避免简单规则效用主义的"外延等值问题"。

霍斯伯斯采取了一个效用主义的普遍化原则："如果每个人在相同情况下都遵循这条规则，结果会怎样？"因此有学者指出，天下没有两片完全相同的

---

① John Hospers. "Rule-Utilitarianism. "Louis Pojman, ed. Ethical Theory. CA: Wadsworth, 2002, P208-209.

树叶，各种具体行为的情形不可能完全一样。通过这种普遍化所得到的规则很可能仅适用于一种特殊的情况，而不适用于其他情况。如此，这些规则将很难应用和推广。还有一个问题就是，霍斯伯斯将例外放进规则，这样虽然可以避免"外延等值问题"，但会导致规则太多或太具体以至于难以记忆和应用的问题。规则太多，似乎等于没有规则。

针对第一个问题，霍斯伯斯的回答是，我们对具体情况只需考虑与道德有关的相似性。比如，甲离婚是正确的（我们可以得到一个适用于甲的道德规则），那么乙离婚是否也是正确的呢（即甲的规则是否也适用于乙呢）？取决于乙是否和甲处于相似的情况。他们情况的相似与否要看和道德问题是否相关。比如，他们的身高、长相是否相似和道德问题就无关。[①] 而甲和其妻性情水火不容，而乙和他妻子有事还可以商量，那么这一差别在道德上就是相关的。那怎样决定什么是相关的条件呢？决定的标准为何？霍斯伯斯认为，可以在规则中将相关性的条件表述出来。比如，"为了挽救别人的生命，可以说谎"，则是否为了救人一命就成为决定两种情况是否相似的条件。当我们比较相关性时应详细到什么程度呢？霍斯伯斯认为，如果具体的细节的后果和省去这些细节的后果不一样，这些具体细节道德上就是相关的，也就是根据社会效果来决定细节的相关性。[②]

针对第二个问题，霍斯伯斯的回答是，我们可以记住一条总的规则："如果每个人都遵循这条规则，效果会怎样？"如果遵循这条规则的社会效果比遵循与其竞争的规则的社会效果要好，则这条规则就是一条好的规则。但这样的回答难以令人满意，因为在具体的情况下，究竟应该遵守怎样的规则依然不清楚。

三、布兰特的规则效用主义

从前面的分析可以知道，简单规则效用主义将具体的规则和效用原则相竞争，导致出现了"外延等值问题"，即可能从局部看，效用最大化了，但从整体上看，社会的整体效用却小了。霍斯伯斯的规则效用主义在某种程度

---

① John Hospers. "Rule-Utilitarianism. "Louis Pojman, ed. Ethical Theory. CA: Wadsworth, 2002, P207.

② John Hospers. "Rule-Utilitarianism. "Louis Pojman, ed. Ethical Theory. CA: Wadsworth, 2002, P207-208.

上也有这个问题，即仅仅考虑具体规则的辩护问题，而具体的情形千差万别，如果要尽述这些规则就会导致规则太多的问题。而布兰特试图从总体上考虑一个道德体系的效用主义辩护，他希望这种整体主义的思路可以避免以往效用主义的种种问题。布兰特认为："一个行为是否道德取决于它是否为它所处的社会的理想的道德体系所允许，能够获致最大普遍接受的效用的道德体系就是这个社会理想的道德体系。"[①] 理想的道德体系必须满足如下四个条件：1. 它是一个"理想的"道德体系。要确定哪种道德体系是理想的，需以整个社会的制度背景为基础，并从社会长远发展的角度来判定道德体系的效用大小。2. 它是在某个社会被普遍接受的道德体系。一个道德体系在一个社会中是被普遍接受的，当且仅当该社会中的绝大多数成年人认可它的每条规则并相信该社会中绝大多数的成员也认可它的每条规则。3. 它在该社会中被普遍接受所产生的效用要比他的竞争者被接受所产生的效用要大。布兰特在此提出了一个"普遍接受的效用"[②] 的概念，用以衡量和评价不同的道德体系。4. 在遵守理想的道德体系过程中应允许特例的出现。因为在某些特殊情况下，遵守理想道德体系中的规范会对社会总体效用造成极大损害，这时若仍遵守这些规则，将与效用原则相违背。

　　对于行为效用主义所面临的问题，布兰特的规则功利主义似乎能给出更具说服力的解释。由于布兰特所主张的是遵循以充分信息为基础的理想的道德体系，而不是具体行为的效用大小，所以行为者不需要在行为前进行复杂的效用计算；而且布兰特承认例外的存在，即在某些极端情况下，如果行为者有与效用原则不同的意图的话，可以把这种情况视为例外来对待。理想的道德体系允许例外的出现，并把例外情况视为对体系本身的限制，所以布兰特的理论也不会侵犯个人的完整性。简单规则效用主义导致和行为效用主义一样的推论是因为它将各种规则看成是从属于、服从于效用原则的规则，这

---

① Richard B. Brandt. "The Real and Alleged Problems of Utilitarianism", The Hastings Center Report, Vol. 13, No. 2, 1993, P38.

② 一个道德体系的"普遍接受的效用"就是当其被一个社会所普遍接受时所产生的人均的效用，一个道德体系的人均效用是该体系在被一个社会普遍接受后所产生的总效用除以该社会总人口数之的结果。参见 Fred Feldman. Introductory Ethics. N.J.: Prentice-Hall, 1978, pp. 68.

使它和行为效用主义一样，只有一个基本的道德原则，即效用原则。正如前文所述，单纯依靠效用原则会产生许多违反我们常识道德的反例，如果真的按照这一规则行事，会造成许多道德混乱和困惑，不利于社会福祉的增加。这样的原则也不可能为社会中绝大多数成年人所认可。因此，按照布兰特的理论，行为效用主义不是一个社会理想的道德体系。这样，布兰特的规则效用主义不可能推出与行为效用主义一样的结论，从而可以避免"外延等值问题"。

面对行为效用主义最主要的批评，即行为效用主义可能为了整体的更大的效用而允许行为者损害部分人（甚至是无辜者）正当权利或利益，布兰特通过对"实践"与"特殊行为"的区分来加以回应。[①] 他认为，"实践"是先于特殊的行为而存在的一般道德规则体系，它以效用最大化为基础，构筑了社会的各种制度，而"特殊行为"不能直接以最大效用原则为基础，只能以"实践"为基础。例如，法官的审判这一特殊行为的基础只能是作为实践的社会现存法律制度而非直接的效用原则，而法律制度必须始终坚持正义原则才可以使社会获得整体的、长期的效用最大化，因此，法官的审判必须始终遵循以实践为基础的正义原则，不能为了在某一具体情形下获得较大效用而牺牲无辜者的利益。如此，布兰特的规则效用主义不会要求行为者为了能够获致较大的社会效用而随意牺牲少数者的正当权利和利益。由此来看，相比黑尔的理论，似乎布兰特的解释更有说服力。

当然，布兰特的理论也并非完美无缺。例如，布兰特关于"社会"这一概念没有给予明确界定。由于我们可以按照不同的标准来划分社会，如"美国社会""中国社会""城市社会""农村社会""古代社会""现代社会"。同一个行为可以发生在不同的社会，我们如何确定该行为发生在哪个社会呢？而且对于不同的社会，有可能产生不同的理想的道德体系。这样，对同一个行为我们可以产生不同的甚至是冲突的道德评价，这会给我们造成思想混乱。[②] 此外，由于布兰特的理想的道德体系并不必然是现实中被人们所实际遵守的道德体系，这样，就存在着理想的道德体系和现实体系的冲突。冲突如何解决，布兰特并未给予有力解释。

---

① John Rawls, "Two Concepts of Rules", in Michael D. Bayles (ed.), Contemporary Utilitarianism, Gloucester, Mass.: Peter Smith, 1978, P59.

② Fred Feldman. Introductory Ethics. N.J.: Prentice-Hall, 1978, P70-71.

综上，行为效用主义与规则效用主义究竟哪一种形式更合理，目前学界尚无定论，两种观点都有非常著名的学者支持。就目前研究成果来看，由于规则效用主义试图和义务论的某些思想结合起来，因此，相比行为效用主义，它的问题似乎较少，对效用主义所面临的各种批评也能提供更为有力的解释。所以，效用主义在当代仍具有很强的生命力，尤其是在应用伦理学领域有广阔的应用前景[①]，值得我们继续进行深入研究。

综合上述，行为效用主义和规则效用主义可说是目的相同，但达成目的的方式相异。相同之处在于两者都主张道德的目的在促进最大效用的实现；其相异点则可从行为对错的判断标准及对规则的看法来论述。具体而言，上述两种不同类型的效用主义主张各有其利弊，行为效用主义因与古典效用主义理论有着较多的相似之处，所以在理论论争中遭受较多的批评，但行为效用主义在解决道德冲突时，却因其简便灵活而具有独特魅力。对行为效用主义理论的反对一直是效用主义讨论的主要问题，但是在不同的阶段，反对者所使用的理论工具、所着眼的角度不同。现代效用主义伦理学大多从不同的方面对纯粹的行为效用主义理论以及古典效用主义理论做出了修正，但不论采取哪一种形式，其效用主义的理论性质都是相同的、一致的，维护和发展效用主义伦理思想是他们共同的宗旨，从这一终极意义上来说，他们的分歧只是理论形式或风格上的，而不是实质立场的。较为务实的做法是承认由于人类事务的复杂与多元，因此也需要多面向的道德哲学，以帮助我们在面对各种不同的情境时来做思辨及剖析。特别是，几乎所有的理论都有缺陷，效用主义理论由于其基本原则的简单性，再加上经过当代学者的修正和发展，能够为个人行为的合理性提供颇为有力的解释。[②] 因此，最终我们仍会以最大效用为目标来考量，并顾及我们的道德直觉，这些全都是道德慎思和行动的一部分。

---

① Philip Pettit. "Introduction. " Philip Pettit, ed. Consequentialism. England: Dartmouth, 1993, xvii-xviii.

② 晋运峰：《当代西方功利主义研究述评》，载《哲学动态》2010 第 10 期，第 61 页。

4.3 效用主义与反对理论的论争

从 20 世纪五六十年代开始全面发展的现代效用主义伦理学，对规范伦理学乃至整个伦理学领域产生了重大的影响。当时的大部分伦理学家不论是否持有效用主义观点，都不得不承认效用主义在伦理学中占据着中心地位，正如哈佛的学者斯坎伦所言："效用主义在道德哲学中所占据的地位，竟使人们若想回避就必须去反对它。"① 人们之所以广泛地诉诸效用主义，"主要是由于他们在说明对立观点的基础方面有困难"，因此，建立一种可以成功替代效用主义道德推理的理论，才有可能真正地反对效用主义伦理理论。在众多学者的尝试中，罗尔斯提出了建立在契约论基础上的道德推理模式来反对效用主义，其他的如权利理论、德行伦理学都是在这方面的理论常识。这使得现代效用主义理论论争异常丰富多彩。

现代效用主义与反对理论的论争，采取的是理论上的探讨形式，如使用特殊情境下道德选择困境的事例。这种争论较为缓和，不像穆勒时代的论战那样激烈，互相攻击和谩骂。各种反对效用主义的理论也自成体系、各有所据，在理论的彼此论争中，双方的理论都形成了一定的规模和体系，反对观点的系统化和完善化在构成巨大的理论威胁的同时，也成为一个巨大的推动力，推动了效用主义理论自身的进一步精致化和合理化。本研究限于篇幅和关注问题的局限，主要探讨其中最具代表性同时也是影响最大的两种反对理论。

4.3.1 罗尔斯的正义理论

效用主义主张行为的对错取决于其结果能否增进社会的总体效用，而非行为的内在特性，此种主张让许多人无法接受。在质疑效用主义的论述中，正义的理念一直是最强而有力的，就连穆勒当年也承认："在一切思辨时代，阻碍人们接受'效用'或'幸福'是检验行为对错的标准这一学说的最大障碍之一，始终来自正义的观念。"② 不仅古典效用主义面临正义观念的挑战，现

---

① 德马科、福克斯等编：《现代世界伦理学新趋向》，石毓彬等译，北京：中国青年出版社，1990 年版，第 50 页。

② 穆勒：《效用主义》，徐大建译，上海：上海人民出版社，2008 年版，第 42 页。

代效用主义同样如此，其中最力有力的挑战来自罗尔斯的正义理论。

以 1971 年《正义论》的发表为标志，罗尔斯提出他的正义理论，突破了占支配地位数十年的元伦理学形式主义的局限，凸显了社会哲学理论的魅力，也使规范伦理学重新呈现活力。罗尔斯在其正义理论中也拒斥了传统的效用主义思维，指出传统效用主义的一些缺陷，如：在思维上过多地依赖于直觉主义；"最大多数人的最大幸福"不但会引起众多争议，而且会使自由主义转向社会主义；效用主义不能有效解决现代社会所凸显的分配正义等问题。但是罗尔斯并没有完全将效用主义理论弃之不顾，他是在与效用主义的对照中建立他的作为公平的正义理论的。这样做的主要原因是"效用主义理论的几种变化形式长期以来一直支配着我们的哲学传统。尽管效用主义很容易引起连续不断的怀疑和担心，它却始终占据着这样一种支配地位"①，因此，必须首先克服旧的效用主义理论的思维，建立一种能够与之相抗衡的替代理论。他希望在契约论的基础上建立一种可以替代效用主义的正义理论，其理论宗旨是论证符合正义原则的社会应当是什么样子的。他的理论放弃的是效用主义的论式，而转向康德式的理性主义契约论的传统，这意味着当代自由主义的一次重要转折。

罗尔斯正义理论的主要观点是，主张所有的"社会首要善"都应被平等地分配，除非对一些或所有社会基本好处的不平等分配对最不利者有所助益，如自由、机会、收入和财富及自尊的基础等。罗尔斯首要善的理论，将首要的善当作是获得"积极的自由"的手段，给每个人以同等的机会实现自身的自由发展，中心不是在首要的善本身，而是在首要的善所提供的实际能力上。在这一点上，罗尔斯的观点与穆勒的自由主张有一定的相合之处，实际上都主张社会应当给个人创造出适宜的环境，以促进个人的自由发展。当然在理论的基础上，二者是不同的。罗尔斯的理论是建立在"最大最小值"原则的基础上的，就是指出在各种可供选择的行为中，每个行为都具有各种可能的后果，按最大最小值策略就是选择一种最有利的最坏的可能后果，以保证社会中最不利者的利益。效用主义者反对这一观点，认为如果推广运用这一原则，凡事从最坏的打算入手，会使人们在日常生活中顾虑重重、寸步难移。罗尔斯的理论假定了社会的原初状态作为正义原则产生的背景。在原初状态中，

---

① 罗尔斯：《正义论》，何怀宏、何包钢、廖申白译，北京：中国社会科学出版社，1998 年版，第 49 页。

人们都处于无知之幕的笼罩之下，其所做出的理性选择是最合乎正义原则的。由此他提出了正义的两项原则：第一是自由平等原则。即所有人都应当平等地享有最广泛的政治自由权，这种政治自由权以不妨害他人的同样自由为限度。第二是差别原则。涉及社会经济方面的再分配，其一，社会经济方面的不平等必须在符合正义原则的前提下，适合于社会中最不利者的最大利益。其二，所有的职位与工作在机会平等的条件下向社会中所有的人开放。在正义原则之中，罗尔斯又提出了两项优先原则，即自由优先的原则和正义优先于效率的原则。从实质上看，罗尔斯所提出的自由平等原则，在个人财产权、国家功能等方面的观点，一定程度上背离了古典自由主义的立场，而有了社会民主主义的倾向。而差别原则旨在照顾社会中最不利者的境遇，其实质是贯彻了康德的尊重个人的原则，用以矫正正义原则，但是，这又可能与最大限度地增进最大多数人的最大效用的效用主义目标相冲突，这正是正义论纠正效用主义理论所产生的社会后果的一种方式。资本主义市场自由竞争的负面效应是使社会中的不利者处于更为不利的境地，罗尔斯的理论在某种程度上可以说是致力于克服资本主义社会的这种消极后果，他不仅强调传统的自由平等原则，即每个人都享有与他人相容的最广泛的基本自由，而且坚持差别原则，官职和机会向所有人开放，要求社会保障最不利者，必须使不利者获得最大可能的利益。这种在平等自由权利的基础上照顾不利者的正义理论，反映了市场经济发展过程中都要遇到的基本问题，即完全的选择自由仍然可能造成不利者更加不利的困境，因此，必须要有相应的差别原则作为补充。

罗尔斯所指出的古典效用主义理论在分配和正义问题上的无能为力，已经由现代效用主义者、著名的福利经济学家、诺贝尔经济学奖获得者阿玛蒂亚·森的理论所证明。在森看来，古典效用主义者如边沁曾经提出，将行为所涉及的个人快乐加总起来，作为社会福利的一个度量标准，这种方法看似合理，但实际上追求个人的满足水平的极大化行为，忽略了人与人之间满足程度的分布状况，有可能导致一种"反公平现象"。按照森的理论，假设两个人的效用函数相同（两个人在知识、能力、健康状况等个体因素方面完全相同），而且假设每个人由于收入的增加所产生的边际效用满足水平是递减的，那么当两个人的满足水平相等的时候，他们的满足水平的加总是最大的，社会福利也会达到最大。但是，如果两个人的效用函数并不相同，比如一个是健康的人，一个是身有残疾或是社会中的其他不利者，因为在效率、技能等方面不及别人，后者能得到的满足程度只是前者的一半，这时如果要追求社会福利的最大化，那么不利者就会处于更为不利的境遇，他的总体满足水平也会减少。因此，森的理论表明，效用主义只考虑个人之间加总的满足水平的最大化，不考虑如何分配这些满足水平，因而在收入以及满足水平方面都有可能是有违公平的。森的研究与罗尔斯的理论在最终目的上是一致的，都说明了经济制度和公共政策的设计既应考虑经济效益也应考虑社会公正。

　　罗尔斯所持的是一种普遍的个人权力观，即"每个人都拥有一种基于正义之上的不可侵犯性，即使是以整个社会的福祉为名，也不能凌驾这种不可侵犯性之上。因此，正义否定为了让一些人分享更大的利益，因而让某些人失去自由是正当的；也不允许强迫牺牲少数人的利益，好让较多数的人享有更大的利益"[①]。整个正义理论就是以这种个人权利为基础而构筑的完整的理论体系。正义论指出了社会制度对于社会中的个体的深刻影响，并且从社会契约论角度假定每个人均参与选择建立制度的基本原则，要求从每个人的权利的角度引申出社会基本秩序。"无知之幕"的设定保证了基本原则的公正性和普遍性，排除个人的自身能力、状况、地位和偏好的影响，也排除了他人专断的统治和强制。罗尔斯试图使虚构的原初状态的普遍有效性经得起理性的反思。在原初状态中，个人唯一需要具备的就是对自身利益进行估算的理性能力，这样他在替自己选择的同时也就替社会中的所有人选择，是从普遍立场出发做出的选择，由此就达到了正义原则的普遍性。但是，问题在于，为什么人们基于普遍的立场就一定会选择罗尔斯所提出的原则呢？现代效用主义理论也批评罗尔斯的这一假设过多地关注一种不一定会发生的可能性。同样注重个人权利的美国哲学家诺齐克尖锐地批评差别原则，认为着意于确保社会最低受惠值的差别原则，具有平等主义的倾向，与其说是关注个人，不如说是关注群体。诺齐克支持的是一种最弱意义上的国家——它的唯一合法的功能在于保护权利不受侵犯，所有别的功能都是不合法的，因为它们本身涉及对权利的侵犯。[②] 罗尔斯与诺齐克的争论核心在于正义与权力之争。罗尔斯的正义理论和正义国家是适应第二次世界大战后西方国家普遍建立福利国家的要求的一种理论阐发，而诺齐克的权利理论和最弱意义的国家是与20世

[①] John Rawls, A Theory of Justice, Belknap Press of Harvard University Press, 1999, P3.

[②] 诺齐克：《无政府、国家和乌托邦》，何怀宏等译，北京：中国社会科学出版社，1991年版，第36页。

纪 80 年代以来西方国家中新保守主义的兴起相对应的，二者都是新自由主义理论。该理论的主题是正义，但是对于正义意味着什么，在其内部却存在着激烈的争论。另一种新兴的社会哲学理论——共同体主义（社群主义）则从另一个侧面对罗尔斯的新自由主义进行了批判，认为罗尔斯把个人的个体性和个人权利放到了不恰当的优先地位，在反对效用主义忽视人的独特性、个性的同时又偏向了另一个极端，忽视了社会群体的要求。从本质上说，这三方理论之间的论争既反映了现代西方社会在经济学中关于实施国家干预和实行自由放任的资本主义经济政策的分歧，也反映了西方社会对个体与群体、个人与社会之间的关系的反思。

罗尔斯的正义理论产生了广泛的影响。20 世纪 70 年代以来，北美、西欧兴起的各种族争取基本的平等权利的斗争、妇女争取平等权利的运动和社会福利运动，都或多或少受到他的理论的引导。罗尔斯的理论推动了社会福利政策的研究，促使政府更注重通过社会保险和社会福利制度照顾社会中的最不利者。在今天的世界，贫困问题仍是全人类所面临的最严峻的问题之一。财富与贫困问题也确实得到了经济学界以及其他社会科学领域的关注，且不论是否同意罗尔斯的观点，正义论在这方面的努力已经得到了社会的普遍认同。

在这种社会背景之下，现代效用主义伦理学理论对于罗尔斯针对古典效用主义理论提出的批评给予了特别的重视并做出了修正努力，现代效用主义伦理学中试图将罗尔斯的正义原则、平等原则作为基本的善加入自身理论的考虑之中。偏好效用主义理论就认为，至少可以提出两个理由来证明正义原则是现代效用主义中的应有之义：其一，从经济学角度上讲，根据所有的商品或收入的边际效用递减原理，同样的收入在富人和穷人那里所产生的效用是不同的，这表明，平等的方式更有助于社会总体效用的增加；其二，不平等会在某些较低收入阶层的人群中产生嫉妒、怨恨和仇富的心理，从而对社会的稳定和安全造成极大的危害，也就是说会产生极大的反效用效果。将这两个因素考虑在内，在现代效用主义者看来，分配上的公正平等也是促进最大多数人的最大幸福所必需的。当然，这只是在正义作为更好地实现效用最大化的手段意义上所做的调和。

4.3.2 几种关注个体性的理论

认为效用主义忽视个体的基本权利和基本精神、道德要求，这种观点在早期效用主义的反对者那里就已经出现，而现代论争中，反对者的理论获得了更为多样、更为精致的发展。从这一角度立论的观点大多认为，效用主义理论强调将快乐（边沁的理论）或是幸福（穆勒的理论）或是偏好的满足（偏好效用主义理论）看作衡量行为后果的价值标准，认为在理论中唯一起作用的是快乐、幸福或偏好满足的最大化，个人只不过作为它们的载体而起作用，个人之间的区别、个性、个人的各种利益、各种追求在这里是没有意义的；换言之，在效用主义理论中，人与人之间是可以互相替代的。个人之间之所以具有可替代性（replaceability）的特征，主要是因为效用主义价值理论是将快乐、幸福等价值与个人相区分，脱离具体的个人要求而进行不同个人之间的快乐、幸福或是满足的加总。权利理论称这种特征为"个人中性（person-neutral）"特征，在后果主义框架中称之为"行为者中性（agent-neutral）"。这些理论都主张建立一种"与个人相关的理论"或是"与行为者相关的理论"，以便切实地将一些与行为者个人有关的因素纳入道德的考量之中。但是在论及具体应当将哪些因素考虑在内的时候，这些理论又各有侧重，或者强调个人的不可侵犯的权利，或者强调其他的与个人相关的因素，如人的正直、人的各种精神追求、人所珍视的与他人之间的亲密关系。

从这一立场出发的反对效用主义的理论，包括权利理论、德行伦理学以及与后果主义论争中的行为者相关理论（agent-relative theory）。权利理论中既包括诺齐克的理论（主张维护人的自由权利），甚至在一定的意义上还包括罗尔斯的理论（主张维护人的基本的平等权利）。

权利是在当代的道德和政治理论中最为流行的一个术语，它的流行在一定程度上是出于对第二次世界大战期间法西斯主义滥用集体、种族的名义残酷迫害犹太人和被占领国家的人民，践踏个人的基本生存权利和尊严的历史事件的反思。从实质上说，权利理论反映了战后签署的人权宣言的主旨。权利理论的目的是期望从理论上阐释人的基本权利，并以个人权利的不可侵犯性来规范和制约个人和群体的行为。权利理论的著名代表人物有诺齐克和德沃金。其中，体现诺齐克权利理论观点的著作主要是《无政府、国家与乌托邦》一书，而德沃金的权利理论主要体现在其著作《认真对待权利》一书中。

在权利理论看来，个人拥有多种权利，一个人的某种权利实际上就是对其他人的行为施加限制。比如，一个人拥有生命权利实际上就是施加了其他人保有他生命的义务，即使是在他生命的结束能带来更大效用的后果的情况下也是如此。但是，权利理论最终常常诉诸道德直觉来确证权利，这种方式，一旦在人的道德直觉陷入相互冲突的境地时，便无法具体地付诸实践，这是权利理论易被攻击之处。因此，罗尔斯试图在契约论的基础上为权利理论寻求理论上的确证。他想说明的是，一群具有基本理性的、自利的公民，在原初状态下经过权衡，然后达成一致意见，认为社会制度应当尊重一些最基本的首要的权利，这就是个人的首要权利产生的原因。但是罗尔斯的理论是否具有普遍性仍是一个具有争议的问题，即使是在权利理论内部，对于这一问题也存在着分歧。

德沃金指出，人的绝对的基本权利即同样的对待和同样的尊重的权利，应当在社会决策、社会实践和公共立法中加以考虑，实际上，它们应当是限制后者的因素。权利的存在旨在对政府施加限制，给个人提供保护，以防止政府权力的滥用。因此，认真对待个人权利是政府是否认真对待法律的试金石。公民的基本权利，如言论的自由，尤其是不可侵犯的。德沃金的权利理论具有反效用主义意义上的强硬性，在他看来，即使政府是出于社会普遍利益的考虑，也不能剥夺或限制个人的权利。这与穆勒对个人权利的观点已经有了很大的差别。

诺齐克将权利看成是衡量个人行为和国家行为的根本道德标准。他认为，权利是一种对任何行为都始终有效的道德边际约束，也就是说，不管目的、动机如何，任何侵犯个人权利的行为或行为准则都不是正当的。权利不是作为所有行为趋向的目标，不是要经过各种行为相互平衡之后达到的一个不受损害的最小值，而是附着于所有行为之上，对行为本身而言提出的约束。[①] 不同人的权利彼此之间是不能相互比较的——每一个人都将自己的限制施加在所有人的行为之上，每个人的权利都是对他人行为的限制。个人的权利是不能以任何理由（包括福利、效用的理由）加以违反的。诺齐克强调的是：个人拥有权利，有些事情是任何他人或团体都不能对个人做的，做了就是侵犯他的权利。[②] 诺齐克所提出的是一种现代义务论体系，将康德理论与权利概念结合起来，反对任何从目的论角度看待个人权利的主张。

权利理论与效用主义理论分歧的实质在于，维护个人权利与追求效用的最大化之间在很多情况下都是不相容的。最极端的例子就是汤姆森（Judith Jarvis Thomson）著名的"器官移植（有时也称为'杀一救五'）"例子，将一

---

① 诺齐克：《无政府、国家和乌托邦》，北京：中国社会科学出版社，1995 年版，第 32 页。
② 诺齐克：《无政府、国家和乌托邦》，北京：中国社会科学出版社，1995 年版，第 1 页。

个健康的人杀死，并把他的器官分别分给其他五个人，以拯救这五个人的生命，这样做似乎是达到了效用的最大化，但这是一种非常残忍的行为，造成了对这个健康者个人权利的侵犯。这个例子清晰地表明效用主义理论可能导致对个人权利的忽视乃至极端的侵犯。

现代效用主义理论面对权利理论的挑战，一般有两个不同的回应方式。其一，通过怀疑权利理论所提出的权利的真实存在的可能性，进而化解权利理论的立论根基，指出在权利基础之上对效用主义所做的指责是没有说服力的。边沁所持的就是这样一种态度。在这种回应方式看来，权利理论在确立其权利概念时，往往是借助契约的约定、人们的赞许、道德直觉的自明性以及诉诸自然法，但是，权利理论所诉诸的这些基础都是可争议的，而不是确定无疑的。首先，就诉诸社会契约作为权利基础的理论而言，在近代有洛克、卢梭等人的社会契约论，现代有罗尔斯的正义理论，效用主义认为如果对契约论的基础做深层次的挖掘，可以发现它所诉诸的仍是社会的长远的幸福和利益，穆勒在对正义和自由原则的分析中已指出了这一点。其次，所谓自然权利理论，认为权利是先于社会制度而存在的，而不是与那个制度密切相关的，在效用主义看来，这一点本身就可以从不同社会的实际情况中得到反驳。再次，德沃金认为，他没有将权利建立在人的本性的基础上，只是认为，这种权利是"根本性的和自明的"，从中可以引申出其他的独立权利，简单地说，它是一个约定的权利。这样可以避免自然权利所受到的怀疑。[①] 但是，将权利建立在自明的基础上，也使权利理论所能涵盖的范围受到了限制，所以，效用主义认为，权利理论没有一个有说服力的理论基础，因而是不可信的。

其二，试图将个人权利的内涵建立在效用的基础之上，表明效用主义理论可以与人的基本的道德权利相容，从而确立效用主义的道德权利理论。这种态度秉承了穆勒在理论中所开创的对待异议的那种宽容和调和态度。事实上，无论是效用主义理论以何种形式加入对权利的考量，它与权利理论的根本区别仍旧是效用与权利之间哪一个是理论的基本因素、哪一个对行为的正当与否起决定性作用的问题。正如规则效用主义的各种理论仍会被认为最终陷入行为效用主义的窠臼，权利效用主义即使是承认权利在道德思考中起作用，承认的也只是作为实现效用的最大化（或是有害性的最小化）手段或工

---

① 德沃金：《认真对待权利》，北京：中国大百科全书出版社，1998 年版，第 55 页。

具的权利，仍是效用作为权利的基础。正是在这个意义上，诺齐克批评"权利效用主义"的理论以最大限度减少对权利的侵犯代替了一般效用主义理论中幸福总量的目标；权利效用主义还是会要求人们侵犯某人的权利，只要这样做能够最大限度地减少社会对权利侵犯的总量，即导致这个社会对权利的侵犯的一种最低值。[①] 诺齐克因而主张绝对地不可侵犯个人权利。但是，不可否认的是，试图将权利纳入到效用主义的道德思考中的努力也是有其积极意义的。即便是在特殊的情况下，权利仍不可能替代效用的作用，它也已经使效用主义道德学说在大多数的情况中增加了判断的合理性，就像规则效用主义使效用主义避免了行为效用主义所遭受的大部分指责和非议一样。权利效用主义主张最大限度地减少对权利的侵犯，这也是一个较为合理的主张，因为在完全不侵犯任何一个人的权利基础之上做出一项有利于社会整体、促进每个人的利益的社会决策是不可能的，这是任何一种社会决策都会面临的困境。从这一意义上说，权利效用主义理论认为它为自身所设计的"最小化侵犯"的修正具有一定的积极意义。

权利理论提出了个人权利的重要地位问题，德行伦理学[②] 则是从个人的内在德行角度对效用主义理论提出了反对意见。现代德行伦理学不仅反对效用主义，而且也反对权利理论和义务论等诸种理论。在他们看来，这些理论或者将德行看做是外在的东西，未能关注德行的内在性，或者是提出了一些似是而非的概念（如权利），而且都是以道德原则为中心的理论。

德行伦理学对效用主义的批判主要集中在两方面。其一，认为效用主义关注于行为者的行为，而忽视了与行为者本身相关的诸如行为者的计划、志向、完整性等因素。其二，认为效用主义这样以原则为基础的伦理学将德行完全外在化处理，不能适应现代社会的要求，德行伦理学的主要代表人物麦金泰尔、安斯库姆等人期望发展出一种关于道德个性和道德功能的共同体主义的观点，回归亚里士多德的传统，将道德重新看作是以德行为中心，抛弃以原则为中心的伦理理论。

威廉斯在他的《效用主义批判》一书中针对效用主义提出了"个人的道

[①] 诺齐克：《无政府、国家和乌托邦》，北京：中国社会科学出版社，1995年版，第37页。

[②] 近代效用主义和道义论的兴起曾经使源自古希腊的德行伦理学衰落，20世纪始获复兴，代表人物有安斯库姆、麦金泰尔、威廉斯、P. 福特等人。

德完整性"概念。他认为效用主义不能理解"完整性"的价值，它所能理解的价值只有幸福，这是非常浅薄的一种价值。"由于各种形式的效用主义过于放任自己无限制地使用不诚实的手段，它们已失去其效用主义的理性，而且已成为无生命力的各种形式的效用主义"。① 威廉斯提出两个事例来说明这一点，乔治的选择和吉姆的选择②，它们结构相似，在这里我们只讨论吉姆的例子。吉姆来到一个南美小镇，正好当地军人要处决抗议政府的印第安人。为了以示尊敬，军人头领乐于给吉姆亲手杀死一个印第安人的特权。如果吉姆接受这一要求，那么作为对他的特殊敬意，其他印第安人将被释放，但是这样做他自己将处于非常痛苦的自责之中。当然，如果吉姆拒绝这一要求，他就失去了这一特殊的机会。而且一旦吉姆说他不接受这一要求时，军人就会采取行动，把印第安人全部杀死。那些将被处决的印第安人和其他村民了解了这样的境遇后，他们定会恳求吉姆接受这一"殊荣"，并且从效用主义的角度来看，在这种情况下，吉姆应当选择杀死一个人以拯救其余 19 个人的生命。威廉斯却指出吉姆有理由拒绝杀人。因为，首先，他对自己亲自做的一件事情负有特殊的责任，而对其他人所做的事情或对于无法阻止别人去做此事不负有特殊的责任，效用主义过分要求个人必须为他没能阻止的行为负责任，这是一种"消极责任原则"，是效用主义判断最终诉诸"后果""事态"所必然引申的结论，正是这一结论破坏了个人道德品格的完整性。威廉斯在理论中是以道德完整性这一概念做为个人的内在品格的整体追求。从这一概念出发，他批评效用主义对个体的独立性和自我同一性漠不关心，对个体的个人目的、计划、情感、社会联系都漠不关心。

在效用主义看来，威廉斯的理论过于注重个人道德的纯洁，且过分自爱，以至于陷入道德上的自我沉溺，只关心自己道德品格的完整性，而不顾及他人的安危，不能牺牲自身的道德完整以拯救其他人的生命。效用主义者认为，德行伦理学理论仅仅关心使自己成为一个道德高尚的人，以提升个人的德行为行为的最终目的，因而最终也不能避免导向一些为人们所无法接受的结果。

① J. J. C. 斯玛特、B. 威廉斯：《功利主义：赞成与反对》，牟斌译，北京：中国社会科学出版社，1993 年版，第 79 页。

② J. J. C. 斯玛特、B. 威廉斯：《功利主义：赞成与反对》，牟斌译，北京：中国社会科学出版社，1993 年版，第 94-95 页。

　　之前提到的，诺齐克的"快乐机"的例子，也试图说明效用主义过于重视快乐和痛苦的体验，而忽视了体现在个体社会生活中的与行为者相关的其他的追求和感受。诺齐克指出，假定科学家设计出了一台使人快乐的机器，只要将人的大脑和许多可以刺激大脑的电极连接起来，这台机器就可以让你犹如身临其境般地感到你在度假、谈恋爱等令你愉快的事情，但是人们却不一定愿意一直待在这样一个机器里。因为，除了生活中的内在体验之外，还有很多别的值得我们追求的东西。首先，我们想做某些事情，而不只是想获得做这些事情的体验。其次，我们想以某种方式存在，想成为某种类型的人，勇敢、和善、聪明、富于情感等，这些说明个人是什么的特征对个人而言是很重要的，而体验机在某种程度上来说，只关心怎样打发个人的时间，而不关心人是什么的问题。而且，体验机将人限制在一个人造的虚幻世界里，个人无法接触到比人造事物更深刻、更重要的东西。与此类似，假定一种专门为人们创造想要的各种后果的"效果机"也是这样的。即便是快乐机能够给个人带来充分的内在体验，即便是效果机能够带来人们想要的结果，人们也不一定会安于让这种人造的生活代替真实的生活。这正说明效用主义所强调的后果和内在体验不能涵盖个人生活的全部，人不是单纯地促进最大幸福、最好后果的机器，个人首先要求的是成为某种类型的人，真实地度过自己的生命，个人的品质、生命的现实存在是不可忽视的东西，是真正使人感到幸福的东西。

　　经过现代效用主义者的修正和发展，这个问题已经解决。罗尔斯就主张将道德的最终目的定义为对社会中所有个人的理性愿望的最大满足。并将效用原则重新定义为：一个行为是道德的，当且仅当，在各种可能的选择中，它能够使社会中尽可能多的个人的理性愿望得到最大的满足。① "理性愿望"的满足区别于"快乐愿望"的满足，可以是追求知识、追求真理、追求美德愿望的满足，并不仅仅单纯是快乐或幸福的体验。这样就可以避免诺奇克"快乐机"的诘难。

　　无论是权利理论还是德行伦理学，它们所指出的，都是效用主义对效用之外的其他个人追求的忽视甚至侵犯，在这个意义上，效用主义可以称为"行为者中立的伦理学"，而上述反对理论都可以称为"以行为者为中心的伦理学"。

---

① John Rawls. "Classical Utilitarianism." A Theory of Justice. Cambridge, MA: Harvard University Press, 1971, P23-27.

反对理论提出的权利或德行概念，确实是道德思考中的重要成分，这一点效用主义也不能完全否认。效用主义理论对待"以行为者为中心的伦理学"的批评所采用的方式，从总体上看，是收敛了直接行为效用主义的思路，采用了间接的方式，在某种特殊的情况下，并不是在每一个情形之下都直接运用效用主义的计算，而是间接地遵循效用主义原则，兼顾了个人权利、德行的要求，因而在理论上更具有调和性的特点。

效用主义作为一种伦理思潮,可远溯至古希腊时期的伊壁鸠鲁学派。然而，首先明确提倡效用主义思想的是边沁，他不仅继承了前人有关效用主义的思想，更确立了效用主义伦理思想中最大幸福原则的基本框架。接着，效用主义的灵魂人物穆勒，从自己没有出版的作品以及一部分论文中，整理成一部小作品《效用主义》，并分成三部分连续发表于《Fraser》杂志，并在 1863 年出版。在《效用主义》一书中，穆勒正式提出效用主义（Utilitarianism）一词，并对边沁的效用原则做出修正和发展，力图将效用主义建立在对道德更全面的理解上。穆勒《效用主义》一书的出版，标志着效用主义由草创时期走向鼎盛时期。1873 年，西季威克在《形而上学学会》发表《效用主义》论文，第一次明确地陈述出他的效用主义立场，随后在他的《伦理学方法》著作中，对效用主义有一个广泛综合的论述。西季威克对效用主义的发展与修正有很大的贡献，连罗尔斯都赞誉有加。自从穆勒开始倡导效用主义后，以边沁和穆勒为代表的效用主义理论在英国就一直居于主流地位。

1903 年，摩尔发表《伦理学原理》，开启了 20 世纪对伦理学理论进行纯理论分析的元伦理学（meta-ethics）之门。元伦理学的兴起，让具有自然主义倾向的效用主义屡遭质疑和诘难，也显露出传统效用主义的衰落。然而，到了 20 世纪中期，由于元伦理学偏重对道德语言、逻辑的语言学之研究，使得伦理学理论脱离了社会现实，缺乏道德实践的指导意义，复以科学技术的进步，让社会经济得到空前的发展，为符合社会发展的客观需要，伦理学不能再停留于纯理论分析的框架中，因此，规范伦理学中的效用主义再次受到重视，并出现了以斯玛特和布兰特等学者为代表的"新效用主义"或"现代效用主义"，它们延续了效用主义的活力，使其至今仍是西方最具影响的伦理学类型之一。

在对效用主义的发展脉络以及主要思想做一梳理后，研究者接着对效用主义思想做一综合评析，以期能对效用主义有更清晰的理解。

效用主义伦理思想评析

效用主义是 18 世纪启蒙时代的产物，是一种以伦理思想为基础，包括法理学、政治学、经济学等多种学说，结合社会改革运动和伦理学的理论，主张政策和行为的对错应以结果的好坏为唯一的判断标准。其主要目的是要为当时英国社会的政治、经济、社会制度提供改革的思想原则与具体方案，以让人民能获得更大的幸福。因此，严格来说，效用主义兼具伦理学与政治哲学的成分。虽然效用主义者对于效用主义具有何种明确的作用、幸福是什么以及如何测量幸福等未有一致的看法，然而他们都同意，我们应以行为能否产生幸福的结果来做道德的评价。正如布兰特所指出，效用主义和道德概念间确实有一些关联，如果没有利用道德的概念，效用主义将无法被阐明[①]。

西方社会自启蒙运动后，教会的影响力式微，理性逐渐抬头，伦理学的理性系统为人们的社会改革和实践带来了无穷的希望。大体而言，作为规范伦理学主要论点之一的效用主义，一直影响着现代人们的生活，历年来哲学家和伦理学家的正反论述亦持续不休。在此，兹就效用主义的主要精神、效用主义的理论优势以及效用主义的道德观等三方面评析之。

5.1 效用主义的主要精神

每一种伦理思想无不想方设法来勾勒出伦理的全貌，企图以此理论来处

---

① Richard B. Brandt . Morality, Utilitarianism, and Rights[M]. Cambridge: Cambridge University Press, 1992, P111.

理人们所面临的各种伦理问题。然而，由于人类生活情境的错综复杂，迄今为止，仍旧没有哪种理论可以圆满解决人们所面临的所有道德难题。换言之，目前不同的伦理理论间仍持续争论着。

回溯18世纪时期的效用主义，它是一种社会改革运动和伦理学理论，认为行动的道德性应该以结果为唯一的判断标准，因此，效用主义的政治哲学成分大于伦理学。边沁所主张的效用原则，不仅适用于个人，而且也是社会制度和法律的指导原则，其目的就是要人们从事能够促进最大多数人最大幸福的活动。穆勒则从个人的道德信念是受到行为所能产生的幸福的内隐影响出发，来论述其效用主义的主张。穆勒的主张显然将偏向社会体系的效用主义引导至个人的伦理体系。另外，西季威克则指出，其所谓的效用主义，在伦理学理论下的意义是：在特定的环境下，客观的正确行为是整体上能产生最大幸福的行为，亦即所有会受到行为影响的存在物的幸福都必须加以考虑。再者，黑尔则利用两层的道德思维体系，来处理个人所面临的道德冲突，并以合理的道德推理程序，来说明其好恶取舍的效用主义立场等。综上所述，我们对于效用主义的探讨，可以说是从基于社会和法律制度的改革，转向至个人道德信念，再转向到当代各种形式的效用主义理论的论争。兹从最大幸福是人类道德行为的目的，结果是判断行为正确性的依据，理性是发展效用主义的基础以及普遍仁爱的情感是达成效用主义的方法等四方面，来说明效用主义的主要精神。

5.1.1 最大幸福是人类道德行为的目的

不同的学者虽然有各自不同的道德信念，但大家对道德目的的看法几乎是一致的，即道德的目的是维持人类社会的生存，增进人类的幸福[1]。即使是义务论伦理思想，其命令和人类福祉与效用主义伦理思想的主张也是一致的，只是在某些情况下，会因混淆不清的概念而和人类福祉产生冲突[2]。

其实，从古希腊时代的祈连学派和伊壁鸠鲁学派开始，就认为人生的自

---

[1] Louis P. Pojman. Ethics: discovering right and wrong[M]. Boston, MA: Wadsworth, Thomson Learning, 2002, P17.

[2] J.J.C.Smart and Bernard Williams. Utilitarianism: For and Against[M]. Cambridge: Cambridge University Press,1973, P5-6.

然倾向就是追求幸福、避免痛苦。在近代，英国的哈奇森主张，能创造最大多数人最大幸福的行动，才是最好的行动，而且我们能透过道德的计算，来衡量什么行动能产生最好的结果。边沁则从观察人类所经历的事实后宣称，他发现一条趋乐避苦的普遍人性规律，人类应当做什么的对错标准，与快乐和痛苦有紧密的联系。我们赞成或反对每一个行动，是根据行动会增大或减小利益相关者的幸福倾向来决定。①穆勒也表明，效用原则或最大幸福原则是道德的基础，意味着在道德上对的行为是倾向于增进我们的幸福，错的行为是倾向于产生与幸福相反的结果。②西季威克也指出，客观的正确行为是整体上能产生最大幸福的行为。③黑尔也认为，经由对道德推理的清楚认知后，我们会采取效用主义的立场，即道德判断的本质来自于人们的实质倾向和对实际利益的考量，我们要同等看待所有相关者的欲望，并寻求最大的满足。④

但这似乎更多的是古典效用主义理论在论证：快乐或幸福是最终的善，道德的要求就是去最大限度地促进快乐或是幸福。现代效用主义理论（以哈桑伊、森等为代表）大多是在福利、偏好的基础上做出了这种要求，导致了效用主义从古典的一元论向多元论的效用主义模式的转换，这些理论的尝试使效用主义原先的很多问题有了新的解决办法，如效用的计算、人际间效用的比较等。但这些理论都是以经济学为背景的，与哲学和伦理学相比，经济学更注重投入与产出的比例，在欲望、偏好、福利等诸概念的纠缠之中，道德本身的某些特征反而被边缘化了。回想穆勒当年对边沁理论的某些批评，虽然穆勒曾经在他的理论中精心地克服了效用主义者注重商业价值、忽视人的自我发展和人的生活意义等种种缺陷，但是现代效用主义理论在繁复精致的欲望分析和效用计算的同时，也走向了与穆勒往人的内向性发掘相反的道路。所以研究者结合本研究所要解决的问题——发掘效用主义伦理思想在道德教育上的蕴义，仍坚持穆勒的观念。简而言之，效用主义者主张，我们所追求的唯一事物就是幸福。正如穆勒所言，"幸福是好的"是一件不容否认的

①　Jeremy Bentham. An introduction to the principles of morals and legislation[M]. London;New York: Methuen, 1982, P11-13.

②　John Stuart Mill. Utilitarianism[M]. London: George Routledge & Sons, Limited, 1895. P13.

③　Henry Sidgwick. The methods of ethics[M]. Indianapolis: Hackett Publishing, 1907, P411.

④　R. M. Hare, Freedom and Reason, Oxford[Eng.]:Clarendon Press,1963, P117-118.

事实。对每一个人而言，个人的幸福是好的，因此，普遍的幸福对所有人而言也是好的。幸福是行动的目的之一，也是道德标准之一。[①]

5.1.2 结果是判断行为正确性的依据

当代有关效用主义的讨论，不论是赞成或反对，大抵都根据效用主义所持的以行为的结果来判断行为的正当与否而发。有些学者，如 J.Connery，F.Carney 和 W. Frankena 等，甚至将结果论完全等同于效用主义。[②] 效用主义主张，道德上正确的行为，是指在所有可能选择的行为中，其结果会对行为者和所有受到该行为影响的人，产生最大效用（或最大幸福）的行为。亦即行为要能增进最大多数人的最大幸福。摩尔也肯定这种后果论的思路，认为"像这样主张正当的行为必定意味着产生可能最好结果的行为，效用主义是完全合理的"。

但效用主义以结果的好坏来评价行为的道德性，此种论点与一些重要的伦理学传统不符，因此也招致不少批评。如黑格尔指出，只从结果或完全忽视结果来评断行为的道德性，都是片面的抽象理性；士林哲学也认为，决定行为的道德质量包含行为者的动机或意图、行为本身以及行为的处境。[③] 英国哲学家福特（Philippa Foot）也指出，对于那些不相信效用主义者而言，效用主义却也经常萦绕在其心头。为什么呢？因为效用主义具有结果论的元素，而结果论从不会认为喜爱坏的状态胜于好的状态是对的，就是这种思想会萦绕在我们心头。效用主义如此令人注目的主要原因是其结果论的元素，但其最根本的错误也是在于它的结果论主张。[④] 虽然许多学者批评效用主义的结果导向型思维，然而，行为效用主义捍卫者斯玛特指出，许多人之所以反对效用主义，是因为效用主义只讲求行为的结果而忽视其他质量。斯玛特认为

---

① John Stuart Mill. Utilitarianism[M]. London: George Routledge & Sons, Limited, 1895. P66.

② 孙效智：《从伦理学行为理论谈结果主义》，载中国台北《哲学杂志》，1995 年第 12 期，第 103 页。

③ 孙效智：《从伦理学行为理论谈结果主义》，载中国台北《哲学杂志》，1995 年第 12 期，第 87-88 页。

④ Philippa Foot. Utilitarianism and the Virtues[J]. Mind. New Series, Vol.94, No.374, 1985(Apr.), P196-198.

这些反对者都是混淆了正确的或错误的以及好的或坏的区别。正确的是用来称赞那些实际上能产生最好结果的行为，好和坏则是用来指称行为者和动机。因为在特殊情境中，一个正确的行为可能出自于坏动机，一个错误的行为也可能出自于好动机。斯玛特认为，清楚地区分它们各自的含义是很重要的。① 简而言之，斯玛特明确地指出，行为所产生的结果才是判断行为正确与否的唯一标准，此主张也是关注于行为正确与否的效用主义与某些关注于人的道德善恶之伦理学传统的最大差异。

综合上述，不论对效用主义做何解释，效用主义都有两个主要的基本原则：结果原则和最大幸福原则。亦即行为的正确性由行为所产生的结果来决定，而行为结果应能为最大多数人带来最大的幸福（当然现代效用主义中也有以偏好、福利来定义效用）。

5.1.3 理性是发展效用主义的基础

效用主义者主张，正确的行为是能增进最大多数人最大幸福的行为，为了能达成此目标，理性的分析计量不同行为所产生的一切正负价值或果，便是一件非常重要的事。边沁对于快乐或痛苦的计算有一套标准和程序，且主张在效用的考量上，要严守人人平等。穆勒也主张，最大幸福原则之所以含有合理的意义，正是因为它认为每一个人的幸福和所有其他人的幸福都是同等重要的②。西季威克也认为，我们应用某种公正原则或幸福的正确分配原则，来追求整体的最大幸福原则，而多数的效用主义者已经隐喻或明确地接受纯粹的平等③。黑尔也以事实、逻辑（可普遍性和规约性）、相关者的倾向或利益以及想象力，作为合理的道德推理的四要素，且认为经过此种过程，会得出在内容上等同于某种效用主义的结论④。

---

① J.J.C.Smart and Bernard Williams. Utilitarianism: For and Against[M]. Cambridge: Cambridge University Press,1973, P47-48.

② John Stuart Mill. Utilitarianism[M]. London: George Routledge & Sons, Limited, 1895, P117.

③ Henry Sidgwick. The methods of ethics[M]. Indianapolis:Hackett Publishing, 1907, P416-417.

④ R.M.Hare,Freedom and Reason, Oxford[Eng.]:Clarendon Press,1963, P94.

简而言之，作为一种以结果的幸福倾向来评断行为正确性的伦理学思想，效用主义者自然会被要求必须对结果的计算做出更多的说明。例如，在幸福的最大化、强度、平均分配和最大可能性的问题上，效用主义者必须提出一套让人们可以理性接受的标准。就如斯玛特所言：为了使效用主义的理论基础可靠，效用主义需要一种可以在理论上把数字上计算的可能性指派到任何想象的未来事件上。为了要使效用主义能尽善尽美，我们需要能客观计算的方法，而这需要一种无偏见且有先见之明的独立规准①。斯玛特认为，有了一种适当的客观的可能性理论后，效用主义才能建立在稳固的理论基础上。

此外，效用主义主张人们应当追求最大多数人的最大幸福，然而，诚如西季威克所言，在实践的场合中，同时按照利己主义（个人应当追求自己的最大幸福）和效用原则来行动都是正当的。因此，效用主义者必须预设个人幸福和最大多数人的最大幸福是一致的，只要是具有理性的人，他就应该能理解追求共同体的利益和个人的利益是一样重要的，否则，就会陷入如西季威克所说的实践理性二元论的困境中。穆勒也了解到反对者会质疑效用主义主张我们不仅要追求个人幸福，也要追求最大多数人的最大幸福，此种目标是否陈义过高。穆勒认为，为了要使个人幸福（利益）和社会幸福（利益）在实践上能相一致，效用就得是：第一，法律和社会的安排应将每个人的幸福或利益，尽可能地和全体的幸福或利益和谐一致；第二，我们要善用教育和舆论的力量来建立每个个体的幸福和社会全体的幸福有牢不可破的关联性。② 由此可知，效用主义重视将伦理学、政治、法律和教育等各种社会问题联系在一起，并注重理性和实践性的结合，以达至最大幸福的理想。在资源足够且符合公平的环境下，个人利益与共同体的利益较能一致。然而，在资源匮乏且可能不符合公平的环境下，个人利益与共同体的利益则常会产生冲突，此时，理性能否指导个人行为实践效用主义的主张则颇令人质疑。因此，我们仅能保守地宣称，理性是发展效用主义的基础，而不是达成效用主义的方法。

---

① J.J.C.Smart and Bernard Williams. Utilitarianism: For and Against[M]. Cambridge: Cambridge University Press,1973, P40-41.

② John Stuart Mill. Utilitarianism[M]. London: George Routledge & Sons, Limited, 1895, P32.

5.1.4 普遍仁爱的情感是达成效用主义的方法

在个人利益和社会利益的调和上，向来都是伦理学家们所面临的一个难题。效用主义者预设个人利益和社会利益是一致的，然而，因个人的需求和资源的有限性，两者间始终存在着矛盾和冲突。近代第一位对效用主义做系统说明的边沁，其思想重点在于如何透过社会制度和法律的改革，达到兼顾个人幸福和共同体的幸福。然而，边沁也清楚地认识到，个人幸福与共同体的幸福可能会产生冲突。在确保个人幸福能被公平地考量上，边沁主要诉之于自然的、政治的、道德的和宗教的外在约束力；穆勒认为外在约束力虽然有利于效用原则的实施，但所有道德的最终约束力是在于我们内心主观的情感，一种人类良心的情感。黑尔则主张，我们在做道德推理时，要设身处地想象一下，所做的决定之结果可能对他人的影响为何。我们可运用"同情的想象力"来帮助我们做出较为正确的判断。斯玛特也指出，为了建立一种规范伦理学的体系，效用主义者必须诉诸某些与其他人一样的基本态度，效用主义者所诉诸的情感是普遍的仁爱，也就是一种追求幸福，或为全人类追求好的结果的气质倾向。[①] 此种普遍的仁爱情感不是利他主义，而是一种同等地关怀自己和他人的情感。斯玛特进一步指出，此种普遍的仁爱是一种简单且自然的态度，其基础比我们的特殊感情还要安全稳固。因为特殊感情的内容是来自于那些传统的和未经批判的伦理思想的残留物。[②]

虽然斯玛特认为普遍的仁爱是一种简单且自然的态度，但穆勒认为此种人我一体、休戚与共的感觉，尚未发展到完全成熟的程度，需要透过教育和环境的力量来形塑而成。而一旦拥有这种感觉，就会变成自然的情感，不需要教育的盲目崇拜或法律的强制。穆勒也认为，普遍仁爱的情感事实上并没有消失，而且也不可能消失。对于共同利益的关心，现在在一般人心中只是一种很微弱的动机，其原因是因为人们的心智不习惯于关心共同的利益。如

---

① J.J.C.Smart and Bernard Williams. Utilitarianism: For and Against[M]. Cambridge: Cambridge University Press,1973, P7.

② J.J.C.Smart and Bernard Williams. Utilitarianism: For and Against[M]. Cambridge: Cambridge University Press,1973, P56.

果借着教育、习惯和情操的培养，以及每日的生活过程中去推动这种对于共同利益的关心，并且诉诸对荣誉的喜爱以及对耻辱的恐惧，如此加以鞭策，那么，这种对于共同利益的关心，甚至就会使得普通人表现最大的努力，以及最英勇的牺牲。此种人我一体、休戚与共的普遍仁爱情感，就是效用主义道德观的最终约束力。普遍仁爱的情感之所以无法根深蒂固，只是因为现存制度的整个过程，易于助长人们自私的心理。

另外，有人认为效用主义存在一项重大的缺失，即如果致力于追求个人利益的最大化，便不可能实现社会利益的最大化；如果要使社会利益最大化，那么就无法保证个人利益最大化。此种矛盾现象，会让效用主义沦为空谈。此种认知，其实是对效用主义有所误解所致。因为：第一，边沁认为，若不了解个人利益是什么而来谈论共同体的利益，是毫无意义的[①]。换言之，社会利益的实现只有透过个人利益的实现才能达成，一个不允许实现个人利益的行为，称不上是一个有道德的和公正的行为。第二，追求个人利益的最大化要以"最大多数人的最大幸福"为实现的目标，亦即追求个人利益是动机，实现社会利益是目标，只有两者兼顾才能符合效用主义的道德理想。用现代流行术语来说就是，效用主义所追求的是个人和社会的"双赢策略"。

综合上述，效用主义是一种以最大幸福为唯一目的的前提下，主张行为的道德正确性由行为结果来决定，并认为人类能在理性的引导下，公平地计算所有受到行为影响的相关者的幸福。最后，借由普遍仁爱情感之发扬，人们能达至一种促进人类最大多数人的最大幸福的人生意义。

5.2 效用主义的理论优势

尽管有些学者认为效用主义是一种狭隘庸俗的学说，然而不可否认效用主义是过去近两个世纪以来，在道德哲学和政治哲学中，应用最为广泛的理论之一。虽然面临诸多批评，但在论及道德选择或公共政策时，效用主义仍然是大家重视的焦点，这显示出其理论本身有其吸引人之处。效用主义有何吸引人的理论优势呢？研究者综合学者们的分析后，将其理论优势归纳为：

---

① Jeremy Bentham. An introduction to the principles of morals and legislation[M]. London;New York: Methuen, 1982, P12.

积极弥合道德与经济的对立，积极热衷于制度的建设，单一明白的判断标准，结果依赖的务实理论以及众生平等的积极关怀等方面。

效用主义虽然有一元论特性（即信奉终极效用原则），但这不阻碍它调和、统合其他理论的强大整合力，这是其一大特色。每一阶段它都能包容各种特有的理论对象，吸收新的科学和理论进展，并以此来保持自己的生命力。埃利·哈列维曾把效用主义比作各种改革思想的模具，"随着西班牙战争的开始，英国人将又一次成为反对拿破仑专制主义捍卫欧洲自由的斗士——而这一事实使功利原理必然成为各种改革思想得以成形的模具"①。

粗略统计一下，被效用主义所整合、吸收、继承的诸多理论体系按其大致历史先后有：古希腊快乐主义（伊壁鸠鲁），基督教经院哲学（盖伊、塔克、佩利，这三代相继的著名宗教人物构建了基督教效用主义），经验主义（培根、洛克），合理利己主义（霍布斯），情感主义（休谟、哈奇森），法国唯物主义（爱尔维修），自由主义（霍布斯、穆勒等，穆勒本身就是自由主义者，写过《论自由》一书），社会主义（圣西门、欧文等），康德道义论（规则效用主义被看成是调和康德道义论的一种形式，后文第二章第二节中有论述），欧洲大陆伦理学（哈贝马斯商谈伦理学），正义论道义论（罗尔斯在法律问题上还被称为一个规则效用主义者，他在 20 世纪 50 年代还曾想统合规则效用主义）等等。

以上这些还仅仅是哲学方面的思想，另外还有社会学科和科学方面的思想。如经济学上庇古的福利经济学，生物学效用主义进化论，心理学精神分析学派及其心理主义伦理学（弗洛伊德伦理学、弗洛姆伦理学），决策学（纳什博弈论、帕累托最优理论、冯诺曼—摩根斯坦期望效用理论），法学效用主义和政治学效用论，等等。可以说，历史赋予了效用主义思想很多的承载物，也包括我们的社会主义。社会主义与效用主义也有深广的联系（后文第三章有专门论述效用主义与社会主义的关系命题）。

这样的包容性和整合力，在笔者眼里，不是巧合，更不是投机取巧的性质，而是效用主义理论开放性的一种体现。人类以利害定道德，这已经是常识和公理，是道德的基础性质之一。而道德本身又是大智慧，影响着方方面面的学问。严格讲，效用主义已经不是一个哲学问题，而是通往道德哲学的

---

① 埃利·哈列维：《哲学激进主义的兴起：从苏格兰启蒙运动到功利主义》，曹海军、周晓等译，长春：吉林人民出版社，2006 年版，第 170 页。

一条还存在着问题的道路，它吸引着热情洋溢的辩护者和热情洋溢的反对者。美国学者杰弗里·斯戈尔（Geoffrey Scarre）把效用主义看成一条既成的道路，在这条通往道德的必经之路上，各种思想为效用主义所吸纳，所包容。同时各种思想流派以效用主义的真理性为武器，阐发自己的主张，进而把效用主义作为专业学科的哲学预设，由此构建出一系列的专业理论；反过来，这些专业理论的实践和应用又反哺证明了效用主义的真理性。这就是效用主义保持强大生命力的真实原因所在。

5.2.1 积极弥合道德与经济的对立

根据罗国杰与宋希仁的观点，所谓伦理学的基本问题，概括地说就是道德与利益的关系问题，这个问题包含两个方面：一方面是道德与经济利益的关系，另一方面是个人利益与社会整体利益的关系。[①] 各种伦理学说的理论问题，也都是围绕着上述基本问题的两个方面展开的，效用主义伦理学说同样如此。马克思就曾指出："功利论至少有一个优点，即表明了社会的一切现存关系和经济基础之间的联系。"[②] 效用主义提倡合理的利己主义，揭示了道德与人的经济利益之间的客观联系，把一切关系归结为效用关系，把道德的善恶与快乐幸福相联系，力求把个人利益同社会利益结合起来，这些思想对弥合个人利益与社会利益的对立，以及社会的和谐发展是非常有意义的。

公平与效率分别隶属于道德和经济两个不同范畴，历史上二者的关系犹如鱼与熊掌的关系一样，常常被经济学家和伦理学家置于选择中的"二难"境地，即：经济的发展必然以道德的沦丧为代价，道德的进步则必须以限制效率为前提。因此，许多著名的经济学家索性在决策时采取"价值中立"的态度。

事实上，每一种经济体制都有它的动力机制。舒马赫认为近代西方经济体制的动力是人的自私和贪婪，许多经济学家默认这一假定，把物质财富视为经济增长的神奇魔杖。因此，他们在公平与效率的选择中常常会毫不犹豫地选择后者，并把二者对立起来。亚当·斯密"无形的手"的自由经济理论就

---

① 罗国杰、宋希仁：《西方伦理思想史》，北京：中国人民大学出版社，1985 年版，第 3 页。

② 《马克思恩格斯全集》第三卷，北京：人民出版社，1972 年版，第 484 页。

建立在对人性自私的判断之上。他说："他通常不打算促进公共利益，也不知道他自己是在什么程度上促进那种利益……由于他管理产业的方式目的在于使其生产物的价值能达到最大程度，他所盘算的也只有他自己的利益，在这种场合，像其他许多场合一样，他受到一只看不见的手的指导，去尽力达到一个并非他本意想要达到的目的。也并不因为事非出于本意，就对社会有害。他追求自己的利益，往往使他能比在真正出于本意的情况下更有效地促进社会的利益。"① 很明显，亚当·斯密为经济人做了有力辩护。凯恩斯对这种"动力说"辩护得就更加直白："至少在一百年内，我们还必须对己、对人扬言美就是恶，恶就是美；因为恶实用美不实用。我们还会有稍长一段时间要把贪婪、高利剥削、防范戒备奉为信条。只有他们能把我们从经济必然性的地道里引领出来见到天日。"② 黑格尔也有"假私济公"的说法，认为在历史的一定时期，一个健全的社会肌体的特征应是：善于借助人的私欲达到增进公益的目的。尽管这种动力理论看上去不那么体面，但作为历史发展动力的根据确是事实。就这一点而言，马克思也是赞同的，他曾指出："卑劣的贪欲是文明时代从它存在的第一日直到今日的动力；财富，财富，第三还是财富，——不是社会的财富，而是这个微不足道的单个的个人的财富，这就是文明时代唯一的、具有决定意义的目的。"③ "自从阶级对立产生以来，正是人的恶劣的情欲——贪欲和权势欲成了历史发展的杠杆。"④

　　这种传统的动力观在短期内改变了世界的面貌，给人们带来了丰富的物质文明，但它会将人类带入理想中的伊甸园吗？舒马赫对此提出疑义，他的结论是悲观的。他完全站在传统动力观的对立面论述自己的观点。他首先区分了两个概念："生产的逻辑"和"生活的逻辑"。他认为二者的衡量标准不同，因而两者也不是一回事，人们在自私、贪婪驱使下追求"效率"的同时也会造成一些负面影响，如：人与人之间的隔膜、对立甚至仇视，因为世界资源是有限的，人与人之间的相互竞争会排斥同情和联系，于是人们的智慧

---

①　[英] 亚当·斯密：《国民财富的性质和原因的研究》（下卷），北京：商务印书馆，1972 年版，第 27 页。

②　王润生：《现代化与现代化的伦理》，南宁：广西人民出版社，1989 年版，第 108 页。

③　《马克思恩格斯全集》第四卷，北京：人民出版社，1972 年版，第 173 页。

④　《马克思恩格斯全集》第四卷，北京：人民出版社，1972 年版，第 173 页。

会受到损害，人际关系无法维持，彼此处在孤立、挫折、无安全感的重负之中。这样传统的动力机制不仅没有给人们带来真正的幸福快乐，反而加重了人们的孤单，并造成人们畸形的物欲，误以为有了财富就有了一切。按照这个逻辑推理下去，结果人们最终会觉醒：发现自己追求的并不一定真正有价值，于是动力消失了，生产的逻辑走向了它自己的反面——拒绝增长。舒马赫的所有观点都包含着对工业文明所形成的观念的挑战，他深刻地谴责了西方社会过于偏重物质生产，忽视人类自己精神世界的滋养。简言之，他的动力理论主张的是：社会进步的尺度应当立足于人类的真实需要，应该加进伦理的思考，经济学是技术性的手段而不是目的，目的只能是从伦理道德方面来确定。舒马赫的动力理论有一定的道理，他所提出的问题也很有价值。但不足的是，他将经济与道德完全对立起来，这就使其自身的动力理论成为悬在空中的楼阁而失去了根基，因为历史上任何一种道德的产生都是源于一定的经济制度基础，并为一定的经济制度服务。

综上所述，两种动力说都各有一定道理，但也都有片面之嫌，都不能成功地指导人类现实的实践活动。相比之下，效用主义所倡导的"合理的利己主义"在市场经济条件下积极地克服了它们的不足，并在一定程度上弥合了二者的对立。虽然效用主义从"个人主义"出发，从人性自私的本性出发，鼓励人们积极追求个人利益，但是效用主义并非主张"极端的个人主义"。边沁和穆勒都持这样一种观点："效用主义所认为行为上是非标准的幸福并不是行为者一己的幸福，乃是一切与这行为有关的人的幸福（这是攻击效用主义的人很少能公平地承认的）。例如，效用主义需要行为者对于自己的与别人的幸福严格地看作平等，像一个与本事无关而仁慈的旁观者一样。"① 不仅如此，边沁和穆勒还积极地规范了人们的逐利行为，指出每个人在追求个人利益时不应损害他人利益，甚至他们都提倡"利他"的行为。边沁在《道德与立法原理导论》中论述"私人伦理"时就指出，一个人的幸福首先取决于他的行为当中仅仅和他本人有利害关系的部分，其次取决于其中可能影响他身边人的幸福的部分，"在他的幸福取决于他前一部分行为的限度内，这种幸福被说成是取决于对自己的义务。……而一个人靠履行这类义务（如果要称作义务的话）表现出来的品质，便是慎重。要是他的幸福以及其他利益相关者的幸福，

---

① [英] 穆勒：《效用主义》，徐大建译，上海：上海人民出版社，2008 年版，第 18 页。

取决于他的行为当中可能影响他身边人的利益的部分，那么在此限度内这幸福可说是取决于他对邻人的义务。于是，伦理就它实质涉及一个人在这方面行为的艺术而言，可以叫作履行一个人对邻人的义务的艺术。其邻人的幸福，可以用两种方式来对待：（1）消极方式，避不减损之；（2）积极方式，即试图增长之。因而，一个人对其邻人的义务，部分是消极的，部分是积极的。履行消极部分，是谓正直；履行积极部分，是谓慈善"。① 对边沁而言，私人伦理教导每个人去追求幸福。或者说，追求幸福是每个人应尽的道德义务。但是个人的幸福不仅与他自己有关，也和身边的其他人有关。因此，要使自己幸福，就不仅需要对自己尽义务，还需要对别人尽义务。效用主义大师在强调追求个人利益的基础上，对所有人的同等利益都给予同样的重视，把行为后果对行为者个人的以及对其他人的福利的影响看得同等重要，以实现最大多数人的最大幸福，即实现社会利益或福利。虽然由于社会历史条件的局限，他们不可能彻底解决个人利益与社会利益的对立，但就他们揭示道德与经济利益之间的联系，并积极试图弥合二者的对立，积极探求个人利益与社会利益的和谐一致而言，他们的思想含有积极合理的成分，是非常可取的，并有助于社会的和谐发展。

虽然在理论上经济学与伦理学作为两种学科联系密切，如古典效用主义理论曾为边际效用学派的产生提供了精神上的滋养，而现代经济学理论的最新成果也为现代效用主义的复兴提供了理论上的支持（第三章第一节"现代经济学理论的发展"），然而在实践中，人们对经济和伦理二者常常顾此失彼。经济和伦理本是托起人类进步的两大根基，社会若想和谐发展，二者缺一不可。而这个结论是近代许多经济学家、伦理学家在现代市场经济出现畸形发展的势头下才意识到的一个问题。我国自改革开放以来的社会发展历程就有力的说明了这一点。所以，20世纪70年代联合国制定第二个十年发展战略时，强调发展中国家在经济发展的过程中，必须把公平作为一个基本目标，必须注重满足最大多数人的需要，优先解决关系到社会公平就业、教育、公共基础设施等问题。为了寻找社会和谐的平衡点，世界头号经济大国美国如今研究我国儒学的人数超过了我们自己国家研究儒学的人数。从这个意义上说效用

---

① ［英］边沁：《道德与立法原理导论》，时殷弘译，北京：商务印书馆，2000年版，第350页。

主义思想是积极的、很有远见的。[①]

5.2.2 积极热衷于制度建设

热衷于制度建设是效用主义理论的又一亮点。18 世纪法国唯物主义伦理学家爱尔维修说过，当人们处于从恶得到好处的制度之下，要劝人从善是徒劳的。罗尔斯也认为，在现代社会，对制度的评价和选择优于对个人的评价和选择。建立一个能够实现普遍正义的社会，所需要的基本社会条件主要有两个方面：一个方面是"社会基本结构"或"社会基本制度安排"的普遍公正；另一个方面是正直的公民道德，即：具有正常的"正义感"与"善观念"的社会公民极其广泛的社会参与合作。法国启蒙思想家卢梭也曾说过："一切法律中最重要的法律，既不是铭刻在大理石上也不是铭刻在铜表上，而是在公民的心里，它形成了国家的真正宪法，它每天都在获得新的力量，当其他法律衰老或消亡的时候，它可以复活那些法律，它可以保持一个民族的精神。"[②]

边沁创立效用主义理论的初衷就是要为 18 世纪的英国社会经济、政治及各项不合理的社会制度改革提供理论依据。他以"最大多数人的最大幸福"为最高理想构筑了他的效用主义大厦，对旧制度进行批判。在他的理论体系中，我们常常会发现伦理思想、社会制度、法律制度是三位一体的。他这样做的目的就是要把"最大多数人的最大幸福"原则贯彻到社会生活的各个方面。从这个意义上讲，很多学者根本不承认他是哲学家，而对他是社会改革家的地位却没有争议。

边沁认为如果一种政治或法律制度的基础是好的，那么对它的攻击绝不会造成任何损失。因为一个制度对一个社会有益，一定会有许多人来保全它。1776 年，为了批驳威廉·布来克斯通《英国法律论释》一书的错误观点及其为现有制度赞美的做法，边沁发表了《政府片论》。书中他运用效用主义的原理对旧的政治法律制度进行了审视，并得出结论：一种制度如果不受到批判，就无法得到改进，当制度错误的时候加以批判，比当它正确的时候加以辩护，其功劳要大得多。在法治政府下，善良公民的座右铭应该是："严格地服从，

---

① 韩晓静：《古典功利主义伦理思想研究》，[D]，首都师范大学硕士学位论文，第 23 页。

② [法] 卢梭：《社会契约论》，北京：商务印书馆，1980 年版，第 96 页。

自由地批判。"① 以往的制度未建立在效用主义原理的基础上,因此需要由新制度来取代。对制度建设的重视,穆勒相比边沁似乎有更加独到的见解。1861年,穆勒出版《代议制政府》。书中提出了理想政府的三个具体条件:一是人民必须愿意接受它;二是人民必须愿意并能够为保存它而做必要的事情;三是人民必须愿意并能够履行它加给的义务和责任。他从效用主义的原理出发,提出好政府的唯一目的应该是"被统治者的福利"。他把民主政体和代议制政府作为现代最理想的政体和政府形式。在代议制政府下,实行没有财产或阶级条件限制的普选制。此外,他还提出了行政制度改革的思想,主张改革行政管理人员的选用方法,废除长官任命制,提倡公开平等的竞争,择优录用等等,都是期望从社会制度的设计和安排中确保个人能享有应得的自由权利。在穆勒的自由理论中,他指出,无论是自我发展还是人的自由权利的维护,都必须借助一定的制度安排,通过建立良好的政治制度与教育体系来保证个人自由的权利,保证个人形成良好的心态,保证个人不被剥夺自我发展的权利。正是这一思想,使穆勒关注代议制政府的设立。②

边沁生活在英国历史上的变革时期,新旧两种势力的较量,经济立法的无序与混乱成为社会前进的羁绊。恩格斯说,近代英国绝非欧洲思想家所误解的那样是自由民主国家的典范,而是人们从"远处眺望美景"时"把假象当成了真货",表面上的经济繁荣掩盖着实际上的腐朽。效用主义思想引导下的制度改革渗透到了社会生活的各个方面,极大地促进了英国的社会的进步,为资本主义的迅猛发展扫清了障碍,适应了市场经济发展的内在要求。从宏观上规范了人们在市场经济下的逐利行为,使市场经济秩序化、法制化,因此,也极大地促进了社会生产力的发展。由此可见,效用主义大师从制度改革入手拯救社会是极有远见的做法,历史发展也一再证明这样做是十分成功的。

5.2.3 单一明白的判断标准

效用主义主张,道德上正确的行为,是指在所有可能选择的行为中,其结果会对行为者和所有受到该行为影响的人,产生最大幸福的行为。简言之,效用主义者认为,我们有道德义务去选择那些能为最大多数人带来最大幸福

---

① [英]边沁:《政府片论》,沈叔平等译,北京:商务印书馆,1997年版,第99页。
② 牛京辉:《英国功用主义伦理思想研究》,北京:人民出版社,2002年版,第108页。

的行为。效用主义所主张的道德判断标准，可说单一明白，不像其他道德体系那样，有各种独立的规则和原则的多样性。波伊曼就曾指出，效用主义有两个正向的特性：（1）效用主义增进最大效用的单一原则适用于每一种情境，即使在应用时可能会因此而产生一些困难；（2）效用主义似乎是在于获得道德的实质内涵，它不只是形式上的系统，而是具有一种有形的核心，即促进人类的繁荣和改善痛苦。① 效用主义的第一个长处让我们在"该做什么"的问题上有一清晰的答案，第二个长处是诉之于道德是为人而设。

在日常生活中，人们会根据经验法则而得出许多道德标准，且在没有冲突的情况下，自然会依据这些道德标准来行事。此种道德标准即一般所说的常识道德规则（rules of commonsense morality）或简便规则（rules of thumb）。在大多数情况下，我们只要按照常识道德规则来行动，就能获得最佳的结果。这也是斯玛特认为在大多数情况下义务论和效用主义的命令能够相一致的原因，因为两者都符合增进人类福祉的要求。然而，由于人类生活处境的复杂，由常识道德或简便规则所构成的道德规则体系，往往会有捉襟见肘甚至相互冲突的窘境。例如，如果我们答应把钱借给朋友，通常我们不会失信于朋友，因为在一般情况下，违背承诺的结果是弊大于利；然而，当我们知道朋友要把所借的钱拿来买枪杀人时，我们不会认为违背承诺是不道德的，因为此时此刻，信守承诺的结果可能会带来很大的伤害和痛苦。

当我们处于这种道德规则相冲突的困境时，我们该如何呢？无可讳言的，这是一个令伦理学家及社会大众同感困惑又棘手的问题，有时即便是通过直觉便可查明的事实，我们也会手足失措，因为传统的道德教养和无形的伦理压力，会让我们在义务和效用之间挣扎不已。面对此种困境，伦理学家却很少会明确地告诉人们应该怎么做。德马科指出，一个适当的道德理论应该指导我们解决道德冲突，这意味着当冲突产生时，我们应对遵守哪些规则的优先级有所知觉；或是当发生冲突时，我们也可以试着找出调解的方法，尽可能找出能实现多数义务的方法，或找出避免在义务间产生冲突的方法。② 然而，

---

① Louis P. Pojman. Ethics: discovering right and wrong[M]. Boston, MA: Wadsworth, Thomson Learning, 2002, P115-117.

② Joseph P. DeMarco. Moral theory:a contemporary overview[M]. Boston:Jones and Bartlett, 1996, P131-132.

道德规则无法告诉我们何者较为优先，一旦我们严肃地来排列道德规则的顺序，我们就必须依赖道德经验的其他观点来帮助我们建立优先级。德马科认为规则效用主义可以指出一条可行之道。效用主义灵魂人物穆勒也指出，所有的道德系统都面临着道德冲突的困境，这个难题同时存在于道德理论和指导个人行为的良心之中，我们通常仰赖个人的智慧和美德来处理。穆勒进一步指出，在我们日常生活中，除了最基本的道德原则之外，我们还会有许多次级原则（secondary principle）来指引我们的行动；当次级原则之间有所冲突时，我们才需要应用第一原则（即效用原则）来做最后的仲裁。[1]

综合上述，可知我们会从生活经验中产生一些道德标准，依此标准行动通常也会产生最大的效用。然而因人类处境的错综复杂，道德冲突在所难免，此时便有赖一个明确的判断标准来供人们依循。人们提出各种不同的道德学说，其目的无非是想为实际生活提供指导，效用主义所主张的最大多数人的最大幸福原则，单一明白，简洁灵活，且符合人性规律，可以明确地告诉我们何种行为才是正确的，这是效用主义的主要理论优势之一。

5.2.4 结果依赖的务实理论

效用主义有两个主要原则：结果论原则和效用原则。结果论原则是指一个行为的正确或错误，由行为本身所产生的好的或坏的结果来决定[2]。结果论认为，我们只有一项基本义务，即做任何带来最好结果的事情。我们应做任何可以最大化好结果的事情，和我们所从事的行为是什么，其本身并没有关系。非结果论则认为，某些行为（如杀害无辜者）并不仅是因为它们带来坏的结果才是错误的，而是其本身就是错误的[3]。

效用主义主张，"行为的对错，与他们增进幸福或造成不幸的倾向成正

---

① John Stuart Mill. Utilitarianism[M]. London: George Routledge & Sons, Limited, 1895. P47-48.

② Louis P. Pojman. Ethics: discovering right and wrong[M]. Boston, MA: Wadsworth, Thomson Learning, 2002, P109.

③ Harry J. Gensler, Ethics: a contemporary introduction[M].London; New York: Routledge,1998, P139.

比"①。换言之，行为的是非对错，取决于行为所带来的结果，即道德上对的行为是倾向于增进我们的幸福，错的行为是倾向于产生与幸福相反的结果。效用主义以结果的好坏来评价行为的正确性，此种论点虽与义务论主张不符而招致不少批评，但就其作为一种道德理论而言，首先，它不借助于无法界定或量化的行为本身的性质或行为者的动机，亦不求助于超自然的神秘力量。其次，在行为实践上，它勇于依情境的变化，在产生最好结果（效用原则）的考量下而有权宜之计，不会被既有的意识形态或传统信仰所束缚。而且，效用主义所强调的结果是增进最大多数人的最大幸福，其自始至终所表明的是整体的福祉，而非狭隘的个人私利。相较之下，在特殊情境中，义务论者为了保护自己免受冷酷无情的指控，宁可与规则保持抽象的一致，也不愿顾及如何去预防避免人类的灾难。就此而言，效用主义在某种程度上可说是一种简易务实且具有积极意义的理论。

再者，从效用主义的发展历程来看，其主张以行为所产生的结果来决定道德的正误，对于社会制度的改善是有所助益的。边沁认为，一套符合效用原则的法律体系，多少让人在行动之前能预知行为结果的苦乐，如此人们在行动前便能深思熟虑。然而遗憾的是，关于人们的道德感为何，边沁却没有给予足够的论述。因此，斯特玛就认为，边沁对人生义务的蓝图是"借由理性和法律的双手，来培养幸福的结构"②。边沁意图借由效用主义强调行为结果的精神，来改善当时的社会制度和教条。接着，穆勒进一步论证个人自由的发展，指出在民主社会中，容易形成以社会大众的好恶来规范个人行为的现象。而穆勒所秉持的立场是，只要不违反"伤害原则（harm principle）"，社会就不应透过法律的强制、舆论的制裁或道德的压力，来干涉个人的自由。换言之，根据穆勒《自由论》中的观点，个人在其行为不会伤害到他人的情形下，应有充分的自由来追求其所认定的幸福，当然，依穆勒在《效用主义》一书中的观点，其所追求的幸福并非只是行为者个人的幸福而已，而是所有相关者的幸福。

最后，让我们来反思一下人们在特殊情境下的行动过程，我们会发现，

---

① John Stuart Mill. Utilitarianism[M]. London: George Routledge & Sons, Limited, 1895, P13.

② Gerald J. Postema, "Bentham's Utilitarianism"in Henry R. West (eds.), The Blackwell guide to Mill's utilitarianism[M]. Malden, MA; Oxford: Blackwell Publishers, 2006, P27.

不论行为的初始动机为何，一般而言，人们在行动后，最终仍会回归到以结果来评价行为的对错。例如，现在很多景区常有当地人在路边向游客招手，游客出于助人的好心停下来询问，岂料路人一上车便强迫游客停车到他推荐的饭店吃饭，游客不愿意的话，就赖着不下车，让许多受害游客乘兴出游，败兴而归。事件经媒体报道后，尽管有些人认为不应以偏概全，减损人们助人的热忱，但有关部门还是呼吁大家，千万不要随便搭载路人，以免吃亏上当。此外，在很多学校的门口都有学生模样的乞讨者，声称自己无钱吃饭或者回家，希望路人施舍几元钱，凑够即可以回家。很多路人也是因为怜悯之心给予帮助，然而，一连几天，乞讨者都在同样地点乞讨，使得路人惊呼上当。当然此类事件还有很多，在此不一一列举。就这些事件而言，当我们在充满助人的义务感而行善时（义务论、效用主义和德行论者都赞成我们应帮助他人），内心是喜悦的。然而，当行善经验告一段落后，我们也常会从经验所产生的结果来分析、评价该善行的必要性和适切性，并作为下次处于相同情境时的行动参考，此时，我们通常是采用结果论的观点来评价行为的正确与否。换言之，行为结果才是我们决定采取何种行为的最重要依据。

5.2.5 众生平等的积极关怀

在批判效用主义的论述中，"正义"的理念可说是最强而有力的。而国内则由于早期将效用主义译名为功利主义，无形中让许多人将效用主义等同于利己主义，以致遭受不少误解与贬抑。对于前者，在穆勒的效用主义思想一节中，研究者已提出讨论分析；对于后者，效用主义实与利己主义不同，也与利他主义有别。利己主义主张，道德上正确的行为是指对行为者自己有最好结果的行为；利他主义主张，道德上正确的行为是指对行为者以外的其他人有最好结果的行为；而效用主义则主张，道德上正确的行为，是在所有可能选择的行为中，其结果会对行为者和所有受到该行为影响的人，产生最大效用（最大幸福）的行为，亦即行为要能增进最大多数人的最大幸福。

我们用一个实例看这种差别，也许会更清楚。盛庆球先生曾说，自己是一个天生的效用主义者。日常生活中，他非常喜欢物尽其用，看到效用浪费，心中就会不舒服。出任台湾交通大学校长时，他对于独自拥有一个正方形大办公室而感到浪费，因为四个秘书正在合用一个狭小长方形的办公室，十分拥挤，影响效率。最后他调换了两者，以求物尽其用，整体受益。这正是效用主义者所奉行的一种态度与生活方式。对真正的效用主义者来说，自己拥有的东西派不上用场，他会很高兴地送给能用上的人，甚至会想尽办法让手上的东西不要闲置，以求物尽其用。此外，西方效用主义主要也是应用于社会公德和道德领域的，他们的效用主义主要信奉的一直是社会效用原则（princiPleofsocialutility），而不是个人利益原则。虽然效用主义者认为社会效用原则最终还是来源于个人效用原则，但其应用的侧重点已经落在了集体效用上。而我们所讲的功利主义内涵大多还是停留在个人功利原则上的，是权衡利弊形式的个人处世方式。这就是误解效用主义与功利论的一个关键点。功利论讲的义利之辩一般是指发生在个人身上的事情，而不是站在整体上看效用。而马克思、恩格斯评价西方效用主义一开始就带有"公益论"的性质，这是根据当时效用主义实有的历史性质做出的中肯评价。由此可见，效用主义既不纯粹利己，也非纯粹利他，而是试图结合利己主义和利他主义，创造一个关心自己和关心公共善的公民社会。

再者，效用主义非常注重平等原则，如边沁就主张在效用的考量上，要严守人人平等。斯特玛也指出，边沁有类似平等原则的主张：反差别待遇原则（anti-discrimination principle），边沁要求我们在评估行动或政策的影响时，应消除社会地位、财富、性别等歧视的差别待遇[①]。穆勒也主张，最大幸福原则之所以含有合理的意义，正是因为它认为每一个人的幸福和所有其他人的幸福都是同等重要的[②]。社会上的每个人只要具有正常的行为能力，只要有合乎公正、平等的社会制度运行，每个人就有公平地实现自己幸福最大化的权利。西季威克也认为，我们应用某种公正原则或幸福的正确分配原则，来追求整体的最大幸福原则，而多数的效用主义者已经隐喻或明确地接受纯粹的平等[③]。现代新效用主义伦理学中的偏好效用主义也提出两个理由来表明正义原则与平等原则是效用主义的应有之义：其一，从经济学角度上讲，根据所有的商品或收入的边际效用递减原理，同样的收入在富人和穷人那里所产生

---

① Gerald J. Postema, "Bentham's Utilitarianism"in Henry R. West (eds.), The Blackwell guide to Mill's utilitarianism[M]. Malden, MA; Oxford: Blackwell Publishers, 2006, P38-39.

② John Stuart Mill. Utilitarianism[M]. London: George Routledge & Sons, Limited, 1895. P117.

③ Henry Sidgwick. The methods of ethics[M]. Indianapolis:Hackett Publishing, 1907, P416-417.

的效用是不同的，这表明，平等的方式更有助于社会总体效用的增加；其二，不平等会在某些较低收入阶层的人群中产生嫉妒、怨恨和仇富的心理，从而对社会的稳定和安全造成极大的危害，也就是说会产生极大的反效用效果。将这两个因素考虑在内，在现代效用主义者看来，分配上的公正平等也是促进最大多数人的最大幸福所必需的。简而言之，效用主义此种尽可能地给予每个人平等的幸福，可以说体现了众生平等的积极关怀。

5.2.6 对道德与精神的提升

彰显"道德"与"精神"的社会伦理作用是效用主义的又一理论特色。边沁因提出快乐无质的差异而饱受批评，他的理论也因此被污蔑为"只配给猪做学问的哲学"。实际上这样的评价对边沁的理论是不公平的。边沁将快乐看成同质的事物的确暴露了其理论的粗糙与不严谨，但边沁并没有完全忽视道德与精神的作用。相反，他对道德与精神的地位与作用给予了积极的肯定。在《道德与立法原理导论》中他把立法涵盖在广义的伦理中，并对二者做出界定，指出二者在规范人们行为方式上存在着区别。道德规范是软的，主要通过社会舆论和个人的良心起作用；而法律尤其是刑法是带有强制性的。此外，法律的制约作用也不是万能的，许多私人行为是立法无法约束，而是要靠道德自身的力量去解决的。这实际上等于承认了道德精神的相对独立性，是对道德作用的一种肯定。此外，他还进一步强调，立法者"能有任何理由来干预的，仅仅是一切人，或者范围很大而且属性稳定的各类人可能以某种方式参与的那些行为的概况，而且即使在这方面，他的干预合适与否在大多数场合将是无可争议的。无论如何，他决不应该仅仅依靠他自己规定的那种约束力就能使人完全服从。他所能指望的，不过是给道德的约束力的影响赋予力量与方向，从而增强私人伦理的效能"[①]。按照边沁的观点，一个立法者要凭借法律来根除酗酒和通奸，是没有任何成功的希望的。至于诸如慈善准则等涉及细节的问题，只能让位给个人道德，即由私人伦理去解决。

穆勒对道德与精神的提升是对边沁效用主义的超越和发展。他首先指出快乐有质和量的不同，精神的快乐高于肉体的快乐。接着穆勒扩展了边沁的

---

① [英]边沁：《道德与立法原理导论》，时殷弘译，北京：商务印书馆，2000年版，第357页。

利他思想，他说："效用主义者应该始终坚持他们跟斯多亚派和超验派一样有合理的权利，舍生取义的美行，是他们学说中的应有之义。"① "我必须再声明，效用主义所认为行为上是非标准的幸福，并不是行为者一己的幸福，乃是一切与这行为有关的人的幸福。……待人像你期望人待你一样，爱你的邻人像爱你自己，做到这两点，那就是效用主义的道德做到理想的完备了。……功用主义的道德观确认人类有为别人福利而牺牲自己的最大福利的能力。"② "把人养成高尚品格，那么效用主义才能达到它的目的。"③ "效用主义对于爱美德这个习惯另眼相看，它认为爱美德是促进公共幸福的首要条件。"④ 在《论自由》中，穆勒提及了积极的自由即自我发展。他对自我发展的论述同样把精神的崇高完美当成人类对自由追求的最高境界。他说："人类要成为思考中高贵而美丽的对象，不能靠着把自身中一切个人性的东西磨成一律，而要靠在他人权力和利益所允许的限度内把它培养起来和发扬出来。"⑤

市场经济也是道德经济。诚信互利是实现资源合理配置的内在要求，是市场机制良性运转的必要条件。当一个社会充满道德风险的时候，人们就会对未来缺乏稳定的预期，就会不顾长远利益，坑、蒙、拐、骗，各种丑恶现象也会接踵而来，市场秩序也会随之混乱，社会福利受到损失。著名经济学家厉以宁曾经指出：在市场经济中，除了市场调节外，还有道德力量的调节，有了道德力量调节，市场运行就更正常，政府调节就更有效。从这个意义上说，"道德"与"精神"对社会发展的推动作用是不容忽视的。现代社会伦理对经济发展的反作用已客观地凸现在世人面前，经济学家已经明智地意识到了这一点，积极探索二者的辩证统一已经成了他们责无旁贷的使命。著名的"韦伯命题""帕累托佳境"以及我国王小锡教授提出的"道德是精神生产力"的命题都是在这种积极的探索中诞生的。效用主义顺应了市场经济健康发展的内在要求，因此获得了生命力，促进了社会生产力的长足发展。这是效用主义又一功绩，同时也向世人展示了效用主义者们的远见卓识。

① [英]穆勒：《效用主义》，徐大建译，上海：上海人民出版社，2008年版，第18页。
② [英]穆勒：《效用主义》，徐大建译，上海：上海人民出版社，2008年版，第18页。
③ [英]穆勒：《效用主义》，徐大建译，上海：上海人民出版社，2008年版，第9页。
④ [英]穆勒：《效用主义》，徐大建译，上海：上海人民出版社，2008年版，第40页。
⑤ [英]穆勒：《效用主义》，徐大建译，上海：上海人民出版社，2008年版，第67页。

5.2.7 效用主义理论本身能与时俱进

自从边沁在 1789 年出版《道德与立法原理导论》，第一次系统地阐述了效用原则的主要内容与基本特征，效用原则便在道德哲学与法理学领域占有一席之地。边沁所提出的"赞成或反对每一个行为是根据行为会增大或减小利益相关者之幸福的倾向，或者可以说是促进或妨碍此种幸福的倾向"，成为效用主义的基本定律。在边沁之后，穆勒第一次使用"效用主义（utilitarianism）"一词，对效用主义学说做了全面的系统论述。其在 1863 年出版的《效用主义》一书，让他成为效用主义的中坚人物。穆勒在书中对效用主义所遭受的误解与批评多方解释与辩护，也坦承效用主义的一些缺失与不足，并对效用主义做了修正与诠释。接着是西季威克的《伦理学方法》一书，可以说总结了 19 世纪的古典效用主义思想，对于边沁和穆勒的主张，有明显的继承，也有重大的改变。西季威克认为，虽然穆勒所提出的效用主义证明存在着从实际欲求的事物推导不出值得欲求的事物，以及从个人实际上追求自己的幸福推导不出个人会追求社会大众的幸福的问题，但西季威克主张，效用主义的观点是没有问题的，而且效用主义是对常识道德的最好说明。

20 世纪初，摩尔于 1903 年发表的《伦理学原理》，开启了 20 世纪元伦理学的大门。摩尔同样对效用主义的证明毫不留情地提出批评，主张"善"是一种单纯的、不可分析的概念，因此，善是不可定义的。凡是试图给善下定义的伦理学，都犯了自然主义的谬误。效用主义具有自然主义的倾向，因此遭到许多批评而逐渐进入理论的沉寂期。20 世纪中期，一些效用主义者试图利用其他伦理学元素来弥补古典效用主义的理论缺陷和不足，其中以阿玛蒂亚·森、哈桑伊等具有经济学背景的伦理学家将经济学的最新理论成果引入效用主义理论之中，为效用主义重新树立了新的话题和话语范围，并提出了以偏好或福利的满足来代替古典效用主义的幸福等诸多建设性的修正意见。而以布兰特为代表的规则效用主义则试图对效用理论提供一种更为可靠的版本，其所要考量的不是个别行为的特殊效用，而是一个行为所归属的伦理规则所能产生的普遍效用。这样，规则效用主义既能坚持效用原则，又能避开对具体行为进行效用计算的难题。虽然在效用主义的反对者看来，不管是行为效用主义还是规则效用主义，都难以避免效用主义所带来的内在困难与外在问题，但从效用主义者对效用主义理论的修正和补充中可知，效用主义能因支持者对理论本身的自我省思与因应外在环境的变化而调整其内涵，并做适当的修正，与时俱进。

综合上述这些积极因素，我们发现效用主义的主张与市场经济发展的客观要求是有内在联系的，而且对经济的健康发展是有积极推动作用的。"最大多数人的最大幸福"是效用主义的最高理想，是效用主义大师改革旧制度，构建新制度的出发点。社会是由各种制度编制起来的有机体，合理的社会制度对社会有积极的规范作用，对人的品行有强大的向导力。人与社会的相互依赖决定了人与制度的不可分性。制度作为人们生存环境的重要组成部分，对社会成员的品行具有塑造的功能。不健全、不合理的社会制度都会影响人们的品行，这早为有远见的人所感悟。值得肯定的是，效用主义者不仅从宏观上宣传他们的主张，还积极地着眼于微观世界的教化，弘扬社会个体道德精神，提倡合理的利己主义、利他，并试图探索个人利益与社会利益相结合。因此，效用主义作为规范伦理学的一个重要学派，在以增进最大多数人的最大幸福的前提下，为人们提供了一个判断行为之道德正误的明确标准，再加上宏观制度改革同微观个体道德精神改造相结合的主张，使效用主义成为一种较为有力且易于被人接受的道德理论。效用主义的长处在于和其他许多理论对照之下，它没有很明显的缺失，并能因支持者对理论本身的自我省思与因应外在环境的变化而调整其内涵，并做适当的修正，与时俱进。也正如根斯勒所言，效用主义的优势有：以简单又有弹性的方式来决定我们的所有义务，它符合启蒙后的道德思维（通情达理、富有想象力、具一致性以及遵循黄金律），并且它对所有有知觉的存在物的幸福表达出积极的关怀①。

5.3 效用主义的道德观

中华民族一直以来都重视道德的作用,古有孔子"己所不欲,勿施于人""己欲立而立人，己欲达而达人"的处事原则；近代有孙中山先生"有道德始有国家，有道德始成世界"的治国之道；现如今，在我国的教育目标中，亦以培养德、智、体、美、劳五育均衡发展之健全社会主义青年为目的。把德育

① Harry J. Gensler, Ethics: a contemporary introduction[M].London; New York: Routledge,1998, P145.

放在第一位，可见我国是一个非常重视道德的国家。

效用主义的集大成者穆勒，在 1834 年时，为了答复法国人查尔斯（M. Chales）的评论而写了一篇文章。查尔斯的评论称英国因为缺乏道德哲学，所以英国人才没有堕落。穆勒认为查尔斯的推理贫乏且结论是错误的。穆勒认为，希腊和罗马人因为道德的理论化，所以没有成为不道德。当一个国家的伦理思想开始流行，一般而言就是衰败的征兆，或至少是一个国家的道德关键时期。何以如此？因为那证明了人们不再信任常识。只要人们对他们的道德观念不一致或趋近于不一致，那就不可能成为一个有德行的人。在一个国家的历史中，最不道德的时期经常就是怀疑的时期，即旧的信念消失，新的信念尚未取代，而人们却各行其是（does what is right in his own eyes）的时期。接着，穆勒又评论英国当时是处于一个有意志却无药方的困境中。我们已经丢弃了旧的信念，却未建构新的信念。我们有多种多样的意见、分扰的冲突，我们确实是在争论道德，却未予以哲学性的思考，这完全是因为我们未曾对任何事做过哲学性的思考。我们并未给予系统的思维应有的价值，这不是我们该有的方式。①

穆勒在《效用主义》中表达出对人类道德问题的关切，他企图以效用原则作为道德的基础，来达成理想的人生蓝图。虽然穆勒关切人类的道德问题，但其并未对道德进行系统的论述，其他效用主义的主要代表人物亦未对道德有特定的主张。因此，欲对效用主义的道德观有一适切的理解与运用，便会受到限制。研究者仅能在效用主义主要人物的思想中，建构其中的关联性，以厘清效用主义在道德思想上的重要主张。兹分别从道德目的、道德判断、道德规则以及道德约束力来论述之。

5.3.1 道德目的

当我们阐述效用主义时，从边沁着重在社会制度和法律层面，到穆勒将效用主义引至个人的伦理体系，以及日后学者对效用主义是否适合作为指导人类行为准则的讨论，均在显示出效用主义所具有的道德意涵。效用主义以追求"最大多数人的最大幸福"为宗旨，所以，效用主义所主张的道德目的也与幸福密切相关。

---

① John Stuart Mill, Jerome B. Schneewind(ed.). Mill's ethical writings[M]. New York: Collier Books, 1965,P14.

一、道德是为了获得幸福

作为效用主义的集大成者——穆勒，在其代表作《效用主义》中曾明确指出："接受效用原理为道德之根本，就需要坚持旨在促进幸福的行为即为'是'，与幸福背道而驰的行为即为'非'这一信条。幸福，意味着预期中的快乐，意味着痛苦的远离。不幸福，则代表了痛苦，代表了快乐的缺失。……那就是追求快乐，摆脱痛苦是人唯一可望达到的目的；所有为人渴望的东西之所以为人渴望，要么是因为其本身固有的快乐，要么是因为它们可以作为一种手段来催生快乐，阻止痛苦。"[①] 由此可见，穆勒主张幸福是可欲的，而且是唯一值得我们追求的东西。其他事物之所以值得追求，完全是因为幸福这个目的。

穆勒指出，"幸福是一种善。每个人的幸福对他自己而言是一种善，普遍幸福则是所有人整体上的一种善"[②]。因此，幸福是行动的目的之一，也是道德标准之一。除了效用主义支持者主张道德的目的是为了获得幸福外，事实上，古希腊哲学家从苏格拉底开始，就建立了"幸福论"的伦理学，柏拉图肯定人性追求幸福，亚里士多德也认定幸福是最终极的最高善，在其大作《尼各马可伦理学》中他曾说道："我们说为其自身而追求的东西比为了他物的目的更为完满更为终极；……幸福被认为是最具备这种性质，因为我们总是为了幸福本身而选择幸福，而永远不是为了别的什么东西"[③]。

二、人类的美德是为了获得幸福

效用主义主张道德的目的是为了获得幸福。然而，审视现实人生，许多人有道德地生活并不是为了获得幸福，有时甚至是为了某种更有价值的事物而自愿去过着辛苦的生活。亦即我们可能在基于义务而没有考虑幸福之下自愿来从事某种行为。穆勒以英雄和殉道者为例，他们之所以自愿来从事某种行为，是因为他们所珍视的某些目的超过他个人的幸福。一个人能完全放弃自己的幸福而去做某些行为，此种情操是高贵的。但是像这样的自我牺牲终究必须具有某些目的，自我牺牲本身不是目的。穆勒认为，那些能够从放弃

①　John Stuart Mill. Utilitarianism[M]. London: George Routledge & Sons, Limited, 1895, P13-14.

②　John Stuart Mill. Utilitarianism[M]. London: George Routledge & Sons, Limited, 1895, P66.

③　亚里士多德：《尼各马可伦理学》，王旭凤，陈晓旭译，北京：中国社会科学出版社，2007 年版，第 19 页。

自我的享乐而获得荣耀的人，就是因为此种牺牲能增进世界人类的幸福。如果他们宣称是为了其他目的而自我牺牲，便"不能赢得我们的钦佩——充其量不过是向我们证明人类可以做到什么，而绝不是人类就应该这么做"①。

穆勒对美德的看法，揭示出道德不是一种虚无缥缈的理想，而是与人类生活和社会效用有密切相关。虽然效用主义主张依据行为所能产生的幸福结果来判断行为的合理性，但也并未否定美德的意义，因为如果否定美德的意义，就忽视了行为的内在价值，割裂了行为者与行为本身。可以说，穆勒调和美德和效用的关系，让美德伦理和效用伦理在道德实践上都具有合理的意义。

三、利己与利他的结合

效用主义的最大幸福原则，除了对他人幸福的追求外，必然也包含着对个人幸福的肯定。然而，效用主义和一般的利己主义不同，效用主义也肯定利他精神。穆勒在说明最大幸福原则时即强调，效用主义所主张的幸福并不是行为者一己的幸福，而是指一切与该行为有关者的幸福。效用主义明确指出，个人不能只顾一己私利，相反，更要关心其他人的利益和幸福，个人幸福与他人幸福可说息息相关。在达成最大多数人的最大幸福的方法上，穆勒认为有两种重要的途径：首先，法律和社会安排应当尽可能地让个人的幸福或个人利益与全体利益趋于和谐；其次，要善用教育和舆论的力量，来建立每个个体的幸福和社会全体的幸福有牢不可破的关联性。②边沁虽然没有对最大幸福原则的具体内容展开论述，但是从他对苦乐的计算中，可以看出边沁的最大幸福原则是包含着利他主义的。例如，边沁关于苦乐的计算中，既要求判断行为的好坏，还需要考虑受到行为所影响的人的苦乐。边沁也要求立法者能制定合理的法律，让每个人即使从利己动机出发，也能达到增进最大多数人的最大幸福之结果。这些都显示边沁具有利他主义的思想。

然而，谋求自己的最大幸福符合人的本性，但人们如何说服自己，为了自己的幸福，必须谋求他人的最大幸福。换言之，人们如何从利己主义过渡到利他主义，达到利己与利他的结合？穆勒利用心理学上的联想主义来说明利他行为的可能性，以及利用社会情感的作用来说明利他行为的必要性，让利己与利他能够结合。首先，穆勒认为人类追求崇高的美德，起初只是为了

---

① John Stuart Mill. Utilitarianism[M]. London: George Routledge & Sons, Limited, 1895, P30.

② John Stuart Mill. Utilitarianism[M]. London: George Routledge & Sons, Limited, 1895, P32.

从美德中获得某种利益或快乐，经过多次的美德行为后，利他行为和快乐的感受便会在人们的观念中形成联想的心理习惯，进而驱使人们把美德从获得幸福的工具，提升至美德本身就是一种目的。① 其次，穆勒提出"渴望与同类和谐统一"的社会情感作为其道德情操的自然基础，即人们会有欲与同类和谐统一的欲望，此种社会情感有助于增长人们利他的精神，召唤着人们以最大多数人的最大幸福作为自己道德实践的依据。②

5.3.2 道德判断

一种道德或伦理的陈述可能会宣称有些特定的行为是对的或错的，或者某些特定种类的行为是对的或错的。它也可能在好的和坏的品格或气质之间提供一种区别，或者从上述这些许多更为详细的判断中，提出一些广泛的原则。例如，我们应该总是以最大的普遍幸福为目标，或将我们自己完全奉献给上帝等。所有这样的陈述都表达出一种不同程度的第一层的伦理判断。在与这些第一层的伦理判断对照之下，第二层的陈述将会说明，当某人做出第一层的陈述后，接下来会如何。特别是像这样的陈述表达出一种发现还是一种决定？或者它可能对我们如何思考和推理道德事务提出一些观点。

效用主义的道德目的是获得幸福。在我们做出"最大多数人的最大幸福"这个第一层的陈述后，接下来我们如何去判断一个行为是否符合效用主义的道德标准呢？效用主义的道德判断标准主要可从最大多数人的最大幸福和公正无私、爱人如己的精神以及行为的结果是道德判断的依据等三方面说明之。

一、道德标准是最大多数人的最大幸福

穆勒明确地指出，"功利主义的标准不是指行为者自身的最大幸福，而是指最多数人的最大幸福"③。假如有人质疑高尚的品德是否会带来较大的幸福，穆勒认为这是毋庸置疑的，人类行动的目标就是为了创造最大多数人的最大幸福，最大幸福的原则也就是道德的标准，人类生活中的所有规则和行动规范，都应遵照最大幸福原则来制定，只是效用主义的攻击者很少公正地承认，效用

---

① John Stuart Mill. Utilitarianism[M]. London: George Routledge & Sons, Limited, 1895, P67-72.

② John Stuart Mill. Utilitarianism[M]. London: George Routledge & Sons, Limited, 1895, P58.

③ John Stuart Mill. Utilitarianism[M]. London: George Routledge & Sons, Limited, 1895, P21.

主义的道德标准不是行为者本身的幸福,"而是与行为有关的所有人的幸福"[①]。

"最大多数人的最大幸福"即最大幸福原则,是边沁的道德哲学和政治哲学的基本律则,穆勒也毫无保留地接受了这一概念。穆勒主张,对的行为是倾向于增进我们的幸福,错的行为是倾向于产生与幸福相反的结果。此种主张,就道德而言,包含着对两个基本问题的回答:一个是道德目的是为了增进幸福,免除痛苦;另一个是人们应当以是否增进幸福作为判断道德是非的标准。在道德目的和道德标准的问题上,效用主义既肯定个人欲望获得满足后的愉悦,也肯定增进他人幸福所能带来的精神价值的愉悦,这是效用主义道德观的一项特点。

二、道德精神要公正无私、爱人如己

在效用的考量上,边沁坚持无偏私原则,主张无论王公贵卿或黎民百姓,每一个人的快乐都会得到考虑,并且受到同等的重视[②]。人人价值平等,绝无尊长显贵。换言之,当行为者在计算其行为所影响的每一个人的效用时,谁是达成此效用者和谁是此效用的享有者,都是道德上不相关的问题。穆勒也指出,在自己幸福和他人幸福之间,效用主义者要求自己要"做到如同一个无私的、仁慈的旁观者那样保持不偏不倚"[③];并引用耶稣的黄金律"人如何待你,你也要如何待人;爱邻如爱己"[④],来说明效用主义所蕴含的完整精神。简言之,此种精神构成了效用主义道德的完美理想。西季威克也指出,许多人经常说效用主义把所有德行都分析为普遍的、公正的仁爱。然而,效用主义并不是要我们同等地爱每个人,而是要求我们以普遍幸福为我们的终极目的,因而要求我们把任何一个人的幸福视为与任何一个其他人的幸福同等重要的,视为这个普遍幸福中的一个成分。[⑤]

---

① John Stuart Mill. Utilitarianism[M]. London: George Routledge & Sons, Limited, 1895, P31-32.

② [英]H.L.A.哈特:《道德与立法原理导论》(导言),时殷弘译,北京:商务印书馆,2000年版,第17页。

③ John Stuart Mill. Utilitarianism[M]. London: George Routledge & Sons, Limited, 1895, P32.

④ John Stuart Mill. Utilitarianism[M]. London: George Routledge & Sons, Limited, 1895, P32.

⑤ [英]西季威克:《伦理学方法》,廖申白译,北京:中国社会科学出版社,1993年版,第260页。

三、行为的结果是道德判断的依据

一般而言，判断行为是否符合道德标准，主要可从行为者的动机和行为所产生的结果来加以区分，不同的道德哲学会对行为产生不同的评价，以某一种道德哲学来作为行为判断标准时，可能认为该项行为是可被接受的，但若以另一种道德哲学来作为判断标准时，则可能被评价为不道德的。效用主义是一种高度情境敏感性的理论，在道德上要求我们去从事能产生最好结果的行为，它并不执着于任何特定的行为方式，其主要目的是让我们在面对真实的道德问题时，能够知道该如何抉择以便能产生最好的结果。在效用主义者中，边沁只关心行为的结果，而意图的好坏是不予考虑的^①；穆勒则认为，动机虽然与行为者的价值有关，但与行为的道德性无关。穆勒进一步指出，行为者品德的好坏不影响对行为的好坏善恶之判定。穆勒举了两个例子来说明：假如有人去救了溺水的人，不管他的动机是出于义务或希望得到报酬，都是道德正确的；有人背叛了信任他的朋友，即使是为了对另一位朋友尽更大的义务，也是违反道德的行为。穆勒进一步指出，没有哪一种道德标准会因为这项行动是好人或坏人所为而来决定行动的好坏，一个好的行为并不必然是具有美德的人所为，而一些受到谴责的行为也有可能是源于值得赞美的动机而来。^②斯玛特也提出过类似主张，认为许多反对者都是混淆了好坏对错的区别。对的行为是指那些实际上能产生最好结果的行为，好和坏则是用来指称行为者和动机。因为在特殊的情境中，一个正确的行为可能出自于坏动机，一个错误的行为也可能出自于好动机。斯玛特强调，我们要清楚地区分它们各自的含义。^③斯玛特明确地指出，行为所产生的结果才是判断行为正确与否的唯一标准，此主张也是关注于行为正确与否的效用主义与某些关注于人的道德善恶之伦理学说的最大差异。

综上，效用主义的支持者很明确地指出，我们必须以行为的结果来作为

---

① Jeremy Bentham. An introduction to the principles of morals and legislation[M]. London;New York: Methuen, 1982, P88-89.

② John Stuart Mill. Utilitarianism[M]. London: George Routledge & Sons, Limited, 1895, P33-37.

③ J. J. C. Smart and Bernard Williams, Utilitarianism for and against. Cambridge: Cambridge University Press, 1973, P47-48.

道德判断的标准。虽然行为者的动机与行为的价值有关，但是与行为的道德性无关。如果在某些极端特殊的情况下，人们不得不从事于道德上可能令人难以接受的可怕行为，才能增进全体人类的福祉；或者真的无法达到最好的结果，只能在不好的情境中尽可能来获致较佳的结果时，那也不是效用主义的错。简言之，对效用主义者而言，行为的结果才是道德判断的唯一依据。

5.3.3 道德规则

在日常生活中，我们会经常使用一些道德规则来为我们的道德判断做辩护。换言之，多数人在大部分时间中会运用道德规则来解决道德问题。效用主义追求"最大多数人的最大幸福"之实现，虽然具有崇高的理想，然而，在追求此理想的过程中，对于道德规则的立场却留给人们无限遐想的空间。尤其是行为效用主义认为行为的对错完全视结果的好坏来决定，更造成一般人对效用主义思想产生很大的误解。换言之，效用主义虽然具有促进最大幸福实现的崇高理想，但在追求此理想时，似乎没有给予社会上所普遍遵守的日常道德规则应有的尊重，这难免会使人们觉得效用主义为了达到促进最大幸福的目的，可以使用任何手段，即便手段在道德上可能极为邪恶。

上述观点，在现今社会是很难为大多数人接受的。就如罗尔斯所言："每个人都拥有一种基于正义之上的不可侵犯性，即使是以整个社会的福祉为名，也不能凌驾这种不可侵犯性。因此，正义否定为了让一些人分享更大的利益，因而让某些人失去自由是正当的；也不允许强迫牺牲少数人的利益，好让较多数的人享有更大的利益。"[①] 不可否认，在日常生活中，一般我们会认为遵守道德规则的行为就是对的行为，而违反道德规则的行为就是错的行为。然而，社会生活是复杂的，对道德规则的遵守也会有例外的情况。穆勒在《Dr. Whewell on Moral Philosophy》中讲道：大体而言，我们会认为所有的道德体系都会承认需要一些例外的规则。例如，道德规则反对杀人、欺骗、占人便宜等，但是在战场上面对敌人时，反对杀人的规则要暂时取消，因为这是例外。在特殊的情况下，道德规则被迫需要做一些改变。在上述的例子中，"例外"可以让道德规则不会成为效用原则的绊脚石。但是，重要的是，例外本身就应该是一个普遍规则，这样可以让例外有一明确的范围，而不会使权宜之计在

---

① John Rawls, A Theory of Justice, Belknap Press of Harvard University Press, 1999, P3.

个别事件中，让行为者做出偏私的判断，在没有扩大例外的理由下，也不会动摇到较为广泛的规则的稳定性。这样可以让"道德体系的结构"有更足够的基础。至于如何来形成引导人们遵守这种行动体系的手段，效用主义和所有其他道德体系一样，是借由法律和舆论的外在约束力以及教育或理性的内在情感。相较于其他道德体系，这种做法不会让道德每况愈下，甚至或许会更好。因为当人们具有理性时，可能会更愿意来遵守这样的规则。①

所以，效用主义者应该接受效用主义不仅是对错的标准，也必须能作为行为者的行为指导理论。在一般情况下，我们会认为遵守道德规则的行为就是正确的，而违反道德规则的行为就是错误的。然而，由于人类处境的复杂，难免会有道德冲突的情形，此时，我们就必须以"特例"来看待。因此，效用主义将道德规则分成两种层次：普通的道德规则和作为最后仲裁的效用原则。

一、普通的道德规则是一种简便规则

一般而言，在其他条件都相同的情况下，效用主义者会接受以日常道德规则作为我们的行为指导，因为根据人类的生活经验，依照日常道德规则而行通常会带来较佳的结果。穆勒承认我们需要一般的道德规则作为日常生活中的行为指导原则，人类在漫长的时间里，一直都在通过体验行为倾向进行学习，而这种体验使我们获得了一些确定无疑的信念，相信某些行为有利于人类幸福，这些信念流传下来，便成为大众的一般道德规则。②

不只是效用主义，作为义务论者的康德也重视所谓的"平常合理的道德知识"，只是康德并不满意止步于平常合理的道德知识，因此致力将其转换成哲学知识，并进一步发展出一种较为复杂精细的道德推理，即道德的形而上学。然而，由于人类处境的复杂，要表述出一种毫无例外的规则几乎是不可能的。没有人可以自夸他可以找出十分明确的规则来应付实际的任何状况。当仅凭借着日常道德规则无法作为行为指导原则时，康德以规则的可普遍化为标准，效用主义则主张效用原则是最后的仲裁。

二、效用原则是最后的仲裁

虽然效用主义者认为日常道德规则可作为我们的行为指导，主张在一般情况下，我们只要按照道德规则来行动，大抵就能获得最好的结果。然而，

---

① John Stuart Mill, Dissertations and Discussions(vol.2). Cosimo Inc. Press, 2009, P450-509

② John Stuart Mill. Utilitarianism[M]. London: George Routledge & Sons, Limited, 1895, P43.

日常道德规则能够作为我们所处的任何情境的行为指导吗？当道德规则间发生冲突时该怎么办？穆勒认为，由于人类处境的复杂，规则间的冲突是在所难免的。传统的道德规则并不是绝对可靠的，而是可以无限改进的。道德规则虽然可以改进，却不能完全跳过中间的层次（即日常普通的道德规则），而试图直接用第一原则（即效用原则）来检验每个行为。穆勒以旅行者如何到达目的地和水手出海航行来说明，第一原则和日常普通的道德规则是可以相辅相成的 ①。穆勒也指出，由于人类事务的错综复杂，因此任何行为规则都不可能没有例外，为了能适应各种特殊情况，每一种伦理信条都会为行为者的道德责任留下一点宽容的余地。但是，当日常道德规则产生冲突时，我们就必须诉诸效用原则。穆勒也特别强调，只有在日常普道德规则之间发生冲突时，我们才有必要诉诸效用原则。②

简言之，在大部分的情况下，日常道德规则足以作为我们道德判断的标准，但在一些没有明显的简便规则可供应用的情境中，我们只能根据效用原则来从事自己认为将能取得最大幸福的行为。由于人类生活情境的复杂多元，我们会为最大幸福目标和顾及我们的直觉而努力，这些都是道德慎思和行动的一部分。

5.3.4 道德约束力

效用主义是英国古典经验主义的一支，它所强调的快乐和痛苦是经验事实，每个人都追求快乐、避免痛苦也是经验事实，然而，从这些经验的前提出发所推论的"促进最大多数人的最大幸福"的结论，却不是经验的。简言之，这样的结论需要加以论证。既然追求幸福是正当的，个人理应致力于追求自己的最大幸福，为什么应当要促进最大多数人的最大幸福呢？换句话说，作为一种崇高道德理论的效用主义，其约束人们达成目标的约束力是什么呢？人们遵循它的动机是什么呢？

边沁认为，为了使人们确实遵循最大多数人的最大幸福这个标准，乃不

---

① John Stuart Mill. Utilitarianism[M]. London: George Routledge & Sons, Limited, 1895, P44-45.

② John Stuart Mill. Utilitarianism[M]. London: George Routledge & Sons, Limited, 1895, P47-48.

得不诉诸人为的外在约束，也就是运用法律和舆论的约束力来强制人们按规则行事。穆勒则除了运用外在约束力外，也充分运用了内在约束力，并把人类的社会情感，视为效用主义的最终约束力量。在此，以下研究者分外在约束力、内在约束力和最终约束力等三方面来说明效用主义的道德约束力。

一、外在约束力

在确保个人幸福能被公平考量的基础上，边沁提出了四种约束力量，分别为自然的、政治的、道德的和宗教的约束力。自然的约束力是大自然对人的奖惩使人会弃恶从善；政治的约束力主要是由政府和法律施与的苦乐制裁；道德的约束力是公众或舆论的约束；宗教的约束力则是出于对上帝的畏惧。① 这四种约束力的共同特点是都通过外在的力量，来约束人们的行为，以达到弃恶从善的目的。穆勒在《功利主义》一书中也有关于外在约束力的论述。穆勒说道："来自我们同类或上帝对快乐的期望和对痛苦的恐惧，以及我们对同类的友爱或同情、对万物之主的爱戴和敬畏，都促使我们去遵循上帝的意志而不计个人后果。"② 穆勒所主张的外在约束力与边沁的道德的和宗教的两种约束力极为相似，亦即透过舆论和宗教的力量来约束人们的行为。西季威克也认为在效用主义者的义务上，无法从经验的基础上得到满意的论证，所以，有些效用主义者宁愿从宗教的约束来寻求效用主义义务的证明。且就如同穆勒所主张的，就功利主义比常识更严格地要求个人为整个人类的幸福而牺牲他的幸福而言，它在严格意义上是符合最典型的基督教教义的。③

因此，效用主义相信人类是欲求幸福的，对于能增进人类幸福的行为会加以赞赏；反之，对于会减少人类幸福的行为会加以非难或惩罚，这种舆论的力量对人们的行为就会形成一种约束力。另外，借由来世会上天堂或下地狱的希望与恐惧，无形中又构成了人们追求最大幸福的约束力量。换言之，无论是自然的或法律的惩罚，或是舆论或宗教的约束，这些都是效用主义者认为能够强化人们追求最大多数人最大幸福的外在力量。

---

① Jeremy Bentham. An introduction to the principles of morals and legislation[M]. London;New York: Methuen, 1982, P35

② John Stuart Mill. Utilitarianism[M]. London: George Routledge & Sons, Limited, 1895, P51.

③ Henry Sidgwick. The methods of ethics[M]. Indianapolis:Hackett Publishing, 1907, P503-504.

二、内在约束力

边沁提出四种外在约束力，在确保效用主义的实施上虽具有一定的启示意义，但其明显的缺失是忽视了个人的道德自觉性，亦即忽视了内心道德情感的培养。在约束人们的外在力量之外，穆勒还特别强调内在的约束力，此种内在约束力就是"良心"。穆勒认为："义务的内在约束力，无论其标准为何，都只有一种，并且都是一样的——那就是我们内心的一种情感。它是一种痛苦，或多或少比较强烈，伴随着违反责任而来，出现在那些道德本性受到了适当教化的人身上，比较严重时，就不能释怀。"① 要言之，穆勒认为良心实际上是一个复杂的现象，它是由许多联想交织而成的一种心理现象。这些联想"有源于同情的、源于爱的和更多源于恐惧的，有源于各种宗教情感的，有源于对童年和往昔之回忆的，有源于自尊的、渴望他人尊重的甚至偶尔源于自卑的"②。穆勒说："倘若我们希望做出违反正义标准的行为，就必须突破这团情感；而一旦我们真的违反了标准，则事后很可能不得不面对悔恨。"③ 由此可见，穆勒认为，从外在约束力来看，人们因害怕外在的赏罚而遵守道德规则，换言之，外在约束力对行为者而言是一种被动的约束力。相反，内在约束力是一种与纯粹义务相联结的感情，与心中所期待的结果无关。在内在约束力下，我们之所以遵守道德规则，是因为我们觉得应当如此。换言之，内在约束力对行为者而言，是一种主动的自我约束力。

不过，穆勒也表示，如果有些人没有拥有这种道德情感，便不会受到内在约束力的限制。但是那样的人"既不会遵从效用原则，也不会遵从于其他任何道德原则"④。对于这些人而言，就只有完全诉诸外在的约束力量才能让他们依道德而行。另外，穆勒相信，道德情感的强弱不在于它是否是客观的，重要的是如何借教育的力量来培植它和巩固它。道德情感不是与生俱来的，而是后天习得的，道德情感就像人类说话、推理、建筑城市、耕种土地一样，

---

① John Stuart Mill. Utilitarianism[M]. London: George Routledge & Sons, Limited, 1895. P52.

② John Stuart Mill. Utilitarianism[M]. London: George Routledge & Sons, Limited, 1895. P52-53.

③ John Stuart Mill. Utilitarianism[M]. London: George Routledge & Sons, Limited, 1895. P53.

④ John Stuart Mill. Utilitarianism[M]. London: George Routledge & Sons, Limited, 1895. P53-54.

完全是后天学习的结果。由于道德情感不是先天的，而是可以借由后天的教育来培养，所以教育的作用更重要。穆勒指出，道德的联结是人为的产物，可透过教育来形塑。同样，如果不加以培养和珍惜，即使已借由教育来植入，也可能会被分解。[①]

三、最终约束力

从上述分析中可知，穆勒显然认为内在约束力要比外在约束力强而有力且更能持久。那与最大幸福有着自然联结的坚固基础是什么呢？穆勒认为，当普遍的幸福被承认为是一种伦理标准时，人类强而有力的自然情感将是构成效用主义道德体系的重要部分。这坚固的基础是人类欲与同胞成为一体的社会情感，是人类本性就有的有力原则，即使没有特别灌输，也乐意让此种原则更为牢固。

穆勒认为，"人我一体"的欲望与社会的进步是相辅相成的，社会愈进步，人类就愈能体悟到平等生活的重要性。社会关系的加强和社会健全的发展，终会使每个人的感情与别人的福祉化为一体，或至少使每个人的感情对别人的福祉给予实际的重视，以至到后来，人类的感情会本能地去关切别人的利益，就像关切自己的利益一样。穆勒认为，如果把这种社会情感当做一种宗教去传布，再用教育、制度、舆论的力量，使每个人从小就耳濡目染地对这种感情期许和实践，没有人会认为这个效用主义的约束力是不充足的。穆勒说："这样一种信念便是最大幸福原则的终极约束力。这一终极约束力促使所有感情完整的人依照外在约束力所产生的外向动机去为他人着想，并且当外在约束力不足或背道而驰时，终极约束力本身能够依据个体的情感和思想境界形成一种强大的内在约束力。"[②]要言之，这种人我一体、休戚与共的社会情感，就是每个人遵循效用原则最自然和最稳固的力量，也是效用主义道德观的最终约束力。

根据上述，我们可以说，效用主义不但注意到一般的道德规则，也关注道德约束力的形成，这在西方伦理学中可说是难能可贵的。当我们在谈论道德问题时，如果只是提出一般的道德规则而对道德约束力略而不谈，那么这

---

① John Stuart Mill. Utilitarianism[M]. London: George Routledge & Sons, Limited, 1895. P56-58.

② John Stuart Mill. Utilitarianism[M]. London: George Routledge & Sons, Limited, 1895. P63.

些规则在实际生活中可能很难发挥作用。边沁提出四种外在约束力来让道德上正确的行为能得到肯定，获得实际的效益；让道德上错误的行为得到该有的惩罚与谴责。穆勒则除了延续边沁的外在约束力外，进一步以内在良心的道德情感约束力，让效用主义的道德约束力更加周延，在理论和实践上更具有意义。

综合而言，效用主义主张道德的目的是为了获得幸福，个人幸福和社会的普遍幸福是可以和谐一致的，而判断行为的对错是依据行为的结果，其标准是效用原则，亦即最大多数人的最大幸福。在一般情境中，由于从小到大的教养，人们通常会根据简便规则来行动，但是当道德规则或道德义务产生冲突时，效用原则便成为最终的判断标准。最后，效用主义者认为约束人们趋向效用原则的力量主要可分为外在约束力和内在约束力，而其最终约束力是人我一体、休戚与共的社会情感。

近代效用主义自边沁开其源后，历经约二百年的发展演变，它处理了许多社会和教育问题，也遭遇不少困难。边沁奠定效用原则（最大幸福原则）的基础，并着重于社会和公共政策问题的解决；穆勒则将效用主义导入个人的伦理体系，试图在人类行为对错的标准上能获得共识，并借由教育和环境的深化来达成增进最大多数人的最大幸福的理想；西季威克则传承了古典效用主义的主要精神，并对其缺失进行补充修正，试图从常识道德来开展他的效用主义主张。虽然西季威克自认为已能成功地调和效用主义和直觉主义，但是仍陷入效用主义和利己主义冲突的实践理性二元论的困境中。黑尔则从直觉思维和批判思维的层次中，来说明合理的道德推理必须包含事实、逻辑（可普遍性和规约性）、相关者的倾向或利益以及想象力，并认为依此所做出的道德判断，在内容上可说是等同于效用主义的结论。今日研究效用主义的主要内涵，分析其利弊得失，有助于我们对道德教育中的许多作为和问题作一省思，也能从中获得一些有益于道德教育的启示。当然，对于许多公共政策的制定，亦能提供另一种思维，以助益社会最大幸福的达成。虽然效用主义伦理思想并未特别提出其道德教育主张，研究者在探讨效用主义思想内容、效用主义的主要精神与理论优势以及效用主义的道德观后，将效用主义的道德教育历程统整如图 5-1，以作为道德教育实践之参考。接着研究者根据效用主义伦理思想的主要精神，阐述对我国现行道德教育的启示。

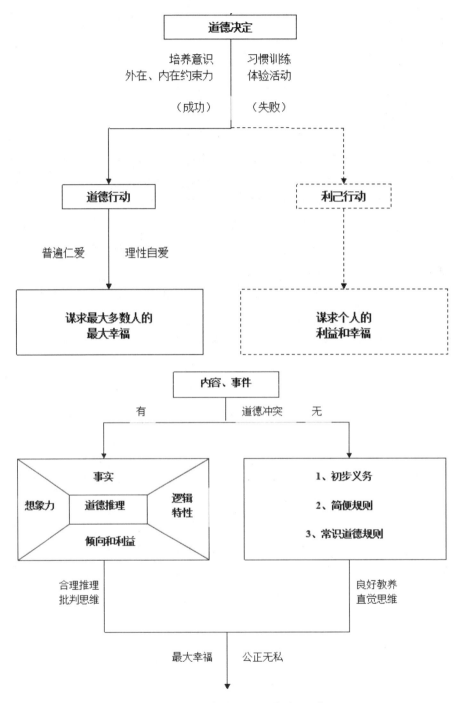

图 5-1 效用主义道德观的道德教育过程图

效用主义伦理思想
在道德教育^① 上的蕴义

    穆勒在其自传中提到，当他看了边沁的《道德与立法原理导论》后，感觉到之前所有的道德家都被边沁取代了，一种以科学的形式将幸福原则应用在行为的道德性上的新思想涌上心头。^②康德则在其《实践理性批判》的结论部分，写下了一句脍炙人口的名言，此后也成了康德的墓志铭："有两件事物，人们愈是经常持久地对之凝神思索，内心便愈是感到肃然敬畏：我头顶上的星空以及居我心中永恒的道德法则。"伦理学一开始或许是让人期待为一种枯燥且抽象地描述人们该如何决定道德上对的事情，以至于人们早已遗忘了道德应与幸福有关。效用主义经常面临直觉的怀疑，因为它缺少那种人们所熟悉的道德的味道，道德是崇高的，只因为它们是道德，而不是因为它们能让人们获得快乐或避免痛苦。因此，当效用主义面对着根深蒂固的义务论或直觉论的信念时，双方经常在相同议题上持续论战而未能获得共识。

    反思人类今日所面临的处境，我们可能会惊讶地发现，今日人类的困惑

---

    ①   在我国，德育概念一般有广义和狭义之分。广义德育是"相对于智育和美育来划分的，它的范围很广，包括培养学生的思想品质、政治品质和道德品质"（参见王道俊、王汉澜：《教育学》（新编本），人民教育出版社 1999 年版，第 330 页）。而狭义的德育就是专指道德教育。本篇文章所说的德育范围更小，专指我国学校中的道德教育。

    ②   John Stuart Mill. Autobiography of John Stuart Mill[M]. New York: Cosimo Classics, 2007, P46.

一如 18 世纪康德所感到敬畏的头顶上的星空和内心的道德法则，只是在内容上随着时间的流转而有所改变而已。道德和效用的关系如何？道德有没有独立的价值，还是只是获得效用的一种方法？康德认为我们应当为了道德而道德，而不是为了效用而道德。然而，假如我们经常为了道德而必须牺牲快乐或利益，难道就合乎人性吗？此种行为可以长久吗？效用主义主张，正确的行为在于能促进最大多数人的最大幸福，而个人的幸福也因周遭人们的幸福的增加而增加。此种想法相当自然，也容易打动人心。所以在日常生活中，虽然人们口中常贬抑"效用"思想，认为其难登"道德"的大雅之堂，但衡量诸现实，效用却经常成为人们应该要有道德的目的。例如，大家耳熟能详的"狼来了"寓言故事，说谎的最后结果是狼真的来了的时候，没有人相信放羊的孩子的话，因此，所有的羊都被狼吃了。放羊的孩子因为说谎（不道德）而得到了恶果（痛苦）。又如宗教上的"善有善报、恶有恶报""行善可以上天堂，作恶会下地狱"等，也是把道德和效用结合在一起，把道德视为获得快乐或避免痛苦的方法。

在道德教育的哲学论证上，义务论与目的论两大阵营一直相持不下，其支持者各自依据自身标准诘难不同阵营的主张，看似有理却也不免落入自相矛盾的困境中。效用主义借由诉诸最大幸福原则，高举道德体系应基于增进人们的幸福并减少痛苦，此种符合人性趋乐避苦的体系，自然能引起大多数人的共鸣，就连标榜正义的罗尔斯也不敢小觑效用主义的影响力，他认为，在现代道德哲学的许多理论中，占优势的一直是某种形式的效用主义，而且效用主义的反对者们一直也没有建立起一种能与之抗衡的道德观。[①] 金里卡（Will Kymlicka）也认为效用主义有其吸引人之处，因为效用主义是一种具有一致性且系统化的道德哲学，它有两种特色，使它成为一种具有吸引力的理论。一是其并非如同其他的道德学说一样，是依靠于上帝的存在、心灵或任何不具体的形而上的存在物上，效用主义者所追求的幸福是与我们生活有关的事物；二是效用主义符合我们喜爱幸福事物的直觉，以及道德规则必须经得起幸福结果的检验之直觉。如果我们能接受这两种观点，那么绝大多数的人似乎必

---

① John Rawls. A theory of justice[M]. Cambridge, Mass., Belknap Press of Harvard Universitu Press, 1971, Pvii-viii.

然会遵行效用主义。①

再者，我国台湾学者苏永明在探讨过几个主要的道德传统（康德的动机论、效用主义的结果说、亚里士多德的德行论以及马克思的意识形态控制说）后指出，我们在探讨道德时，都只是从某些角度、某些人或某个时代背景出发，不可能会有普遍客观的定义。尤其是处于多元文化的今日社会，任何道德标准都会受到质疑，因此教育人员在道德教育的实施上经常莫衷一是。② 波依曼也指出，他从霍布斯（Thomas Hobbes）在《巨灵论》中的描述以及戈尔丁（William Golding）的经典小说《苍蝇王》的反思中，捕捉到一些道德目的的微光，而不同的道德理论会用不同的方式来强调不同的重点。如效用主义紧盯着人类的繁荣和改善痛苦；契约论体系根植于解决利益冲突的理性的自利。一个完整的道德理论将包含每一种目的，并将此种规则内化于道德生活中。道德的目标是创造快乐且有德行的人，如此可以让社群更加繁荣兴盛，这也是道德是世界上最重要的课题的原因。③ 此外，何怀宏也有"效用主义即便说理论上不占优势，那么在实际生活中也是占优势的"④ 的主张。

马克思主义认为，在阶级社会中，"道德始终是阶级的道德"⑤，但是道德除了具有阶级性的特征外，"对同样的或差不多同样经济发展阶段来说，道德论必然是或多或少地相互一致的"⑥。也就是说，道德除了具有阶级性外，处于同一时代的不同阶级在道德上也可以找到某些共识。效用主义思想虽然一直在西方世界占有重要地位，但国内相关研究与讨论却不够充分。究其原因，是由于其最初进入我国的时候是被译作"功利主义"，而在国人的观念中，"功

---

① Will Kymlicka. Contemporary political philosophy: an introduction[M]. Oxford; New York: Oxford University Press, 2002, P10-12.

② 苏永明：《从道德的本质看道德教育》，[J]，载中国台北市教师研习中心《教师天地》，2007 年总第 149 期，第 33 页。

③ Louis P. Pojman. Ethics: discovering right and wrong[M]. Boston, MA: Wadsworth, Thomson Learning, 2002, P12-18.

④ 何怀宏：《伦理学是什么》，[M]，北京：北京大学出版社，2002 年版，第 75 页。

⑤ 马克思、恩格斯：《马克思恩格斯选集》第三卷，北京：人民出版社，1995 年版，第 114 页。

⑥ 马克思、恩格斯：《马克思恩格斯选集》第三卷，北京：人民出版社，1995 年版，第 134 页。

利"一词又往往含有贬义，使人们往往避而远之。然而，审视现实社会，大部分人其实都普遍接受效用主义思想，只是都隐藏在心里而未明言接受。为何我们在心里能接受效用主义思想却难以大方地说出口？这可能与国人在道德情感上不易接受效用主义思想有关。但道德情感上不容易接受是一回事，在真实生活中须做一理性的决定又是另一回事。换言之，正视大部分人可能都普遍存有效用主义思想需要智慧，更需要勇气。然而，遗憾的是，多数教育工作者往往因为担心被贴上"功利主义者"的标签而失去了正视现实的勇气，也很少有人敢勇于向他人阐述自己潜藏于心里的效用主义思想。一般而言，在道德教育实践上的不同主张，往往源自于教育人员在基本道德哲学上的不同立场所致。国内道德教育在义务论和德行论长期居于主流地位下，几乎无人主张效用主义，此种类似"伦理霸权"的现象，似乎与尊重差异、强调多元化的后现代思潮不符。

任何社会在新旧体制交替、文化冲突和交融的过程中，人们对自身主体性的认同产生模糊现象似乎是难以避免的，此时期也最容易发生"摸着石头过河"的现象。我国目前正处于社会转型时期，所以在伦理的标准上会有一些不同的主张是免不了的。道德教育在我国教育地位中向来都居于首位，从幼儿园开始，一直到研究生阶段，我们都有配套的思想政治课程教导我们形塑高尚的道德情操。但观察现在各阶段的道德教育，普遍存在着问题：德育目标偏离实际，德育途径的单一化，德育氛围营造的缺失等问题，致使德育成效低落。本研究在对效用主义思想做一探讨后，归纳出效用主义的道德观以及效用主义行为指导的标准的理论优势。本章根据先前的探讨，首先探讨目前我国在道德教育中存在的不足，接着结合效用主义思想，分别论述效用主义思想在道德教育目的、道德教育内容以及道德教育方法上的启示，以期能对我国道德教育的发展有所借鉴。

6.1 效用主义在道德教育目的上的蕴义

效用主义主张道德的目的是为了获得幸福，人类的美德行为也是为了获得幸福，道德教育的目的应是指导学生获致幸福的人生，而不只是如何来让他人牺牲奉献。当前学校道德教育成效低落的原因，或许不在于道德教育的内容和方式，而是在于学校道德教育目标与一般人所追寻的人生目的错置所致。循此脉络，效用主义对道德目的的主张或可为我们提供不同的思考方向。

以下分别就道德教育应以人为本，以体现道德为人而设，人也为道德而活的精神；道德教育应重视个人的权利，而非仅是善尽义务以及生命的意义在于不侵犯道德基础上来增进最大多数人的最大的幸福分述之。

6.1.1 道德教育应以人为本

我国传统道德教育有一种过度理想化的倾向，以致道德教育偏离了实际生活，弱化了道德教育的效果。效用主义主张道德的目的是为了获得幸福，认为趋乐避苦，追求幸福是人的本性，而不是为了达至那抽象、完美的道德圣贤境地。因此，我们可以说，效用主义是道德教育中的人本主义。此处的"人本"有三种含义：第一，以"现实存在的人"为本，不是理想化的圣人；第二，以"具体的个人"为本，而不是抽象的集体或社会；第三，正视"人性的自利倾向"，即所谓正其义谋其利。首先，道德教育不等于理想主义教育，因为理想主义的教育容易流于崇高、空洞，一般人难以严格遵守理想主义的道德规则和标准。其次，道德教育不等于集体管理主义，集体管理主义容易倾向于限制个性的自由发展，甚至否定个人的存在。此种集体管理主义要求人们去除私欲，杜绝私心，以抽象的集体来压榨具体的个人，人成为道德大旗下的牺牲品。最后，人类道德的核心问题是利益和幸福问题，人性的自利是自然倾向，决定了每个人的行为目的，然而，人又是社会性的动物，不可能依靠损害他人与社会的利益来实现自己的利益，只有依靠追求社会最大效用的利他行为，才能让自己的利益最大化。

效用主义主张趋乐避苦，追求幸福是人的本性，也是道德的目的，这让道德少了几分理想色彩，更趋近于人们的实际生活，让人们更愿意接受它。换言之，效用主义的道德是以现实且具体存在的人为起点来进行道德教育，体现出一种"道德为人而设，人也为道德而活"的精神。效用主义主张道德教育应以人的利益和幸福为本，历年来受到不少的批评，其批评的理由大抵可分为两项：（1）效用原则把人们既作为目的又作为手段来对待。一方面，效用原则借由把每一个人的幸福看得同等重要而把人们看作目的；另一方面，却又允许牺牲某些人的幸福来获致较大的幸福总额，又把人们当作手段。（2）效用原则无法在现实中实践，因为人们在"应当追求最大多数人的最大幸福"和"应当追求自己的最大幸福"之间必然会产生冲突。若以前者为导向，与人性的自利倾向有所冲突；若以后者为导向，人们最终可能会为了自己的利益而不择手段、损人利己。

上述批评看似有理，但也有盲点。首先，义务论者坚决主张，我们必须仅仅把人当作目的，绝不可作为手段。然而，许多研究也证实，影响人们道德行为的原因是人们对道德规范及情境脉络的知觉，以及行为对自己和他人所可能产生的结果的预期[①]。因此，我们可以说，在道德行为中，每个人是手段，同时又是目的。其次，一般人总认为，在利益冲突的情境下，不是牺牲小我完成大我，就是损人以利己。然而，这种把个人利益和他人利益割裂对立起来的思维模式，对人们的道德行为和道德教育造成了极大的障碍。人类本性有追求私利的元素，但也有关怀他人利益的情感。事实上，利益并非静态也非短期的，而是随着人们行为方式及时间的改变而不断损益增减，只要能透过教育的培养和制度的改善，现实中是可以让个人利益和社会利益达到和谐一致的。

6.1.2 道德教育应重视个人的权利

在我国传统道德教育中，权利一直是一个不受人们重视的概念。一般而言，法律应注重权利，道德则讲求义务。尤其在日常生活中，我们很容易发现，在上位者（尊者）经常赋予自己绝对的权利，却对下位者（位卑者）课以片面的义务。换言之，在道德教育中，我们强调的多是"善尽的义务"，而不是"应得的权利"。

虽然有些学者认为效用主义敌视道德权利的存在，并在以权利为基础下对效用主义提出严厉的批判，主张个人的一些自然权利不能被效用主义的最大幸福所否定[②]。然而，效用主义的实际主张是，道德目的是为了获得个人和社会的最大幸福，此种主张隐含着个人有权利来追求自己和他人的幸福，除了某些特殊情况外，利己与利他是可以和谐一致的。此种观点明白点出，道德的目的不只是要求各人善尽义务而已，同时也给人们提供一个在不影响他人权益下自由选择其行为方式以获取正当利益的合理范围；也隐含着每个人会对其行为表现期待有所"应得"，以得到他应有的道德权利。例如，穆勒在其所列举的正义的特性中，第三项便指出，正义是每个人得到他所应得的

---

① Forsyth, D. R., & Nye, J. L. Personal moral philosophy and moral choice. Journal of Research in Personality, (1990).24, P410-412。

② 余桂霖：《论功利主义》，载《复兴岗学报》，1997 年第 60 期，第 64-65 页。

（deserves），不管是好或坏的；不正义则在于每个人得到他所不应得的好处，或遭受了不应受的坏处。在一种比较特定的意义上，一个人为别人做了善事，那么也应从别人那里得到善报；一个人对别人犯下了恶行，也应从别人那里遭受恶报①。此处穆勒所说的"应得"的概念，既有法律权利意义，又有道德权利意义。进一步来说，道德权利赋予个人获取其正当利益的可能性，而道德义务则给人带来规范行为的强制性。换言之，如果说义务给人们提供的是行为的必要性的界限，那么权利提供的是行为的可能性的界限。

再者，穆勒在《效用主义》一书中也提到权利的观念，其对权利的论述可概述如下："当我们称某种东西为一个人的权利时，我们的意思便是他可以合法地要求社会保护他拥有这种东西，无论是诉诸法律的力量，还是借助教育和舆论的力量。如果他在我们看来有充分的理由要求社会保证他拥有某种东西，那么我们就会说，他有权利拥有这个东西。"② 从上述穆勒对权利的主张中，我们可以发现，穆勒此处所说的权利，显然是法律上的，也是道德上的。而且穆勒又说，"拥有某种权利就是拥有社会应当保证个人对其进行支配的某种东西"③，社会应该这么做的最好理由是普遍的效用。

有些人可能会担心，在道德上强调个人权利是否会让人产生个人主义？洛马斯基（Loren Lomasky）认为，个人主义表达的是这样一种信念：个人指导自己生活的能力具有重大的价值，在不受他人干涉的广泛范围内，他们应能发展和追求他们自己的善的理想。④ 从这一点上来说，基本权利是建立在个人主义基础上的。换言之，正是权利语言，而不是我们道德词汇中的任何其他成分，展现出个人主义的特殊价值。因此，权利和个人主义学说是紧密相连的。当利害关系对个人的尊严具有重要影响时，当个人以一种令人满意的

---

① John Stuart Mill. Utilitarianism[M]. London: George Routledge & Sons, Limited, 1895, P84-85.

② John Stuart Mill. Utilitarianism[M]. London: George Routledge & Sons, Limited, 1895, P101.

③ John Stuart Mill. Utilitarianism[M]. London: George Routledge & Sons, Limited, 1895, P102.

④ Loren Lomasky. Persons, Rights, and the Moral Community[M]. Oxford: Oxford University Press, 1987, P11-14.

方式安排自己生活的能力受到极大的威胁时，转向权利就是非常自然的事情。可以说，权利的宗旨大多在于保护个人，在政治、法律和道德上给个人留出一片他人乃至政府都无权干涉的空间，从而确保个体以自己认为恰当的方式追求自己的生活。这里的实质意义在于对个体权利和自由选择的尊重，它并不必然会导致利己主义。在这一意义上，权利是对人进行自由和自律活动能力的肯定，它与个人利益有直接而重要的关系。

过去因我们通常只片面地强调道德义务，忽略了道德权利的正当地位，以致造成理想主义和自我牺牲的超高标准，反而不利于道德教育的推展。从效用主义和个人权利的拉锯中可以发现，一种以尊重个体权利的道德教育是要使人有独立思考和判断的能力，绝不是告诉人们应该去过权威者所谓的标准生活，从而引导人们走出对他人的模仿，开创出属于自己的生活。

6.1.3 道德教育要注重利己和利他的统一

穆勒主张人们在追求个人利益和幸福的同时也应该关注他人的利益和幸福。因此，穆勒认为道德教育应蕴含对个人自由权利的尊重，同时注重"利己"和"利他"的统一。穆勒站在效用主义的立场，把自由看作是社会进步的唯一可靠而永久的资源。自由原则被当作促进普遍福利、实现最大效用的手段与工具。因此，尊重个人对自己利益和幸福追求的自由是实现人们幸福必不可少的条件。

在穆勒所倡导的自由观中，我们可以了解到，只要在不危害他人的前提以及不违背公共利益的原则之下，个人具有绝对的自由去发展自身的利益。自由意味着人们以自己的方式追求自己的幸福，人们的自由必须得到社会和他人的尊重。如果社会以公共权威去压制个人，迫使每个人都按照社会为他安排的模式去剪裁自己的发展，这样就会束缚人们个性的多样化和个性的自由发展。因此，对于这种道德的强制，防止和抵御是不可或缺的。

效用主义道德观对快乐、幸福以及个人自由的重视，无疑包含着对个人利益和幸福的肯定，但同时其也强调"利他主义"的要求。这意味着，效用主义道德观虽然关心个人利益，但并不是要人自私，相反，效用主义道德观要求人们在追求自己利益的同时也要有利于他人，即关心他人的利益和幸福。从穆勒和边沁的主张来看，任何人的快乐和幸福并不比其他人的同等的快乐和幸福更重要。因此，任何人追求最大幸福的行动都不能以损害他人的幸福和普遍的共同幸福为条件。

利他主义之所以成为效用主义道德观之下的道德行为，是因为利他的德行能够使行为的主体得到快乐，如对德行的赞誉和奖赏，他人感激之后的道德满足感，这些都是快乐的来源。因此，利他的德行最终产生了个人利己的幸福，产生了普遍的效用。任何人对他人利益的德行最终意味着一种对个人的快乐的效果。这并不是说，利他的德行完全出于个人在德行之后所能得到的快感或回报，而是说，一项利他的德行在效果上必然产生利己的效果，我们意识中的联想必然地把德行与在个人利益中的效果联系起来。由于美德总是得到赞许的回应，它永远在我们的心中产生着快乐，成为我们个人幸福和公共幸福的一部分。因此，我们自然地把"利他"美德作为行为的目的，因为"利他"美德与普遍的幸福相联系，我们每个人热爱美德，培养德性，赞美德行，从美德本身出发去追求美德。因此，为了真正实现个人与社会的幸福，道德教育既要体现个体"利己"的利益，又要注重"利他"美德的培养，做到"利己"和"利他"的统一，这样才有助于实现最大多数人的最大幸福。

6.1.4 生命的意义在于增进最大多数人的最大的幸福

我们从效用主义者对道德和社会的重要主张中可发现，效用主义道德观认为生命的意义是根据一个人在世界上能生活得更好，而且也尽可能让社会上的其他人能生活得更好。换言之，个人生命的意义在于促进个人和人类的幸福，其他诸如心灵的永恒救赎或上帝目的的实现等超自然的元素是不具有普遍影响力的。

学者美兹认为，这样的主张潜藏着两个问题。首先，就表面而言，它隐含着一个人如果试图要帮助他人，但却因不能预知的因素而功败垂成，那么他的生命（所付出的心力）是无意义的。[①] 一个人有心助人却功败垂成是否值得鼓励呢？义务论者显然是赞成的，有些效用主义者也会同意，就如穆勒认为帮助他人所获得的心理满足，高于身体上所可能获得的快乐一样，台湾学者盛庆琜在其统合效用主义理论中也指出，行善可能使行为者获得"道德满足感"，而这一主观情感驱使人们做帮助他人的善事。[②] 但是，我们必须面

---

① Thaddeus Metz. Utilitarianism and the Meaning of Life[J]. Utilitas, 2003(15. 1), P54-60.

② 参见盛庆琜：《统合效用主义引论》，[M]，广州：广东人民出版社，2000 年版，第 131 页。

对一个严肃的问题是：当有人试图要帮助他人而没有成功，实际上也并未带来任何幸福，如果也能赋予道德和生命的意义，那么就只是仅激励了人们能够帮助他人的理念而已，实质上并未达到效用主义道德观的理想。简而言之，我们要的是让事物变好，而不只是好的感觉。其次，效用主义道德观主张对每个人的利益同等看待，有时甚至需要牺牲行为者自己以让他人能够更加幸福，如此生命才会有意义。在一般情况下，牺牲自己以成就他人是人类伟大的美德之一。然而，以利益他人来让自己的生命更有意义的主张，也可能出现相反的事例。例如，卖淫虽然会为许多人带来欢愉，但此种行为不会赋予生命任何意义。盛庆琜也主张，"从社会的角度来看，行动者自身价值的损失跟着也就是社会价值的损失。因此，社会并不希望一个人以牺牲自己的生命为代价去拯救另一个人的生命"①。基于上述分析，美兹进一步指出，"在人类事务上，意义和道德间会相互影响，或许我们采用一种'限制的效用主义（restricted utilitarianism）'会较为可行，即一个人的生命之所以有意义，取决于他在没有违反特定道德规则下，能让世界上的其他人生活得更好的程度"②。

综合上述，首先，利益自己和他人应是道德教育所追求的目标，亦即道德行为应能产生好结果，否则若只是好的感觉而无实效，也不能增进生命的意义。就如在 2008 年汶川大地震中众多义工志愿者投入救灾，然而也传出因缺乏全盘统筹规划而减损救灾成效，实属美中不足之处。其次，道德和意义会相互影响，在追求最大多数人的最大幸福时，我们不可以侵犯道德基础，以避免幸福是来自于一种降低品格的牺牲。

6.2 效用主义在道德教育内容上的蕴义

效用主义的主要精神有四：（1）最大幸福是人类道德行为的目的；（2）结果是判断行为正确性的依据；（3）理性是发展效用主义的基础；（4）普遍仁爱的情感是达成效用主义的方法。从上述四项主要精神可知，效用主义的主要内容为幸福、行为结果、理性和仁爱情感。换言之，效用主义的道德教育内容应以幸福、行为结果、理性和仁爱情感等四种概念为核心来开展。以下分

① 盛庆琜：《统合效用主义引论》，[M]，广州：广东人民出版社，2000 年版，第 132 页。

② Thaddeus Metz. Utilitarianism and the Meaning of Life[J]. Utilitas, 2003(15. 1), P60-61.

就幸福是道德的实质内涵、培养理性客观的道德判断能力、教材内容应强调逻辑组织胜于活泼有趣以及培养普遍仁爱的情感等四项分述之。

6.2.1 幸福是道德的实质内涵

目前我国学校的德育内容中较多地体现了国家主导的意识形态。在教委颁布的德育大纲中，大、中、小学的德育基本上都是以培养爱祖国、爱人民、爱劳动、爱科学、爱社会主义，使他们成为有理想、有道德、有文化、有纪律的社会主义公民为目标的，对学生基础德行、品格的培养，以及日常的道德规范等内容没有涉及。这就使得学校德育似乎与个人的幸福生活没有多大关系，从而给学生带来"有德无德跟我无关"，甚至出现"有德吃亏、无德受益、道德无用"等不道德、反道德的畸形心理。而幸福正是效用主义伦理思想所最为强调的，边沁从七个向度来解析快乐，穆勒则看出了边沁所提出的快乐概念的局限性，进一步把快乐提升到幸福，并利用心理主义的方法来说明幸福的概念，让道德导向心理的快乐主义。穆勒在《效用主义》第四章中，处处显示出对幸福的关心，并声称那些喜爱美德而无私地欲求美德者，是因为美德是幸福的一部分。穆勒的主要论点是基于幸福是每个人所欲求和值得欲求的目的，而普遍的幸福是个人幸福的总和，因此是值得大家去欲求的目的，也是道德的基础。由此可见，在效用主义伦理学中，快乐和幸福是人们的真正追求，也是道德的最终诉求，因而个人及社会的最大幸福就是人们道德的目的。

效用主义把幸福作为道德的实质内涵，虽然会面临如何定义和测量幸福以及把人当作追求幸福的工具等难题，但幸福作为人类唯一值得欲求的事物是效用主义的基本主张，也是我们在从事道德教育时最重要的实质内涵。

6.2.2 培养理性客观的道德判断能力

人是会思考的动物，从人类本能的欲求到对道德观念的接受和实践，都会在人的理性中，根据行为价值的计算和比较来检验和反思，并从中舍弃或确立各种道德意识。效用主义者主张，正确的行为是能增进最大多数人最大幸福的行为，为了能达成此目标，理性客观地判断不同行为所产生的一切正负价值或结果，便是一件非常重要的事。

对于日常生活中的行为判断，一般可分为事实判断和道德（价值）判断。事实判断可以透过观察来验证，而道德判断是一种无法用观察来验证的判断。

例如，我看见小明拿走小英的铅笔（事实判断），小明的行为是偷窃，是不对的行为（道德判断）。前一判断可从客观事实中来验证真假（小明有无拿走小英的铅笔），后一判断是一种主观感受，是在描述判断者的感情或态度（偷窃是不对的行为），而不是在描述事实，没有真假正误可言。然而，如果道德判断只是在描述判断者的主观感受，而无客观事实的依据，那我们如何来判断行为的好坏呢？因此，我们应尽量力求道德判断符合客观性。换言之，我们除了要让人们知道偷窃是不对的行为外，也要让人们能够理性客观地来检视偷窃对人们生存所造成的损害，以期能推导出"偷窃是不对的行为"是一种事实。

人们从生活中归纳出各种适当的道德规则，且认为是人们所应该遵守的规则，但实际上却往往有人不会遵守，这就是应然与实然的差异。然而，我们总是希望大家都能遵守共同的规则，以维持人类的生存。如何才能达到这种要求呢？根据效用主义的主张，我们应以一种符合人性倾向，即趋乐避苦，谋求个人和社会的最大幸福为依归，并借助理性的抽离作用，对行为结果做出理性客观的判断。换言之，客观的道德判断是以人类幸福为依据，并借助理性的力量，以公正的旁观者立场来思考道德问题。

再者，效用主义者虽然认为能为道德提供合理的基础，但也需要理性地认知到，在实际行动时要调和效用主义和利己主义的关系会陷入一种困境，此困境便是西季威克所谓的"实践理性二元论"的困境。简而言之，对于行为者而言，在实践的场合中，同时按照利己主义和效用主义的原则来行动都是正当合理的，如此一来，理性在作为指导行为的实践上，便产生了无所适从的问题。在道德教育上，我们总是把无条件的奉献、利他、自我牺牲等作为道德的核心，却无视于此种价值观既不符合事实，也不符合人性，以至于大多数人表面上是接受这样的道德价值观，但心中未必能真诚认同，于是乎一种道德虚假现象便在无形中禁锢了我们的心灵。效用主义者主张，趋乐避苦是人性的普遍规律，人们实际上即是会欲求自己的幸福，且由于人是社会性的存在，无可避免地也会为增进共同体的幸福而努力。换言之，利己是人类求生存的本能，利他是符合生存的需要。但当两者产生冲突时，人们该如何来面对呢？西季威克认为，绝大多数的人会听凭此两组非理性的冲动比较之下的相对优势来裁决。^① 然而，在道德教育上，与其听凭两组非理性的冲动之相对优势来决定行为方向，不如正视此困境，寻求解决之道。我们应指导学生理解利己论和效用主义间的紧密关系，而不应一味提倡利他、奉献和自我牺牲等不利于建立公正社会的价值观，因为利他在本质上并不是意味着完全的自我牺牲，它其实也是自我价值的实现和自我需要的满足，如此才能破除道德虚假性的问题，并避免君子因误解效用主义思想而吃亏，反而让自私自利的小人得利。

6.2.3 教材内容应强调逻辑组织胜于活泼有趣

穆勒指出，在现代的教学之中，人们把年轻人需要学习的东西，尽可能变得容易而又有趣，这无疑是一种很值得赞赏的努力。但是，一旦本末倒置，致使只要孩子学习容易又有趣的内容即可，那么，教育的主要目标就牺牲了。虽然昔日那种严苛又专制的教学体系已经式微，但新的教学体系所训练出来的人，却无法去做他们所不喜欢的事情，这也并非教育所要真正实现的目的。穆勒认为，虽然教育不能让孩子因畏惧而无法毫无保留地信任指导者，并禁锢了孩子们本性中的源泉，使他们无法坦诚而自然地与指导者沟通，但也不能免除畏惧在教育中的作用，以免大量地削弱了教育在道德和知识方面所可能提供的益处。^②

穆勒的忧虑似乎也是今日学校道德教育的难处。许多道德教学迷失在嘉年华式的活动中，强调活动的活泼有趣，却未注意到内容是否符合道德教育的知识结构，导致学生在"玩"过一系列的活动后，留在心中的只是活动是否有趣好玩，该学习的行为规范和道德知识则无人问津。李奉儒也指出，教师如要提升学生的道德层次，则道德教育必须包含逻辑、事实、想象及倾向等四种道德思维的要素。教师应使学生熟练一般的推理规则和道德推理的可普遍性和规约性，并教导学生尽可能地掌握有关事件的事实资料；在思考道德问题时，必须采取"自己设身处地地想象那些可能受自己行动所影响的人"，想象他人的感受和行动的可能结果，以避免做出不合理的决定；最后要引导

① Henry Sidgwick. The methods of ethics[M]. Indianapolis:Hackett Publishing, 1907, P508.

② John Stuart Mill. Autobiography of John Stuart Mill[M]. New York: Cosimo Classics, 2007, P37.

学生有意愿和倾向来从事道德行为，使学生将事实的认知（道德规则）和技能的认知（道德思维），进一步地转化成实践的行动。① 换言之，有效的道德教育需要具有逻辑组织的内容，而非仅是活泼有趣。

6.2.4 培养普遍仁爱的道德情感

穆勒指出，效用主义的理想是要使人关心大多数人的幸福，而达到这种理想，有两条重要的途径：首先，法律和社会安排应当尽可能地让个人的幸福或个人利益与全体利益趋于和谐；其次，要善用教育和舆论的力量，来建立每个个体的幸福和社会全体的幸福有牢不可破的关联性。② 第一种途径主要是在外部规范的制约下使人们逐渐养成遵守社会伦理道德的习惯，而后一种途径主要是通过对人的内部良心的培养以增强人的内心修养和道德情操。如果能运用教育、舆论和法律的全部力量，使每一个人的社会情感从婴儿开始就受到良好的培植和发扬，人我统一的精神就可达到完满的程度。

穆勒不仅注重外部规范对人们的道德教育作用，而且注重人内心的道德情感的重要作用。这种道德情感，穆勒将其称为——"良心"。穆勒指出，良心是一种内心主观情感，一种伴随违反义务而引起的强烈痛苦，透过心理联想的机制，源于爱、同情、恐惧等情绪附随在某一事件上，进而产生遵守道德的义务性。良心与利他的道德义务相关联，违背它就会产生强烈的痛苦和悔恨，产生负罪感。人作为一种社会存在，透过联想和理解，了解到只有重视所有的人的利益，才有平等、自由的社会，也就是透过互利的理解，使个人的目的与他人的相一致，这种情感将随着文明而增强。③

穆勒为普遍的效用主义提出了源自人们内心的情感基础——良心。道德情感来自社会情感，即每个人在存在中欲与他人成为一体的情感的渴望。④ 这种社会情感使人自然地把实现他人的利益看作是对自己有益的行动，并在这种行动中获得了共同生活的道德情感的体验。这种道德情感的体验越来越深，

---

① 李奉儒:《教育哲学：分析的取向》，[M]，中国台北扬智文化事业股份有限公司，2004 年版，第 309-310 页。

② John Stuart Mill. Utilitarianism[M]. London: George Routledge & Sons, Limited, 1895, P32.

③ [英] 穆勒:《功用主义》，[M]，唐钺译，北京：商务印书馆，1957 年版，第 30 页。

④ [英] 穆勒:《功用主义》，[M]，唐钺译，北京：商务印书馆，1957 年版，第 33 页。

人的道德行动的利他性就越来越多。从这里可以看出，穆勒把道德行动的外在效果与人内在情感的体验统合起来，把道德情感作为约束人们的道德行为的一种内在的力量。

穆勒特别强调了教育是使"人我一体"的情感品格，使人的良心成为其性格的一部分的重要手段。穆勒承认良心的存在，但他并不像直觉主义哲学所认为的那样，将良心归属于人的理性和天性，他认为"人的良心是后天形成的，是教育和环境的产物"①。他的这种"良心"后天发展论，突出了道德教育在人的道德意识和道德情感的形成中的巨大作用。在一个人成长的过程中，家庭的熏陶，学校教育的引导，社会交往的影响，是人的道德情感或称"良心"得到陶冶或培养的重要方式。

至汉代"罢黜百家，独尊儒术"以来，儒家思想就一直是历朝历代的正统思想，以至于到现代国人的日常行为仍深受儒家传统文化的影响，而儒家的情感倾向是具有一种所谓的"差序格局"，即情感的对象总是对身边亲近的人较多，疏远无关的人较少。孟子主张"亲亲而仁民，仁民而爱物"，以及"老吾老以及人之老，幼吾幼以及人之幼"，甚至在古代的法律中都曾允许"亲亲得相隐匿"的情况不为罪，此种思维表明了人的情感是有亲疏、内外之别的。虽然儒家也希望能推己及人，如同效用主义者般强调普遍的幸福，然而，当两者发生冲突时，又该如何呢？对此，王阳明的说法或可作为儒家对处理此类问题的写照。王阳明说道："惟是道理，自有厚薄。比如身是一体，把手足捍头目，岂是偏要薄手足，其道理合如此。禽兽与草木同是爱的，把草木去养禽兽，心又忍得？人与禽兽同是爱的，宰禽兽以养亲与供祭祀、燕宾客，心又忍得？至亲与路人同是爱的，如箪食豆羹，得则生，不得则死，不能两全，宁救至亲，不救路人，心又忍得？这是道理合该如此。"②

王阳明此处的"道理合该如此"，并非道德理性的道理，而是人之常情的道理，是徘徊于个人情感与普遍仁爱情感之间的道理。效用主义强调个人利益和社会利益是可以一致的，边沁认为我们可以透过社会制度和法律的改革，达到兼顾个人幸福和共同体的幸福。穆勒则强调人我一体、休戚与共的情感，

---

① 孔凡保：《折中主义大师——约翰·穆勒》，南昌：江西人民出版社，2007年版，第270页。

② 王阳明：《王阳明全集》，[M]，杭州：浙江古籍出版社，2010年版，第118-119页。

认为要能够实现效用主义的理想，那么效用就得是：（1）法律和社会的安排应将每个人的幸福或利益，尽可能地和全体的幸福或利益和谐一致；（2）我们要善用教育和舆论的力量，来建立每个个体的幸福和社会全体的幸福有牢不可破的关联性。西季威克认为，在每个人都欲求自己的幸福和欲求所有人的幸福之间存在一个漏洞，而这个漏洞只能依靠合理仁爱的直觉来弥补。黑尔则主张，效用主义者所诉诸的情感是普遍的仁爱（generalized benevolence），也就是一种追求幸福，或为全人类追求好的结果的气质倾向。此种普遍的仁爱情感不是利他主义，而是一种同等地关怀自己和他人的情感。此种普遍的仁爱是一种简单且自然的态度，其基础比我们的特殊感情还要安全稳固。

承上所述，效用主义非常重视培养人们普遍仁爱的情感。此种普遍仁爱的情感可以说类似于道德的同理心（即换位思考），一种对他人处境能同情共感，进而愿意同等关怀自己和他人幸福的情感。此种情感与儒家的情感是不同的，亦即与我们的社会文化赋予我们的意义是有所差异的。因此，欲达成效用主义的道德理想，培养人们具有普遍仁爱的情感是一重要课题。社会文化理论主张人类是意义的赋予者，每个人会为自己贴上个人的意义。这些意义不是中立的，是从人们在其参与的活动中所扮演的角色的情感而产生，它们是我们与世界互动经验的结果。在许多事例上，它们是属于内隐知识。从社会文化的观点而言，道德教育是个体在成长过程中，借由对情感的承诺所形成。道德是社会活动中的行动质量，是对自己的行为负起责任，这说明道德和责任需要情感的基础，没有辨认与感受和他们生活在一起的人们的同理心就没有道德。要成为有道德的人不只是单纯地遵守特定的道德规章而已，还需要对特定的生活方式有个人的承诺。这种承诺是一种情感的承诺，此种承诺与效用主义所强调的普遍仁爱情感有异曲同工之妙，也是我们应努力培养的道德情操。

6.3 效用主义在道德教育方法上的蕴义

目前，我国学校中的道德教育基本上是通过直接的德育课程设置来进行的，并且课程大多属于理论性质，简单灌输仍是最主要的德育方法。因此，在德育实践中，绝大多数德育教师只是停留在道德知识的宣传和理论谈话的层次，以说服教育为中心，满足于单纯的特定的价值观的传递。实际上这种说服教育就是一种"方法论"层面的灌输。针对德育中的"灌输"，穆勒在自传中提到：“被灌输很多知识的儿童或少年，他们的精神力不但没有因为有学识而加强，反而受它的连累。他们的脑子里充斥着单纯的事实和他人的意见言辞，把这些东西接受下来，代替自己思想的力量。于是，由那些杰出的父亲不遗余力教育出来的孩子，长大后常常只会成为学舌的鹦鹉，搬弄学过的东西，除了走别人走过的旧路，不会运用自己的头脑。幸而我所受的教育不是填鸭式的教育，父亲决不允许我的学习仅仅是记忆的练习。”①

从上述中可知，穆勒是反对填鸭式的灌输教育的。在道德教育中，几乎没有任何学者或教育工作者会赞成道德灌输，即使偶有赞成者，也都是基于孩子懵懂无知而给予必要的道德知识和习惯训练。英国当代道德教育学家威尔逊（John Wilson）曾指出，要在道德教育的理论与实践中获得真正的进步，我们必须放弃那些让道德看起来似乎是受人尊敬的情感和意识形态，让学生拥有自己理性程序的思考和生活方式。罗林（Bernard E. Rollin）也以自己曾在科罗拉多州立大学教授兽医伦理学的经验来说明，我们要教导学生如何去思考伦理学，如何合理去推论对与错，而不是仅仅告诉学生什么是对的、什么是错的。②威尔逊的看法与罗林的经验，恰巧也映照出我国道德教育方法上的一般困境。教师课堂上纯理论教育或苦口婆心的说教，不仅没有赢得学生的兴趣与尊重，反而招致学生对教育内容与教育行为的排斥和恐惧，即使教师所传递的正确认知也无法内化为学生自觉的道德行为，“正因为如此，本来应当是充满了人性魅力的德育，变成毫无主体能动、没有道德意义、枯燥无味、令人厌烦的灌输与说教”③。

效用主义支持者虽然对教育提出一些主张，但并未特别针对道德教育提出特别的教育方法，不过，我们可从效用主义思想的道德观中，寻绎出一些道德教育方法的启示。以下分就道德教育应兼重理性认知与情感陶冶；重视行为结果而非仅是动机，形塑良好的道德理念；善用权衡道德两难的机会；

---

① John Stuart Mill. Autobiography of John Stuart Mill[M]. New York: Cosimo Classics, 2007, P21-22.

② Bernard E. Rollin. Science and Ethics[M]. Cambridge; New York: Cambridge University Press, 2006, P44.

③ 鲁洁：《对人的理解：道德教育的基础》，载《教育研究》，2000年第7期，第32-36页。

探究符合效用与德行的行动方向以及构建合理的道德模式等五方面说明如下：

6.3.1 道德教育应兼重理性认知与情感陶冶

效用主义主张依行为所产生的快乐和痛苦的量来判断行为的正当和错误，而边沁认为苦乐只有量的差异，所以可以理性地计算；穆勒则认为苦乐的结果必须兼重质和量，因此必须提升人们对苦乐的感受力。综合边沁和穆勒的主张，要让人们了解行为的结果，必须包含理性的认知与感性的陶冶。所以，道德教育必须包含理性的认知与情感的陶冶。

穆勒在自传中曾指出其经历过一场心理危机，此经历让他体悟到两点：第一，让他获得一种与之前所奉行的理论有很大差异的生命的理论，即如要获得真正的幸福，不可把心力集中在自己的幸福上，而是放在别人的幸福、人类的改善，甚至是某种艺术的追求上。换言之，只有那些专注于另一种目标，而不是专注于自己幸福的人，幸福才能随之而至。第二，不再只是强调外在环境的重要，也重视个人的内在修养，并将其视之为人类幸福的主要必备条件之一。被动的感受性和主动的能力一样，都需要培养、丰润和引导。[1] 穆勒虽不否认智性培养的重要，但经历心理危机后，感情的培养成为穆勒的伦理和哲学信条的要点之一。

道德是导源于理性还是情感，这是道德哲学中一个长期引起争论的问题。理性在于发现事实、判断真伪，情感则给予行为事件特定的评价。事实有真假之分，能通过理性来发现；而价值则无真假之别，理性在价值判断中难以发生作用。效用主义的第一原则是增进最大多数人的最大幸福，它是以分析某一行为是否促进社会最大多数人的最大幸福，作为判断行为正当与否的依据。在这一过程中，需要一种精确的理性分析能力，因此，效用主义是一种以理性为主的道德学说。深受父亲影响的穆勒也坦率地指出，其父亲认为感情并不是人们赞美或谴责的适当对象，所有的感情都可能导致好或坏的行为，良知本身会渴望去表现出正当的行为，然而也时常会导致人们表现出错误的行为。穆勒父亲主张，赞美和谴责的目的应该是在于鼓励正确的行为以及阻止错误的行为，而不是受到行为者的动机所影响。虽然穆勒的父亲主张以行

---

[1]　John Stuart Mill. Autobiography of John Stuart Mill[M]. New York: Cosimo Classics, 2007, P99-100.

为的目的来评价行为，但同时，他也非常重视行为动机的纯正和正直，并以此来评估人们的品格。①

边沁、詹姆斯·穆勒（James Mill，约翰·穆勒之父）和早年的穆勒都强调理性分析的功能不是没有道理的，因为若以"感觉"来衡量道德的正误，因感觉会随不同的人、不同的时间或情境等诸多因素而异，如此就缺乏统一的道德标准。即使是人们普遍承认的仁爱和正义的情感，也是或多或少会间接地经由理性的认知来引发道德情感。例如，对于身体有残缺的行乞者给予适度的捐赠，可以帮助其获得基本的生活所需，也体现了效用主义的精神。然而，当我们可以判断行乞者的残缺是伪装的时候，如我们因感情的束缚而依旧给予捐赠，却会助长行乞者的懒惰，因而是不利于社会效用的。因此，当我们判断某一行为是否是仁爱或正义的行为时，我们先要理性地考察行为带来的种种结果，看它是否增进了社会的幸福。如果是，我们的内心就会赞许此种行为，并产生快乐的情感；如果不是，则我们的内心自然会加以谴责并产生厌恶之情。

从上述分析可知，古典效用主义是重理性而轻感情的。虽然穆勒在经历心理危机后，体认到感情的重要性，但穆勒也深刻了解到他并未有此种感情，因为在他整个强调知性教育的过程中，早熟和过早的分析成为心智的顽固习惯，致使他并未培养出那种因同情人类而感觉到快乐，以及以造福人类为生命目标的强而有力的感情。国内道德教育深受西方世界的影响，早年以科尔伯格的道德认知发展理论（正义伦理）和价值澄清法为主，偏重理性分析能力；近年来关怀伦理学逐渐兴起，道德情感的作用受到重视。此种趋势，恰与穆勒的人生经历有相似之处。

6.3.2 行为结果与动机并重

（1）效用主义主张，道德上正确的行为，是指在所有可能选择的行为中，其结果会对行为者和所有受到该行为影响的人，产生最大效用的行为。亦即行为要能增进最大多数人的最大幸福。效用主义以结果的好坏来评价行为的道德性，此种论点与一些重要的伦理学传统重视行为者的动机或意图不符，

---

① John Stuart Mill. Autobiography of John Stuart Mill[M]. New York: Cosimo Classics, 2007, P34-35.

因此也招致不少批评。然而，行为效用主义者斯玛特指出，许多人之所以反对效用主义，是因为效用主义只讲求行为的结果而忽视其他质量。斯玛特认为这些反对者都是混淆了正确的或错误的以及好的或坏的区别。正确的是用来称赞那些实际上能产生最好结果的行为，好和坏则是用来指称行为者和动机。因为在特殊的情境中，一个正确的行为可能出自于坏动机，一个错误的行为也可能出自于好动机。斯玛特指出，清楚地区分它们各自的含义是很重要的。① 黑尔也认为，被视为强调道德动机和义务的康德，其实也有效用主义的思想，只是因其所接受的严格的道德教养，让他无法接受效用主义的观点。黑尔指出，康德在《道德形而上学基础》所列举的四个例子中，第二个（假诺言）和第四个（不需要他人帮助,亦不帮助他人）关于对他人的义务的例子，和效用主义是一致的。第一个（自杀）和第三个（才能的发挥或放纵）关于对自己的义务的例子，和效用主义的诠释不一致。黑尔认为，康德可说是理性意志的效用主义者（rational-will utilitarian），只要我们能更谨慎地来检视康德的著作，将会发现在康德的著作中有许多效用主义的元素。②

综合上述，以行为结果来评价行为的道德性，并非仅是效用主义所独有，其他道德学说亦或隐或显地会考量行为所可能产生的结果。批评效用主义者仅强调行为结果而不重视行为动机，虽符合效用主义主张却也有所迷失。审视现实道德教育，我们发现经常会遇到一种现象：即当我们教育学生依照道德规则或者出于好的道德动机去做一件符合道德的事情时，有时却可能会同时出现善与恶两种结果。例如教导学生维护环境整洁要"你丢我捡"，无形中也可能纵容了乱丢垃圾的行为；捐钱给路边行乞的乞丐，无形中也可能助长其好吃懒做的取巧心；教导学生要拾金不昧，导致很多孩子跟家长要钱，然后交给学校，谎称自己捡到的。此种在道德教育中常见的道德悖论现象，经常因为善的结果隐蔽了恶的结果（如捐钱给路边的乞丐），以及因为对道德的评价多数关注于学生的道德动机，较少关注于道德行为的结果而受到忽略。不可否认，基于人们从小所接受的教养及共同情感，我们总是关注于动机较多而论及结果较少，即使法律上也常以动机的良善与否来作为裁判的参考。

---

① J.J.C.Smart and Bernard Williams. Utilitarianism: For and Against[M]. Cambridge: Cambridge University Press,1973, P47-48.

② R.M.Hare, Sorting out ethics[M]. Oxford:Clarendon Press, 1997, P149-152.

似乎只要出于善意或至少不是恶意，即使造成不好的结果也不能责怪行为者。研究者试举两例，前者仅止于个人，后者则关乎国家。

甲乙两位是非常要好的朋友，两人也都各自有一位就读小学一年级的小孩。每逢假日，甲经常会应邀带着全家大小到乙家里做客，但几次后，甲却不想再到乙家里了。因为乙的小孩经常会"不小心"打到甲的小孩，然后只说声"对不起，我不是故意的"。而乙则认为孩子不是故意的，便未予以处理。甲无法接受"我不是故意的"的处理方式，只好选择不再交往。

（2）《左传》中的"子鱼论战"记载：春秋时代宋国与楚国在泓水开战，宋襄公非得等楚国的军队渡河摆好阵仗后，才命令士兵开战，结果导致宋国大败。事后宋襄公还振振有词地说："我们是有道德的人，不能乘人之危欺负人家。"顽固的宋襄公自命清高，却在历史上徒留笑柄。

上述事例一为真实案例，一为历史故事，其情节都可能发生在你我身边。没有不良动机就能无视于其所造成的不好结果吗？若果真如此，你愿意生活在这样的社会吗？这是一个值得深思的问题。其原因有二：第一，道德动机除了行为者本人能够清楚地知悉外，他人实难以判别；第二，即使是真正出于好的动机，但如果造成坏的结果，表示其缺少道德智慧来判断行为的适当与否，我们不应漠视此种现象，否则许多恶行恐将假"善意"之名而行之。

在我国当前的道德教育中，我们总是关注于培养学生良善动机，遵守道德规则，却很少教导学生要培养道德智慧，判断行为所可能产生的结果，并负起应有的道德责任。效用主义主张结果是判断行为正确性的标准，我们可从效用主义的主张中来思考行为动机、行为结果和道德评价间应有的关系，避免因仅强调动机而忽略对行为该有的深思熟虑与道德责任。

6.3.3 善用权衡道德两难的机会

生活于错综复杂的大千世界中，由于每个人的需求与目标各有不同，因此道德两难在所难免。当面对两难困境时，人们该如何来做出抉择呢？如果时间足够，思前想后，斟酌比较不同选择的利弊得失，应该是大家通常会选择的做法；如果情况紧急，依循人性本能的反应是常情之理。孟子对于如何做出抉择，曾有深入浅出的探讨，像《孟子·离娄上》就有："男女授受不亲，礼也；嫂溺援之以手者，权也。"《孟子·梁惠王上》曾说："权，然后知轻重，度，然后知长短。"由此可知，在特殊的情况下，"权衡"事态的结果是必要的。

那么，在道德两难中，我们该如何来进行权衡呢？抱持不同信念者，其权衡事态的方法自然会有所不同。李贤中曾以荀子、韩非和墨子三者对于权衡的看法作一分析比较后指出：荀子的权衡标准在于万物之理的"道"，人们应在了解事物的对象，掌握事态发展脉络，扩大思考的时空范围并考量其所可能产生的利弊得失后，做出最后的取舍。韩非则强调不能犹豫不决，必须视行为所产生的功之多寡与害之大小，当机立断而有所作为。墨子则主张"兼相爱、交相利"，其所重视的是"利之中取大，害之中取小"，权衡轻重不是知识上的是非判断，而是人在现实情境中的适宜性抉择。因此，一个行为的正当与否，是以是否有利于天下人或有利于较大多数人的福祉为判段标准。①

在道德实践中，人们依循直觉思维或社会常识道德规则是常态，权衡效用的得失是特例，而非常态。依据效用原则来行事确实可能会对某些人的权益造成损害，但这种损害与行为所能产生的效用相比，可能是微不足道的。孟子也曾说："生，我所欲也，义，亦我所欲也。二者不可得兼，舍生而取义者也。"鱼与熊掌不可兼得，要达成最大效用，当然必须付出一些代价。虽然按照效用原则来行动，可能会出现因偏私的心态而使行为者自身得利、他人受害的情形，但我们不能就因此而非议效用主义，因为这是个人的问题，而非效用主义学说的问题。这就如同科学的发展促进了人类的整体幸福，但有些人却利用科学的发明做出一些伤天害理的事情，难道我们就要非议所有致力于科学发展的人吗？重大目标是有可能改变行为的道德性的，为了维护重要的价值，在特殊必要的情形下，一个在平常情况下可能不太正当的行为，是能够成为道德上正当的。就如前述曾提及之宋襄公以做人应有道德，非得等敌人过河布好阵仗后才肯攻击，因而导致战败之荒谬情形。宋襄公显然未能理解"打仗"是属于特殊情形，岂能以一般的"道德性"来非议为达到最好结果之必要行动？如果宋襄公听从建议，在敌人渡河时掌握时机出兵攻击，或有获胜之可能，宋国许多士兵也不会平白牺牲。两军作战时，"好的目标"有时是可以改变行为的道德性。否则，若依宋襄公的逻辑来推论，古今中外因欺敌、出奇制胜而打胜仗的有功人员，岂非个个都是不道德的！

综合上述，在道德教育上，我们应以较开放多元的心胸来让学生讨论道德两难问题，并提供机会让学生练习权衡相关问题。将课堂上原来单调的教

---

① 李贤中：《道德实践中的权衡问题》，中国台北：《哲学与文化》，第 375 期，2005年 8 月，第 18-22 页。

师说教变成学生与教师之间的"对话"，由教师针对重要道德价值观点选择道德两难案例，交由学生们自由讨论，教师在这一过程中只是进行适当的引导。这样比起单纯的灌输，将更有利于学生道德水平的提高。

6.3.4 探究符合效用与德行的行动方向

不同的伦理学者有各自不同的信念，彼此间的争论持续不休。理论间的立场如此，应用于道德理论与道德实践自然也壁垒分明。义务论者强调行为动机的纯正性，主张我们应为尽义务而行动；德行论者强调品德或德行的培养，主张我们应依有德行的方式来生活；效用主义者强调行为的结果，主张我们应有所权衡以促进最大多数人的最大幸福。三者看似毫无交集，实则仍有一些最根本的原则作为道德的基础，只是我们甚少有机会为它们打开沟通的大门，从各种立场中去寻觅出其共同之处。例如，黑尔就指出，事实上，区别义务论和目的论（效用主义）是不正确的，我们不可能在一个以行为的结果为基础的道德判断和一个以行为本身的特性为基础的道德判断之间，区分出它们的差异；只可能仅在不同的意欲结果（intended effects）间区别出差异。[①] 黑尔认为可提出普遍化原则，康德和效用主义者都会赞同的一种道德体系，康德是形式，效用主义者是内容。有些学者也主张，民主社会所采行的道德理论，事实上经常是目的论、义务论和德行论的综合体，效用主义者可以成为美德理论家。一般而言，我们会根据最大多数人的最大福祉来做成社会决定和解决冲突，但是如果极大化公众的福祉会压迫到个人的基本权利时，就必须经由义务论的要素来加以检验，也就是说要尊重个人所拥有的人类本质的基本权利。[②] 黄藿也认为，德行论和义务论一样，也重视道德动机，只是不像义务论那样特别强调而已，可以说，道德动机在德行论和义务论体系间，只是程度上的差异而已。[③] 朱建民也提到，德国学者孔汉思从各种不同的伦理立场中，找到了伦理学说和道德实践的共同基础，这个共同基础，基督教称

---

① R.M.Hare,Freedom and Reason[M]. Oxford[Eng.]:Clarendon Press,1963,P123-124.

② Bernard E. Rollin. Science and Ethics[M]. Cambridge; New York: Cambridge University Press, 2006, P63-64.

③ 黄藿：《从德行伦理学看道德动机》，中国台北：《哲学与文化》，2003 年 8 月，第 30 卷第 8 期，第 5-7 页。

为黄金律，即"己所欲，施于人"；康德称为无上命令，"只依据那条你能够同时愿意它成为普遍法则的格律去行动"；穆勒称为公平对待原则，以所有相关者的快乐作为行为对错的标准，效用主义要求行为者要做一个中立的、仁慈的旁观者，保持公平公正。①

综合上述，义务论、德行论和效用主义三者似乎并未泾渭分明、毫无交集。事实上，在日常生活实践中，我们在评断行为的道德性时，经常是包含行为者动机、行为特质以及行为结果。从心理学而言，每个人普遍地或正常地会寻求自己的幸福或快乐。因此，一个具有美德的人，也许是在做他认为应该要做的义务，也可能是因为他从做了他认为应该做的事情中获得幸福或快乐。虽然我们无法逻辑地从追求自己的幸福推论出应该追求他人的幸福，但可理解到实践美德通常是利己又利人的行为，就此而言，义务论、德行论和效用主义三者可在共同基础上相辅相成。

穆勒反对灌输式教育。他首先对两种典型的教育方法进行了区分：一种是用他人经验和知识填塞儿童的大脑，另一种是通过儿童自己观察、经验和反思训练儿童的头脑。前一种教育方式将儿童的大脑看作记忆的容器，学生只是被动地接受；而后一种教育方式不仅将儿童看作是有记忆的，还把他们看作是有智力的，它注重学生自己探究和发现。前一种教育方式就是穆勒所批判的灌输式教育。穆勒认为，灌输式教育只会使之获得死的知识，而根本没有真正地理解，更不用说运用这些知识。他说："经过这种教育而具有许多学识的儿童或少年，他的精力不但没有因为有学识而加强，反而受到它的连累。他的脑子里充塞着单纯的事实和他人的意见言辞，把这些东西接受下来，代替自己思想的力量。这样教育出来的孩子长大后常常只会成为学舌的鹦鹉，搬弄学过的东西，除了走别人走过的路，不会运用自己的头脑。"② 也就是说，"灌输式"教育仅仅训练学生的记忆力，而学生的判断力、理解力、思考力以及创造力等得不到较好的训练。由此可以看出，灌输教育对人的发展是极为不利的，它抑制了人的个性和各种能力的发展，从而追求个人和社会最大幸

---

① 朱建民：《应用伦理与现代社会》，[M]，中国台北：国立空中大学，2005年版，第13-14页。

② [英]穆勒：《穆勒自传》，[M]，吴良健、吴衡康译，北京：商务印书馆，1987年版，第27页。

福的目的难以实现。

此外，穆勒也反对当时流行的关于人类知识和认识能力的先验论而坚持经验主义认识论。经验主义认识论认为，一切知识来源于经验，真理只能通过实际经验用归纳法来检验。穆勒指出："只有书本与课程并不是教育，生活是一个待探索的问题，而不是一个现成的定理。行动只有在行动中才能被习得。"① 因此，坚持探究和发现学习是获得知识和真理的根本方法。

探究和发现学习要求学习者在教师适当的指引下积极、主动并且勇于去探究某方面的经验和知识。这一过程不仅使学习者认识到自己具备哪些能力及其水平，并且还可使学习者不断提高发现问题、解决问题的能力，最终获得独立学习的能力。一个人所受的教育如果仅来自于书本和教师，那么他所获得的知识将是空洞乏味的；每门学科的学习若不通过自己的探索，他所获得的知识是不可靠的，他不可能获得实质性的提高。穆勒在自传中回忆道："我接受的不是填充式的教育，父亲绝不允许我的学习仅仅是记忆的练习。他一定要我透彻理解每一段所受的教导，而且尽可能在施教前要我先去领悟其内容；凡是能运用自己思考出来的东西父亲从不教我，只有尽我努力还不能解决的问题才给予指点。"②

在这种探究 - 发现式学习中也会建立合作型师生关系。穆勒认为正确的教育方法应强调经验、理解、发现，以及精神力量的释放，教学活动的中心应是学生而不是教师，教师和学生之间是合作型的师生关系。在这种教育过程中，教师扮演一种协助学生探求知识的角色，从而实现了师生间的心灵的交流。他说过："真正的教育依赖于人与人之间心灵的碰撞。"③ 在探究 - 发现式教学中，也要坚持"高难度原则"。穆勒指出："如果不要求学生做不会做

---

① ［英］穆勒：《密尔论民主与社会主义》，[M]，胡勇译，长春：吉林出版集团有限责任公司，2008 年版，第 98 页。

② ［英］穆勒：《穆勒自传》，[M]，吴良健、吴衡康译，北京：商务印书馆，1987 年版，第 27 页。

③ Francis W. Garforth. John Stuart Mill's Theory of Education[M].London: Martin Robison & company,Ltd,1979, P158.

的事情，他就永远不会去做能做的事情。"①

6.3.5 构建合理的道德模式

长期以来，我国的道德教育一贯重视认知层面，即通过单一的"教化""灌输"使受教育者产生自觉的行为，遵守伦理规范，从而达到德育的目的。然而，这种偏重认知层面的道德教育易导致道德"认知"与"实践"的脱节。相比之下，效用主义伦理思想在道德"认知"与道德"实践"上是有可取之处的，特别是其"约束力理论"具有积极的借鉴意义。

效用主义以行为的后果是否有助于实现最大多数人的最大幸福作为行为是非与否的评价标准，并积极主张将这一原则贯彻到人们的道德生活中。为了实现效用主义的最高理想，效用主义者不仅提倡通过内在的精神提升去弘扬效用主义伦理道德要义，更强调通过合理的制度建设去规范人们的行为，确保其伦理境界的实现。边沁、穆勒都相信好的法律制度可以造福社会。他们所谓的"约束力"既包括"内在约束力"，即人们的良心、社会情感，又有包含"外在约束力"，如外在的法律、制度的强制力，是"软""硬"两种力量的统一，这种统一具有积极的现实意义。自改革开放以来，国家在道德建设中的努力一刻也没有松懈，然而社会效果却收效甚微。各种丑恶社会现象层出不穷，市场经济缺乏基本诚信，假冒伪劣产品不断充斥市场，"毒奶粉""染色馒头""胶囊事件"等恶性事件更是屡见不鲜，所有这些当然是部分黑心商贩泯灭自己的良知所致，但更多的是与我们的法制不健全，外在"约束力"不足有关。如果我们在大量积极宣传教育的同时，辅之以健全的法制，去积极规范人们的社会行为，那么，我们的社会风气一定大为好转，经济建设一定会迈出更加迅猛的步伐。

6.3.6 优化德育的环境

穆勒早年深受父亲的教育方式及边沁效用主义思想的影响，以社会制度的改革为志向。然而，在 1826 年，穆勒却遭遇了严重的心理危机，此心理危机对他日后的思想产生了重大的影响，可说是其思想的转折点。穆勒在自传

---

① [英] 穆勒：《穆勒自传》，[M]，吴良健、吴衡康译，北京：商务印书馆，1987 年版，第 27 页。

中回忆起这段往事，曾不讳言地指出其父亲的教育方式重理性而轻情感。穆勒进一步指出，以造福人类为生命目标的感情，是最重要又最确定的幸福源泉，但其所受的教育并没有创造出强有力的感情，以抗拒分析的消融力量，同时，在穆勒整个智性培养的过程中，早熟和过早的分析成为根深蒂固的心智习惯。对于这种情况，穆勒将自己比喻为一艘装备齐全的船，刚启航就搁浅了，虽然有人为他装备以便为目标而努力，但却没有达成目标的真正渴望。①

由上可知，穆勒早已意识到环境与教育对一个人德行及情感陶冶的重要性。我们常说现代学校道德教育日渐功利化的主要表现之一就是德育参与者普遍只关心自己的利益而缺乏心灵的陶冶，因此必须营造友善的校园环境以培养高尚的道德情操。

在德育的途径方面，穆勒主张通过学校、社会、家庭等多种渠道来开展德育，当然学校仍是学生接受道德教育最主要的途径，但同时学校的道德教育必须与社会实际生活相联系，使学生在参与社会活动中形成良好的道德判断能力。现实道德教育中的"知行矛盾"说明，当代社会成员系统的道德理论虽然仍来自学校的德育，但是，人们的道德品质更主要地是受到现实生活的影响。每个社会个体都越来越多地受到来自经济、政治、文化生活各个领域的力量的影响。用恩格斯的话来说就是："这样就有无数互相交错的力量，有无数个力的平行四边形，由此就产生出一个合力。"② 由于这些力量的性质不尽相同，正面教育的效果就有可能被消极的力量所抵消。因此，当前德育要走出困境，取得理想的成效，就必须大力优化德育环境，整合社会力量，并建立、健全各项社会制度，以形成尽可能大的德育合力。

综合而言，有关效用主义道德观在道德教育上的讨论，主要是在理论层次，较少触及实践层面。研究者总结多位学者的看法后，发现效用主义在国内似乎是一个不受欢迎的学说，许多学者在论述效用主义后，都认为其有严重的缺失而不宜作为一种道德体系。然而，审视今日社会上所普遍认知的现象，在传统伦理道德观下的道德教育成果似乎亦未令人满意。复杂的社会问题显

---

① John Stuart Mill. Autobiography of John Stuart Mill[M]. New York: Cosimo Classics, 2007,P97-98.

② 马克思、恩格斯：《马克思恩格斯文集》第 10 卷，北京：人民出版社，2009 年版，第 592 页。

然没有简单的答案，道德教育的实施亦是如此。一般而言，遇到令人困扰的道德问题时，我们通常会以墨守成规、前卫创新、诉诸良心、诉诸真诚、上天启示及见仁见智等六种方式来回应，这六种方式，每一种方式皆有其优缺点。效用主义道德观在国内道德教育的发展上，或许可以前卫创新的方式来呈现，为道德教育注入一股不同以往的活力。

结论与建议

自从苏格拉底提出"人们该如何生活"后，哲学家和伦理学家们便试图回答苏格拉底的问题。有些以狭隘的自利形式（如心理的快乐论）来定义道德行动，有些则采取人们的基本的义务或责任的观点（如康德的无上命令），有些则基于人们的幸福而采取最可能为最大多数人产生最大幸福的观点（如边沁、穆勒的效用主义）。然而，学者们对苏格拉底所提出的问题所提供的答案是广泛、复杂且令人困惑的。许多人会发现在研读道德哲学之后，对其所知仍旧有限。道德哲学家们经常过分简化而非系统化地来描述道德哲学理论，也没有准备来理解如何应用这些理论，因此使得道德哲学偶尔会有乏味和机械式的倾向。

从效用主义的产生和发展来看，虽然在古希腊时期便出现效用主义思想的渊源，然而近代效用主义正式形成于18、19世纪的边沁和穆勒的理论，后经西季威克的方法论批判，到20世纪五六十年代行为效用主义和规则效用主义之争，其一直都是深具影响力的伦理思潮之一，正如罗尔斯所说："在现代道德哲学的许多理论中，占优势的一直是某种形式的效用主义。造成这种现象的一个原因是：效用主义一直得到一系列创立过某些确实富有影响和魅力的思想流派的像休谟、亚当·斯密、边沁和穆勒等杰出作家们的支持。"①

本研究主要想达成的目的有三：首先，借由梳理效用主义的发展过程，探析效用主义伦理思想的主要内容，助益社会大众对效用主义之正确认识与

---

① John Rawls. A theory of justice[M]. Cambridge, Mass., Belknap Press of Harvard Universitu Press, 1971, Pvii.

理解；其次，依据研究发现，分析效用主义中所蕴含的道德观及其在道德教育中的蕴义；最后，统合研究结果，提出结论与相关建议，作为国内道德教育的参考。本研究在理论与实践上得出一些重要的结论与建议，现分为结论与建议二节说明如下。

7.1 研究结论

效用主义属于道德哲学理论中结果论类型，结果论认为行为的对错是取决于行为的结果，而非行为的内在特性。效用主义同时也指一种社会改革运动和道德哲学理论，认为行为的道德性应该以结果为唯一的判断。在启蒙运动后，许多学者看见自然主义形而上学的不完整，因此透过进步的和自由的理念来让人性和社会趋于较完善的状态，此时，道德哲学的理性系统为人们的社会改革和实践带来了无穷的希望。因此，以理性为基础的效用主义便持续不断地发展起来。根据前面章节对效用主义和道德教育的探讨，本研究得出结论如下。

7.1.1 在效用主义方面

根据本研究对效用主义伦理思想之探析，可统整其要义为以下 11 点结论：
一、效用主义以幸福作为道德的最高目的

效用主义的基本假设是人性具有趋乐避苦的自然倾向，因此提出幸福（或快乐）是每个人所欲求的事物，痛苦则是每个人所极力避免的。此种思想，在古典效用主义的代表——边沁、穆勒和西季威克的主张中都表达出类似的看法。简言之，效用主义主张幸福是一种至善，是道德的终极价值。边沁从利益相关者的幸福来说明效用原则是一种最大幸福原则，不是个人私利的计量。穆勒声称幸福是人类唯一可欲的目的，是道德的最后标准，并主张人类的美德也是为了获得幸福，那些能够放弃自我享乐而自愿去做某些高尚行为的人，是因为此种牺牲能增进世界人类的幸福。西季威克同样认为，幸福的最大化是行为的最终目的，是人们行为的标准。

综合而言，在道德哲学领域，效用主义是以幸福作为道德的最高目的，此种思想有别于以实践义务或德行为主的义务论或德行论，也因此让效用主义思想更能贴近人们的日常生活。

二、效用主义所持的结果论立场开明务实且经得起检验

效用主义者持结果论立场，亦即根据人们行为的结果是否促进了某些善的目的来判断行为的道德价值。我们需注意的是效用主义所指的结果是"利益相关者"的结果，而非"特定利益者"的结果，亦即效用主义所关心的对象不只是个人而已，更扩及至共同体。从边沁的效用原则（最大幸福原则）中可发现，效用主义所持的结果论立场，是与行为相关的最大多数人的最大幸福，而非狭隘的个人或特定少数人的利益。

在关于行为的道德评价中，也有学者主张以人们行为时的主观动机来评断行为是否具有道德价值。在实际生活中，两种主张各执一端，难以统合，若依其关系，可分成四种情形：好动机产生好结果、坏动机产生坏结果、好动机产生坏结果以及坏动机产生好结果。在评断道德价值时，前两者简明易辨，后两者则容易陷入困境中。在现实情境中，人们通常会依据行为结果而非行为动机，因为动机具有个别性和内隐性，常常难以辨别，如果根据动机来判断行为的道德价值，有时会产生极其荒谬的情形。若从前述两种观点而言，效用主义在某种程度上可说是开明且务实的。

在规范伦理学中，与结果论相对的是义务论。义务论主张，应当根据行为是否与某些道德原则相符来判断行为的正当与否，即这些行为或道德原则本生正当与否主要就因为它们本身的性质，而一般不必再求助于其他标准。而目的论则主张以行为的结果是否促进了某些好的或善的目的来判断其正当性，其中，行为的"正当"依赖于结果的"好"。虽然在理论上，二者泾渭分明，然而在实践中却并不如此清晰地区分，实际的道德选择是复杂的，义务论和结果论常常会支持同样的道德规则。因此，在大多数正常情况下，义务论和效用主义并不冲突，所支持的规则也是一样的，只是各种理论所依据的理由不同而已。[①]

最后，就实践道德问题而言，在现代一些复杂、具体的人类议题中，效用主义可以弥补传统义务论的某些不足。例如，我们在面对全球环境变迁问题时，若从义务论来看，人们的许多行为似乎与道德无关，如在乡村建造美丽的房舍、开车接送孩子上放学、过度使用电器用品等。然而，若从效用主义观点而言，前述的这些行为很可能会造成温室效应、全球暖化，进而导致

---

① 何怀宏：《伦理学是什么》，北京：北京大学出版社，2002 年版，第 68 页。

海平面上升、极端的气候等，而这些问题又可能造成陆地消失、食物短缺及其他灾害，进而引发社会、经济问题，最后导致许多人员的伤亡。简言之，环境变迁会造成不好的结果。所以对效用主义者而言，全球环境的改变会造成迫切且复杂的道德问题，而非与道德无关。就此观点而言，效用主义所持的结果论立场是开明务实且经得起检验的。

三、个人效用和社会效用的一致性具有积极意义

穆勒在说明最大幸福原则时即强调，效用主义所主张的幸福并不是行为者一己的幸福，而是指一切与该行为有关者的幸福。效用主义明确指出，个人不能只顾一己私利，相反，更要关心其他人的利益和幸福，个人幸福与他人幸福可说息息相关。效用主义主张个人利益和共同体利益是息息相关的，个人利益和社会整体利益是一致的，此种主张在道德哲学理论和实践上可说具有积极的意义。我们不仅要追求个人幸福，也要追求最大多数人的最大幸福。亦即我们应陶冶每个人的心灵，使其尽可能地具备增进全体人类幸福的胸怀。穆勒认为，要让这种理想能够真正实现的方法有二："第一，法律和社会的安排应将每个人的幸福或利益，尽可能地和社会整体的幸福或利益和谐一致；第二，教育和舆论对人的品性塑造有很大的作用，应当加以充分的利用，使每一个人在内心把他自己的幸福，与社会整体的幸福牢不可破地联系在一起，尤其是要把他自己的幸福，与践行公众幸福所要求的各种积极的和消极的行为方式牢不可破地联系在一起。"[1] 效用主义的此种观点，除了要求个人要能约束自己的行为，不要破坏公共利益外，更具有每个人应该总是为增进社会最大效用而努力的积极意义。

四、最大幸福是行为对错的标准而不必然是行为者的动机

效用主义是以谋求"最大多数人的最大幸福"为目的而开展出来。如果效用主义的最大幸福原则被理解为"行为动机"，则每个人在思考该如何行动时，便需摒除个人立场，不能有自己的计划或目标。如果效用主义的最大幸福原则被理解为"行为对错的标准"，那么个人就无需被要求以提升行为的最大总体效用为行为动机，只需在行动后评估行为的结果，亦即允许个人从非效用主义的动机或考量来行动。

效用主义的主张是最大幸福是行为对错的标准而不必然是行为者的动机。

---

① John Stuart Mill. Utilitarianism[M]. London: George Routledge & Sons, Limited, 1895, P32.

穆勒在《效用主义》中即明确指出，那些批评效用主义的标准太高者是误解了道德标准的正确意义，混淆了行为规则和行为动机。没有哪一种道德理论要求我们行为动机只能出于义务感，相反，我们的行为大部分都出于其他动机，只要这些行为合乎规则，就无不当之处。行为动机虽然与行为者的品格有关，但与行为者的道德性无关。就如拯救溺水者，不管其动机是出于义务感还是希望得到报酬，在道德上总是正确的行为。西季威克也表示，以普遍的幸福作为道德的最终标准，并不意味着必须以普遍仁爱作为唯一正当的或是最好的行为动机。因为如果经验显示出人们出于其他动机较能获得令人满意的普遍幸福，那么根据效用主义的原则，我们偏爱这些动机就是合理的。

综合而言，效用主义强调最大幸福是行为对错的标准而不必然是行为者的动机，其对行为动机和对错标准做出区别，如此，个人的观点在行动中便能受到重视。简而言之，从效用主义的观点而言，假使是出于个人利益而行动也能有利于普遍幸福，那么我们就不应一味要求每个人应出于义务感或普遍仁爱来行动，以免因理想性太高而导致人们裹足不前，成效不彰。

五、遵守一般道德规则是常态，而采用效用原则是特例

效用主义者主张，人们从过去到现在，已有充裕的时间从生活经验里学习到行动的倾向，这些经验会逐渐形成常识道德规则，都是道德生活所能依赖的。所以我们在采取行动之前，无须每次都大费周章地计算行动所可能造成的结果。对我们而言，追求幸福是一件自然而然的事，而让我们的行为能符合一般的道德规则也是自然且值得尊敬的。在一般情况下，我们会认为遵守道德规则的行为就是正确的，而违反道德规则的行为就是错误的。就如穆勒所指出的：人类迄今为止已经获得了一些确定无疑的信念，相信某些行为有利于人类幸福，这些信念流传下来，便成为大众的道德规则。换言之，效用主义者认为，在大多数的情况下，我们只要按照道德规则来行动，就能获得最好的结果。

然而，由于人类处境的错综复杂，有时难免会有道德冲突的情形，让人们陷入两难困境中，此时，我们就必须以"特例"来看待。在特殊案例中，持不同伦理观念者往往会有不同的行为取向，也自然会产生不同的结果。效用主义主张没有哪一种行为可被视为总是义务的或该被谴责的，这不是任何道德信条的错误，而是人类事务的错综复杂使然。当一般道德规则产生冲突时，我们就必须诉诸效用原则以求获致最好的结果。效用主义特别强调，只有在一般道德规则之间产生冲突的特殊情境下，我们才需要诉诸效用原则。换言之，在大部分的情况下，一般道德规则即足以作为我们道德判断的标准。

六、效用主义的道德决定依据是理性估算、人人平等和最大幸福

效用主义主张，道德行动的依据是理性估算、人人平等和最大幸福等三项标准。理性估算是指就不同行为取向所产生的快乐和痛苦之特性做理性之分析计量；人人平等是指在利益的考量上，无论王公贵卿或黎民百姓，每个人都算作一个单位，没有任何人会更多；最大幸福是指最好的行为是能达成最大多数人的最大幸福。

虽然效用主义者对快乐和痛苦是否有质与量之区别看法有所不同，但都同意快乐和痛苦是可以比较计算的。为了能达成追求最大多数人的最大幸福的目标，理性的分析计量不同行为所产生的一切正负价值或结果，便是一件非常重要的事。边沁对于快乐或痛苦的计算有一套标准和程序，且主张在效用的考量上，要严守人人平等。穆勒也主张，最大幸福原则之所以有实质意义，正是因为每一个人的幸福和所有其他人的幸福都是同等重要的。西季威克也认为，我们应用某种公正原则或幸福的正确分配原则，来追求整体的最大幸福。简而言之，效用主义注重将理性和平等结合，以达至最大幸福的理想。

七、人我一体、休戚与共的社会情感是效用主义的最终约束力

效用主义强调，每个人会追求快乐和避免痛苦是经验事实，然而，从这样的经验事实却无法推导出"促进最大多数人的最大幸福"的结论。因此，为了促使人们确实遵循效用主义最大幸福的理想，便需借助于道德的约束力。边沁强调自然的、政治的、道德的和宗教的外在约束力。穆勒除了提到外在约束力外，还特别强调良心的内在约束力，以及人我一体、休戚与共的社会情感的最终约束力。穆勒认为，所有的道德体系在回答这样的问题时，答案应是相同的。真正的道德强制力来自于心灵深处，是个人主观的情感，而不是先验的事实。而西季威克则对达成效用主义的道德约束力显得较为悲观，其认为外在和内在约束力均有其限制，所以特别强调宗教的约束力。因此，就效用主义比常识更严格地要求个人为整个人类的幸福而牺牲他的幸福而言，它在严格的意义上是符合最典型的基督教教义的。

综合而言，效用主义者认为内在约束力要比外在约束力强而有力且更能持久。对行为者而言，外在约束力是一种被动的约束力，而内在约束力是一种主动的自我约束力。然而，外在和内在约束力能让人们遵守道德规则，却不一定和追求最大幸福有所联结。促使每个人追求最大多数人的最大幸福最自然和最稳固的力量，是人类欲与同胞成为一体的社会情感，此种情感也是

达成效用主义理想的最终约束力。

八、效用主义标举的普遍仁爱的情感需要教育和环境来培植

效用主义思想的重点在于如何透过社会制度和法律的改革以及道德的约束力，来达到兼顾个人幸福和共同体幸福的理想。虽然一般认为外在约束力有利于效用原则的实施，但欲达成效用主义理想的最终约束力是人类欲与同胞成为一体的社会情感，此种情感是一种追求幸福，或为全人类谋求好结果的气质倾向，效用主义者称为普遍仁爱的情感。此种普遍的仁爱不是利他主义，而是一种同等地关怀自己和他人的情感，普遍仁爱的情感是一种简单且自然的态度，其基础比我们的特殊感情还要安全稳固。

虽然普遍的仁爱是一种简单且自然的态度，但因为我们的社会环境尚未发展到完全成熟的程度，因此在个人应当追求最大多数人的最大幸福和个人应当追求自己的最大幸福之间尚存在着难以在经验基础上达到一致的矛盾，所以需要透过教育和环境的力量来加以形塑。综合而言，效用主义者主张，我们需要透过教育的深化和环境的优化，来陶冶人们普遍仁爱的情感，使每个人的情感与别人的福祉化为一体，或至少使每个人的感情对别人的福祉给予实际的重视，让人类的感情会本能地去关切别人的利益，就像关切自己的利益一样，并利用教育、制度、环境和舆论的力量，使每个人从小就耳濡目染地对这种感情期许和实践，那么效用主义所遵循的最大多数人的最大幸福之标准，自然能水到渠成。

九、效用主义能为公共政策提供不同的思考方向

边沁认为自己的效用主义是一种信念，而不只是一组抽象的论点。边沁欲借由理性和法律的双手来培养幸福的结构，认为效用主义可为政治管理者和立法者提供一个判断的标准，并以此来解释公共政策的道德合理性的伦理标准。虽然效用主义在公共政策论述的领域中，在公民平等权利的维护以及人们的道德偏好中可能备受批评和质疑，然而，当人们在面对陷入两难困境的公共政策时，绝大多数人所优先考量的仍是"两利相权取其重，两害相权取其轻"的思维，此或可显示出效用主义是人们无法舍弃的道德标准之一。

公共政策的首要目标是在公共善的问题上能达成和谐一致。虽然有人认为效用主义以行为结果作为道德判断依据的主张缺乏道德的味道，但其以是否促进社会上最大多数人的最大幸福作为正当性和合理性的判断基础，体现了对人们需求的真正关怀，也给予公共政策良莠的判断依据。就此而言，效用主义在尊重个人利益以促发社会效用的积极性和创造性；遵从效用原则，

理性评估政策实践的实际结果，让政策能更加周延并落实责任制度；强调个人利益和社会效用的一致性，以触发人们的积极性公德观念，并促进社会公平正义的早日实现等方面，确实为我们提供了不同的思考方向。

十、效用主义和义务论应能相互涵摄并相辅相成

在道德哲学传统上，绝大多数人都认为目的论和义务论是处于相互对立的状态，特别是目的论中的结果论和严格的义务论。义务论以康德为代表，康德的普遍法则，在道德规范的某种意义上便是义务的形式化，构成了道德原则的基本规定，超越时空关系而约束着人们的不同行为。康德所强调的是道德的形式思维，普遍性是通过先验、形式来加以确保。与形式化的义务论相对的是强调"实质"内容的目的论，其中又以结果论中的效用主义最受注目，效用主义所关注的是行为能谋求最大多数人的最大幸福的结果。效用主义以实质的结果来确认行为的善，义务论则以形式化的方式来确保行为的道德性，从理论层面而言，两者各有所见，亦各有所偏。

效用主义主张行为的正当性依行为所产生的结果而定。按照评价行为的程序而言，效用主义的此种主张，意味着我们应当根据以往的经验来预测行为的结果，以作为决定采取何种行为的依据，而不是行动后的结果，否则效用主义就成为一种空谈，无法指导我们的行为。既然我们要事先预测行为的结果，那么在评价时应该就包含了行为的动机，因为在人们理性的行为实践中，动机和结果通常是一致的（好动机应能产生好结果，坏动机则容易造成坏结果）。义务论之所以根据某种动机来评价行为，其根本原因也应是预期该动机会产生相对应的结果。穆勒也曾表示康德并未忽略行为结果在决定行为道德质量上所扮演的角色，当康德从"普遍化的第一原则（universal first principle）"的格律推演出具体的道德义务时，其所呈现的仍然或隐或显地借助了结果的概念。[1] 黑尔也认为，效用主义的效用原则或边沁的平等原则，与康德的可普遍化原则不但不冲突，而且可以相互涵摄。黑尔认为或许可提出一种康德和效用主义者都会赞同的可普遍化原则的道德体系，康德是形式，效用主义是内容。[2]

综合而言，强调行为结果的效用主义和强调普遍化原则的义务论，在道

---

[1]　John Stuart Mill. Utilitarianism[M]. London: George Routledge & Sons, Limited, 1895, P6-7.

[2]　R.M.Hare,Freedom and Reason, Oxford[Eng.]:Clarendon Press,1963, P124.

德哲学上并非处于对立的两端，只要我们不因从小所受的道德教养影响而对效用主义产生混淆困惑，那么便能理解效用主义和义务论两者应能相互涵摄并相辅相成。

十一、调和而非夸大效用主义和其他理论间的关系

规范伦理学家认为，透过对善恶好坏的确认，以及对道德原则和道德判断的系统理解，人们可构建一套行为的标准。然而，符合道德行为的标准是什么，不同的伦理学家却有不同的主张。目的论者关注于行为的目的或结果，义务论者强调行为本身而非行为结果，德行论者所彰显的重点是品格和特质。由于传统上将规范伦理学区分成此三大类别，因此，许多人便毫不迟疑地认定目的论、义务论和德行论之间存在着重大的差异，尤其是目的论中的效用主义主张，因其强调行为的结果，更容易让人将之与义务论和德行论有所区隔。效用主义和义务论与德行论之间果真壁垒分明、毫无交集吗？贾米森（Dale Jamieson）以全球环境变化问题，来说明义务论者有时会将道德问题排除在道德领域之外而不自觉，效用主义者也应该在适当时机成为德行论者的信徒，以达成效用主义的目标。

效用主义的效用原则虽然把满足人们的需要和增进最大多数人的最大幸福作为道德合理性的客观标准，但并未因此而排除纯粹出于义务或欲成为有德者的道德行为之可能性，只要行为能增进最大幸福都是正确的行为，因为效用主义者了解到道德应符合人性倾向，所以把幸福作为道德的终极关怀，并以此作为行为正确与否的标准。就此而言，一般人似乎都夸大了效用主义和义务论与德行论之间的对立关系，而此种看法对于将伦理学作为我们行为的指导并无助益。

综合而言，效用主义思想自边沁提出后，虽然在历经穆勒、西季威克及后代学者的补充与修正后，其理论体系已日趋完备，然而效用主义从边沁提出效用原则，穆勒正式使用效用主义一词到现今的发展，一路上饱受各方的批评与挑战，但效用主义并未因此而被冷落遗忘，反而在当代实践伦理学领域上表现出一股不可忽视的力量。总体而言，效用主义并未如某些过于简化的批判那样庸俗狭隘，它具有单一明白的判断标准、结果依赖的务实理论以及众生平等的积极关怀等务实、理性的理论优势。当然，效用主义在正义和公民权利的表述上显现出一些缺失，使其多年来受到不少的批评，然而效用主义所具有的理论优势，亦让其在实践伦理学领域上占有重要地位。

7.1.2 效用主义在道德教育方面

马克思主义认为，在阶级社会中，"道德始终是阶级的道德"[①]，但是道德除了具有阶级性的特征外，"对同样的或差不多同样经济发展阶段来说，道德论必然是或多或少地相互一致的"[②]。也就是说，道德除了具有阶级性外，处于同一时代的不同阶级在道德上也可以找到某些共识。因此，诞生于西方资本主义社会中的效用主义思想及其修正理论，完全可以为我国所用。我国目前正处于社会转型时期，在这个大背景下，道德教育领域理所当然地要进行相应的改革。而道德教育的改革，就需要大量的新鲜血液注入。所以，我们必须在剥离效用主义思想中阶级性的、不适合我国文化背景的东西的前提下，将其道德教育理论的精华吸收进来，并予以本土化，以推动我国道德教育的发展。根据本研究对效用主义与道德教育之探析，可统整其要义为以下七点结论：

一、肯定谋求最大幸福的倾向以增进道德教育成效

效用主义主张，能创造最大多数人的最大幸福的行动，才是最好的行动，此处的最大幸福包含个人和共同体的幸福。以谋求幸福为道德的目的虽然让效用主义少了道德的味道，但是多了几分人本情怀。效用主义将获致幸福作为德育应该达到的目标，使学生明确人生的追求目标，以个体的幸福体验作为德育持久的内在动力，这是对德育价值的一种重要思考。而基础教育不仅要对学生的升学考试负责，更要对学生一生的幸福人生负责。基础教育要带给学生希望、力量，带给学生内心的光明、人格的挺拔与伟岸，带给学生对于自我、对于生活、对于未来和对于整个人类的自信，以便使每一个学生都能够成为自由社会的建设者和幸福人生的创造者。"

人性的自利是自然倾向，然而，人又是社会性的动物，不可能长期依靠损害他人与社会的利益来实现自己的利益，只有依靠追求社会最大幸福的利

---

① 马克思、恩格斯：《马克思恩格斯选集》，第三卷，北京：人民出版社，1995 年版，第 114 页。

② 马克思、恩格斯：《马克思恩格斯选集》，第三卷，北京：人民出版社，1995 年版，第 134 页。

他行为，才能让自己的幸福最大化。我国传统道德教育过度向理想主义倾斜，经常标榜正其谊不谋其利，明其道不计其功，此举让许多人表面服从道德规范，然而内心却未必真心认同。我们应肯定人们有谋求自己和他人利益和幸福的倾向，倡导正其谊以谋其利，明其道而计其功的思想，以增进道德教育成效。

二、强调以结果作为行动判断依据来彰显道德责任的重要性

效用主义以结果的好坏来评价行为的道德性，此种主张虽招致不少批评，却也提醒我们应注意到正确或错误的以及好的或坏的行为的区别。正确的是用来称赞那些实际上能产生最好结果的行为，好和坏则是用来指称行为者和动机。两者分属不同领域，我们不应混淆。在当前的道德教育中，我们总是关注于培养学生良善动机，遵守道德规则，却很少教导学生要培养道德智慧，判断行为所可能产生的结果，并负起应有的道德责任。仅根据行动结果来判断行为的道德性，有时虽然可能与我们从小所接受的教养和情感不合，但是相当务实负责。因为即使是出于好的动机，但如果造成坏的结果，表示行为者缺少智慧来做出正确的决定，此非我们所乐见。因此，我们应善用以结果作为行动判断依据来彰显道德责任的重要性，以避免许多恶行假"善意"之名而行。

三、善用合理的道德推理可表现出良好的道德行为

在日常生活中，一般而言，我们大多数的道德行为和道德原则都是根据过去经验的累积，或透过社会和教育的力量形塑而成，我们经常是不加质疑便据以行动，学校教师通常也都是据此来教导学生。多数时候，我们只要根据这些规则行动，通常都不会产生不好的结果。因此，人们几乎不会去质疑道德原则的合理性。但是，由于人类生活处境的错综复杂，总有些时候，人们会发现自己陷入无法同时做到两项该遵守的道德原则的困境中，此时便有赖我们透过合理的推理程序来决定该接受哪项道德原则。面对此种实质的道德问题，学校道德教育通常都未能给予学生适当的指导。效用主义虽然未提出人们在面对道德冲突时该如何行动的具体做法，但从效用主义的主要精神可推断出，当面对道德冲突的情境时，我们可以指导学生：（1）掌握事实，搜集相关正确信息。（2）做出决定，确认自己在相似的情境中会做出相同的道德判断，并以此来规约自己的行为。（3）理性预测所采取的行动将产生何种结果，并运用合理的想象来公平地考量行为结果对所有利益相关者的快乐的增加或痛苦的减少。（4）在衡量快乐和痛苦的正负总值后，我们有义务去从事能达到最大多数人的最大幸福的行为。

综合而言，我们在指导学生从事道德判断以表现出良好的道德行为时，应以事实及可普遍化的规约为基础，并根据合理的想象来评估受行为影响的相关者之实质的倾向和利益，以做出正确的道德判断，实践能获致较好结果的行为。而此种过程可说是一种合乎效用主义主张的道德推理方式，可作为我们实施道德教育时的重要参考。

四、努力达成效用与正义的结合而化作行动的力量

效用主义强调道德的目的是追求最大多数人的最大幸福，反对者批评此种主张隐含着当多数人和少数人的利益产生冲突时，牺牲少数人的权利以维护多数人的利益是正当的，如此，效用主义似乎就为社会的不平等待遇提供了理论的依据。换言之，有时我们必须被迫牺牲小我以完成大我，然而，这样就涉及正义的问题。

在效用和正义的问题上，要提出一种令大家都满意的做法实在不是一件易事，我们或许可从以下列三点来思索效用与正义结合的可能性与必要性。首先，从"有正义才能创造长远效用"的思维来促成效用与正义的结合。亦即就整个社会发展而言，只有把公平正义作为伦理的目标和价值，创造正义的制度和环境，如此每个人的行为才会具有效用。因为任何没有公平正义的制度，势必会导致不同阶层间的冲突对抗，甚至暴力相向，如此必然会减损效用。其次，在特殊事例中，允许一些非常手段来达成最大效用，必须符合自愿原则，如此所达成的效用才具有意义。以不道德的方式所获致的结果，都不具有道德意义。因为如果人们可能在非自愿的情况下被迫受到不正义的对待，则我们将生活在人人自危的恐慌中，如此反而不利于社会的最大效用。最后，我们可从公平和效率的层面来分析正义与效用的关系。在社会实践领域中，公平和效率可能处于下列四种关系之一：公平且高效率、公平但低效率、不公平但高效率以及不公平又低效率。在公平高效率和不公平低效率的关系中，公平和效率是一致的；但在公平低效率和不公平高效率中，公平和效率是冲突的。当公平和效率一致时，我们不会产生困惑，但是当公平和效率产生冲突时，我们该如何来抉择呢？一般而言，效用主义者会接受为了高效率而容许特殊情况下的不公平，正义论者则会为了维持公平而容许低效率的存在。然而，若从长远效用而言，不公平而能获得高效率的情形只能在特殊事例中短暂存在，因为此种做法最终会造成社会的对立冲突，从而导致减损社会总体效用。因此，效用主义者不会支持不公平但高效率的存在。效用主义者所要面对的挑战是公平但低效率的存在，而此种情形亦是秉持正义论者所

必须面对的严肃课题。

综合而言，就长远的社会效用而言，效用和正义是可以结合的。我们可指导学生从（1）有正义才能创造长远效用，（2）牺牲少数人权利以增进多数人幸福时必须符合自愿原则，（3）从公平与效率来思考正义与效用的关系等三个层面，来分析达成效用与正义结合的方法，并化作追求最大多数人的最大幸福的行动力量。

五、营造良好教育环境以孕育学生美德

一般人总以为效用主义者对于人类的美德未给予应有的重视，其实效用主义者认为美德本身不仅值得追求，而且要公正无私地去追求，因为美德不仅是行为的目的，也是实现最大幸福的手段。再者，有德行的人不是自己获得幸福，就是能为他人带来幸福，所以美德与幸福是有直接关系的。简言之，美德的培养对于社会整体的福祉只有好处，没有坏处。

对于效用主义者而言，人们该如何培养美德呢？"蓬生麻中，不扶而直，白沙在涅，与之俱黑。"环境是人格形成的必要条件。作为培养个体高尚品德的德育活动，良好的德育环境则更是其成功的必备条件。穆勒也认为环境与教育对一个人德行及情感的陶冶相当重要。然而，一般人常会因品德的薄弱而选择较接近的利益，如果生活及社会环境未能提供人们体验人我一体、休戚与共的机会，那么追求高尚情操的能力便容易遭到扼杀。换言之，我们应该借由环境的优化和教育的深化，让学生欲求美德，使学生认识到有美德是快乐的，没有美德是痛苦的。这种经验要经过教育的熏陶和社会环境的影响以及学生的行善习惯来形成。一旦形成，学生就具有行善的意志，进而愿意尽己之力来促进他人的幸福。亦即在一定的范围内，学校应能够提供一些相关经验，而且也要和社会文化的实践产生联结，让学生能够转化道德课程，拥有真实的经验来孕育美德，学习为自己和他人谋求幸福的知识和技能。而如果现实的学校环境无法提供这样的机会，也应创造仿造的机会，让学生有实践的经验，并唤起类化的效果。

六、体认制度改革须辅以心灵革新

效用主义者主张，我们不仅要追求个人幸福，也要追求最大多数人的最大幸福。亦即我们应陶冶每个人的心灵，使其尽可能地具备增进世界人类幸福的胸怀。穆勒对此曾提出两个方向：第一，法律和社会的安排应将每个人的幸福或利益，尽可能地和全体的幸福或利益和谐一致；第二，我们要善用教育和舆论的力量来建立每个个体的幸福和社会全体的幸福有牢不可破的关

联性。前者是制度层面，后者是心灵层面。穆勒这种把伦理学同法律、社会制度、教育和舆论等各种社会现象联系在一起，注重制度与心灵的结合，在当时可说是极富开创性的。然而，穆勒后来在自传中也坦承，制度的改革容易，心灵的革新却很困难。因为制度的改革若没有改变那些导致错误见解的心灵习惯，则其对人类的智性和道德状态所产生的助益将非常有限。

综合而言，任何制度的改革都必须辅以心灵革新才能深入、彻底，如果人类的智性和心灵无法同时提升和转化，那么任何制度的改革恐都将缘木求鱼。简言之，道德教育若过于依赖制度的改变、外来的原则、他律的规范或环境的结构，其成效就容易受限。我们应从个人的心灵与人格来思考道德教育，亦即我们要尊重受教者的独特性。如果我们能提供人性发展的自律过程的充分条件，即接受受教者的独特存在，设身处地来理解、具备同理心及进入他们的内心世界，那么所有人都有希望成为自律的人，都可以为增进自己和他人的最大幸福而行动。

七、理论主张贴近时代的需求以促进德育的发展

德育作为一种社会价值观念的传递活动，其理论的发展要与时代需求紧密相连。效用主义伦理思想就是这样一种能与时俱进的伦理理论。19 世纪，英国效用主义者认为当时英国古典学科与科学的飞快发展已经不相适应，他们主动地适应这一时代的转变，革新教育制度，扩大了教育对社会的影响，使教育在社会中的地位得以提升。其中道德教育方面更是受效用主义伦理思想的影响，德育教师主张的德育中的效用行为，并不是如字面上所强调那般，教师和学生只讲授和学习有用的道德知识。相反，他们注意结合理论与现实的需要来发展德育，使德育不至于与时代脱节而流于形式。现代新效用主义在复兴的过程中，也结合经济学中的理论成果发展出了众多理论形态，其中偏好效用主义、福利效用主义都是适应消费时代的伦理理论，这些理论的提出为德育的发展提供了新的理论上的支持。

7.2 对现行道德教育的建议

自改革开放以来，我国现代化所取得的成就为青少年一代提供了日趋优异的成长条件。但是，与此同时，由于社会正处在转型时期，影响青少年一代成长的因素变得更加复杂。一方面，目前我国已经建立了比较完善的政治体制和经济体制，而文化体制的建立则相对落后。这就造成了当前中国社会原有的价值观念失效，而崭新的价值观念尚未形成。另一方面，今天我们所处的时代背景和国际环境十分特殊，各种特征不同的政治、经济、社会、文化因素同时影响着人们的精神领域。这就使我们时代的精神世界变得极其复杂。近代的效用主义伦理思想源自于西方，有些主张与我国的传统哲学颇能相互契合，有些则显得有所冲突。然而无论是相互契合或冲突，效用主义思想影响着人们的日常行为都可说是不争的事实，我们经常在理论上讲依义务而行，然而在实践上却总是难以完全摆脱效用的考量，对效用主义思想可说是既期待又怕受伤害。效用主义思想对今日社会，无论在个人行为或社会公共政策层面都产生了实质广泛的影响。这些影响既有正面的，也有负面的。在政府积极推动品德教育下，我们该如何来好好应用效用主义这把双刃剑呢？我们可从传统文化脉络中来寻找共同的因素，充分发挥传统文化固有的优势，并吸收效用主义的合理因素，把人们对利益和幸福的追求欲望，引导至真正有利于个人和社会的正途，最后实现个人的自由发展和促进社会的全面进步。以下研究者根据前面章节之分析及上节之结论，对教育行政机关及教师提出数点建议，以供参考。

7.2.1 在教育行政机关方面

一、提高德育课程设置的科学性

目前我国在道德教育的课程上，主要有两方面的问题：一是我国的德育一直以来都承袭了一种学科化和课程化的传统，且意识形态气息浓重；二是道德教育的内容多以教导学生特定的规范意识、核心价值观的建立以及行为准则之实践为主，少有指导学生逻辑地检视、批判分析和研究我们所抱持的道德信念，导致学生习惯接受特定的内容而不愿去思考道德问题，总是希望教师能告诉他们答案。这些都是德育低效的重要原因。

针对第一个问题，国外的多学科整合的道德教育方式或许可以为我们提供解决思路。其实，道德教育不应仅仅体现在专门的德育课程中，而应当体现在学校生活的每一个环节，特别是其他学科教学也需要道德教育。正如赫尔巴特（Herbart）所说，"一切教学都永远具有教育性"，教师要善于抓住课堂教学中的任何一个契机进行积极的道德教育。在这方面，我们或许可以借鉴美国学校德育的做法：在美国，其德育的主要课程是历史课，只要一个学生愿意，他就可以从中学到大学一直选择历史。除此之外，美国从小学到大学均开设与德育相关的课程，这种课程五花八门，种类繁多，例如，文化、宗教、哲学等课程。林林总总算起来，美国学生用在与德育有关的课程时间往往要比中国学生学习道德的时间长得多。这样就使美国德育形成了一种"随风潜入夜，润物细无声"的效果。

针对第二个问题，道德教育若只停留在传递特定道德或单纯地防止学生违反道德要求，虽然有助于良好习惯的养成，但不利于培养学生处理道德冲突的能力，而道德冲突却又是我们日常生活中难以避免的问题。因此，当我们在从事道德教育时，不仅要指导学生学习个人或社会所抱持的一套关于好坏、对错、公平、正义和各种美德的信念，也要指导学生学习伦理学的基本概念，使学生能应用所学，对日常道德规则的标准及背后的价值体系，进行哲学思考，以逻辑地检视、批判和分析我们所抱持的那些信念的合理性。简言之，研究者建议将伦理学纳入道德教育课程中。

二、澄清效用主义的内涵

由于效用主义的基本假设是人性的趋乐避苦倾向，因此，效用主义经常被人视为是追求个人利益和幸福的利己主义，此种说法对效用主义可说是一种误解。基于此种原因，国内教育学界关于效用主义的研究甚少，即使哲学界对效用主义的研究亦不多见。由于效用主义不受青睐，所以能正确理解效用主义者便相对有限，许多人对效用主义一知半解，甚至是严重误解而不自知。

其实，效用主义不是利己主义，而是试图结合利己主义和利他主义，并希望能创造一个关心自己和关心公共善的公民社会。效用主义中的效用，虽然是以个人为出发点，但它的目标却不是个人，而是社会共同体。效用不仅仅是个人对自身利益、幸福的追求，也是个人对共同体的利益和幸福的追求，这是效用主义思想中"效用"概念的基本内涵。其次，效用主义设定一个道德和社会政策的最高指导原则是最大幸福原则，即促进最大多数人的最大幸福，此原则构成了行为实践和社会改革的目标。追求个人的最大幸福要以实现最大多数人的最大幸福为目标，最大多数人的最大幸福的实现，有利于个人最大幸福的达成。总体而言，效用主义可说是一种以个人幸福为出发点，以最大多数人的最大幸福为目标的伦理思想，其目的是个人幸福和社会幸福的共同满足。

综合而言，我们应跳脱对效用主义的刻板印象，将效用主义视为是一种值得介绍与推广的伦理学说，让师生能正确理解效用主义的内涵，并在公平的基础上和其他伦理学说相互比较，取长补短。

三、道德教育取向应是努力达成个人利益和社会整体利益的和谐一致

在实施道德教育时，我们总是教导学生应该表现出符合某些核心价值与规范的行为，即使这种行为会导致大量的痛苦也应"择善固执"，如此才是合乎道德的行为。然而，审视日常生活实践，我们的行为实在又难以摆脱追求快乐、避免痛苦的效用考量。因此，欲成为一位有道德的行为者，其最困难的问题不在于德行与效用相一致的情况下来行动，而是在德行和效用相冲突时的特殊情况下该如何做出正确的抉择来指导行动。

效用主义反对者批评效用主义的主张会造成为了追求整体效用而牺牲个人权利，如此将不合正义。同样，难道我们可以要求个人为了实现道德义务或恪守某些道德教条，因而必须让个人或社会减损幸福而遭受痛苦吗？道德教育在传统上似乎预设着个人利益和整体利益会产生冲突，因此也就或隐或显地透露出当人们表现道德行为时，极有可能会产生对自己不利的结果，只要我们反思从小所受的道德教养，当不难发现确实存在此种现象。效用主义将焦点置于我们会带来什么结果上，它是一种在道德上要求我们去从事能产生最好结果的理论，而最好结果当然是对受行为影响的所有相关者能产生最大幸福的结果。这是道德教育的目标，也是教育行政当局应该倡导的取向，否则，学生将陷入不知该选择做个傻瓜好（损己利人），还是做个恶棍好（利己损人）的困境，而不知去思考个人利益和整体利益是互为表里，义利是可以两全的。

四、鼓励教师进行效用主义研究以拓展道德教育的多元性

研究者查询"中国期刊全文数据库""中国硕博士论文全文数据库""中国重要会议论文全文数据库"中，有关道德教育、品德（品格）教育的教学研究方案，发现大多以尊重、关怀、责任、诚实、公平、正义等所谓核心价值为主轴，透过故事、绘本、体验等策略来进行独立的道德教学或融入式教学活动。根据查询结果，"关怀"是近年来的研究焦点，而"效用"则无任何相关研究。换言之，国内目前并无以效用主义为核心的道德教育方案研究。国内对道德教育的研究若偏重于某些特定性质的理论化、探究模式和理解方式，是否可能会让教育人员直觉地抓住教育当局所强调的取向来加以实践，却无深入理解此取向的基本假定与优劣得失，以致产生伦理霸权（hegemony）的现象，实在值得我们深思。教育行政当局应对偏重某种伦理取向的道德教育有所反思，并借助现职教师的知识与经验，鼓励教师在学校特有的情境脉络中，进行有别于正义、德行和关怀伦理学的效用主义道德教育方案研究，

以评估效用主义应用于国内道德教育的成效与可行性，并借此拓展道德教育的创造性和多元性。

7.2.2 在学校方面

一、营造良好的德育氛围

根据前文所说，作为培养个体高尚品德的德育活动，良好的德育氛围则更是其成功的必备条件。学校是学生除了家庭之外，身处时间最多的场所，并且学校对学生德育的过程是有组织、有计划的，其针对性较强，目的性较强，学校在促进学生德育发展上起着核心的作用。因而，学校承担着营造良好德育氛围最为重要的责任。

但是，当前大多数的学校不能利用校园文化教育学生，在学校德育氛围中起主要作用的教师，多数还未树立将德育作为自己教育教学工作中一项不可或缺的基本任务的理念，未能自觉地把德育贯穿于整个教学过程中。同时，部分教师的素质偏低，自身难以实现道德人格的塑造和超越，课堂上讲得头头是道，下课后却不能身体力行。这在很大程度上破坏了学生对教师人格的完美期待，对学校德育氛围带来了消极的影响。因此，学校应努力创造良好的自然环境和人文环境，并通过其对学生进行潜移默化的影响。承担德育重任的教师也应树立积极的德育理念，并努力提高自身素质，身体力行，在授课过程中，除了讲授专业知识外，更应当身先士卒，以自身的品格魅力去感染学生，并有义务把团体责任感、集体归属感这样一种意识、一种氛围渗透给学生。

二、跳脱刻板印象来正确理解效用主义

国内早期对于"Utilitarianism"一词大多译为功利主义，直到 20 世纪 90 年代才出现"效用主义""功用主义""效益主义"等用法。在绝大多数国人心中，功利一词与道义几乎是对立的，也因此造成许多人一论及功利主义，便隐含着贬斥的意味。效用主义的主要内涵与道德观如第三、四章所述，它是一种以个人幸福为出发点，以谋求最大多数人的最大幸福为目标的伦理思想，绝非是一种投机取巧，以能够让自己获得最大利益为优先的自私自利主义。肩负道德教育重任的教师非但不能囿于社会成见而误解效用主义，更应研读相关伦理学著作，以正确理解效用主义的主张，如此才不至于因缺少伦理学的相关知识而影响教师指导学生处理复杂的道德议题之能力。

三、结合美德与幸福以激励学生表现道德行为

效用主义主张人类美德行为的最终目的是为了获得幸福，此种主张虽然简化了我们的道德经验，使美德仅仅成为对幸福和效用的权衡与比较。然而其认为美德是达成幸福的主要手段之思想，也表明效用主义认为好的生活或幸福的生活是与道德相关的。就此见解而言，效用主义对美德的观点亦有其可取之处，值得我们参考。因为在现今多元化的社会中，有些人可能认为好的生活并不必然与道德有关，而在现实生活中，确实也存在着一些道德上不怎么样的人却过着一种所谓的好生活。这些人所理解的"好生活"可能仅仅是物质方面的享受，这样的理解是片面和浅薄的。穆勒强调美德的目的是促进人类幸福的生活，那些把美德的追求当做是目的的人，不是因为拥有美德能给他们带来快乐，就是因为没有美德会让他们痛苦。而且，由于美德的培养对于社会整体的福祉只有好处，没有坏处，因此，穆勒认为美德是值得我们去积极追求的。我们可以说，要享有幸福的生活就必须具有美德，有美德的生活才是幸福的生活。所以，在当前的生活实践中，如果能让学生正确理解美德和幸福生活的关系，并让两者结合，相信更能激励学生表现出道德行为。

四、积极培养学生普遍仁爱的情感以实现效用主义理想

根据本研究分析，人们是否具有普遍仁爱的情感是效用主义理想能否实现的关键，而普遍仁爱的情感尚未发展到完全成熟的程度，需要透过教育和环境的力量来形塑而成。学生的道德思考与其心理发展有密切的关联，当孩子尚未发展出关心他人的概念时，我们不可因孩子的自我中心倾向而处罚其利己的行为，而应透过角色扮演、与他人的互动等体验学习，逐步协助学生发展出普遍仁爱的情感，让学生理解所有的道德都包含了自我、他人以及自我与他人之间的关系，道德的核心就是人际间的互动关系。学校和社会应提供相关的知识和信息，并推广各种体验活动，让人们的感情会本能地去关切别人的利益，就像关切自己的利益一样，使人们能依循谋求最大多数人的最大幸福之标准来行动。

五、尝试开展道德认同与追求最大幸福的教育

许多人都认为现在的道德教育很失败，而所谓道德教育失败，其实在很大程度上是意味着道德权威的危机，也是进行道德灌输的危机。当教师和家长在论及学生难教时，其实绝大部分所表达的意思是：学生并不接受大人们的那套道德认知、评价和实践方式。因为信息技术的发达，现代学生从互联网中吸收了大量的信息，不同的文化、知识和价值观深深冲击着传统的学校

教育，昔日权威、单向式的道德教育已被解构，取而代之的是多元主义的道德观。学生如对传统道德教育所赋予的生命和生活的意义无法认同，自然也就难以达到教师和家长的道德要求。这不是孩子难教的问题，而是伦理道德的认同问题。

义务论伦理学强调行为本身的性质，主张行为本身就具有内在的道德价值，而不管该行为可能会产生何种结果。德行伦理学强调道德应该着重培养行为者品格的卓越性，具有卓越品格的人，其言行自然得宜且能成为激励他人的模范。关怀伦理学重视情感与关系的建立，而非关注于德行的教导。效用主义强调行为的正确性取决于其所产生的结果，要求我们要从事能促进最大多数人的最大幸福的行为。四种不同的伦理学表现出不同的道德实践取向，就国内现况而言，前三者都是道德教育所认同者，唯独效用主义不受青睐。然而，我们似乎未曾思考过学生是否认同目前道德教育所倡导的伦理体系。如果学生因不喜欢今日学校道德教育的伦理体系而导致成效不彰，他们可不可以拒绝接受而勇于追求自己所喜欢、认同的道德观和生活体系？我们是否应在学校道德教育中加入追求最大幸福的效用主义体系，让学生是否会喜欢而加以认同并进而躬行实践呢？

基于上述分析，如果学生无法认同目前的伦理道德体系，我们应指导学生学习伦理思考和合理的道德推理，以追求自己所能认同的伦理道德体系，如此方能达到事半功倍之效。而效用主义如能获得大多数人的正确理解，应可作为国内道德教育伦理体系的选项之一，让师生能有机会在合理的利己下，尝试开展追求最大多数人的最大幸福的道德教育。

参考文献

一、中文论著

[1] 马克思，恩格斯 . 马克思恩格斯全集（第 1 卷）. 北京：人民出版社，1995.

[2] 马克思，恩格斯 . 马克思恩格斯全集（第 30 卷）. 北京：人民出版社，1995.

[3] 马克思，恩格斯 . 马克思恩格斯选集（第 3 卷）. 北京：人民出版社，1995.

[4] 马克思，恩格斯 . 马克思恩格斯文集（第 1 卷）. 北京：人民出版社，2009.

[5] 马克思，恩格斯 . 马克思恩格斯文集（第 4 卷）. 北京：人民出版社，2009.

[6] 马克思，恩格斯 . 马克思思格斯文集（第 5 卷）. 北京：人民出版社，2009.

[7] 马克思，恩格斯 . 马克思恩格斯文集（第 9 卷）. 北京：人民出版社，2009.

[8] 马克思 . 资本论（第 1 卷）. 北京：人民出版社，2000.

[9] 列宁 . 列宁全集（第 2 卷）. 北京：人民出版社，1984.

[10] 列宁 . 列宁全集（第 40 卷）. 北京：人民出版社，1986.

[11] 列宁 . 列宁专题文集：论社会主义 . 北京：人民出版社，2009.

[12] 毛泽东 . 毛泽东早期文稿 . 长沙：湖南出版社，1990.

[13] 毛泽东 . 毛泽东选集（第 3 卷）. 北京：人民出版社，1991..

[14] 毛泽东.毛泽东文集（第 2 卷）.北京：人民出版社，1993.

[15] 毛泽东.毛泽东文集（第 5 卷）.北京：人民出版社，1996.

[16] 毛泽东.毛泽东文集（第 6 卷）.北京：人民出版社，1999.

[17] 毛泽东.毛泽东文集（第 7 卷）.北京：人民出版社，1999.

[18] 毛泽东.毛泽东文集（第 8 卷）.北京：人民出版社，1999.

[19] 邓小平.邓小平文选（第 2 卷）.北京：人民出版社，1994.

[20] 邓小平.邓小平文选（第 3 卷）.北京：人民出版社，1994.

[21] 江泽民.江泽民文选（第 2 卷）.北京：人民出版社，2006.

[22] 建国以来重要文献选编（第十五册）.北京：中央文献出版社，1997.

[23] 十六大以来重要文献选编（下）.北京：中央文献出版社，2008.

[24] 十七大以来重要文献选编（上）.北京：中央文献出版社，2009.

[25] 亚里士多德.尼各马可伦理学.王旭凤，陈晓旭译.北京：中国社会科学出版社，2007.

[26] 霍布斯.利维坦.黎思复，黎廷弼译.北京：商务印书馆，1985.

[27] 亚当·斯密.国民财富的性质和原因的研究（下卷）.第 1 版.郭大力，王亚南译.北京：商务印书馆，1974.

[28] 洛克.人类理解论.关文运译.北京：商务印书馆，1959.

[29] 卢梭.社会契约论.北京：商务印书馆，1980.

[30] 休谟.人性论.第 1 版.关文运译.北京：商务印书馆，1980.

[31] 休谟.道德原则研究.第 1 版.曾晓平译.北京：商务印书馆，2001.

[32] 康德.实践理性批判.邓晓芒译.北京：人民出版社，2004.

[33] 康德.道德形而上学原理.苗立田译.上海：上海人民出版社，2005.

[34] 康德.康德著作全集（第六卷）.李秋零主编.北京：中国人民大学出版社，2007.

[35] 斯宾诺莎.伦理学.贺麟译.北京：商务印书馆，1997.

[36] 边沁.道德与立法原理导论.时殷弘译.北京：商务印书馆，2000.

[37] 边沁.政府片论.第 1 版.沈叔平等译.北京：商务印书馆，1995.

[38] 穆勒.论自由.程崇华译.北京：商务印书馆，1959.

[39] 穆勒.代议制政府.汪瑄译.北京：商务印书馆，1982.

[40] 穆勒.穆勒自传.吴良健，吴衡康译.北京：商务印书馆，1998.

[41] 穆勒.效用主义.徐大建译.上海：上海人民出版社，2008.

[42] 黑格尔.精神现象学（上卷）.贺麟，王玖兴译.北京：商务印书馆，

1987.

[43] 西季威克．伦理学方法．廖申白译．北京：中国社会科学出版社，1993.

[44] 西季威克．伦理学史纲．熊敏译．南京：江苏人民出版社，2008.

[45] 罗纳德·德沃金．至上的美德：平等的理论与实践．冯克利译．南京：江苏人民出版社，2003.

[46] 罗纳德·德沃金．原则问题．张国清译．南京：江苏人民出版社，2005.

[47] 罗纳德·德沃金．认真对待权利．信春鹰，吴玉章译．上海：上海三联书店，2008.

[48] 埃利·哈列维．哲学激进主义的兴起：从苏格兰启蒙运动到功利主义．曹海军译．长春：吉林人民出版社，2006.

[49] 丹尼尔·豪斯曼，迈克尔·麦克弗森．经济分析、道德哲学与公共政策．纪如曼，高红艳译．上海：上海译文出版社，2008.

[50] J. J. C. 斯马特，B. 威廉斯威廉斯．功利主义：赞成与反对．牟斌译．北京：中国社会科学出版社，1992.

[51] 狄更斯．双城计．孙法理译．南京：译林出版社，2012.

[52] 斯塔夫里阿诺斯．全球通史（下卷）．董书慧等译．北京：北京大学出版社，2005.

[53] 罗素．西方哲学史（下卷）．马元德译．北京：商务印书馆，1981.

[54] 梯利．西方哲学史（下册）．葛力译．北京：商务印书馆，1979.

[55] 保尔·芒图．十八世纪产业革命．杨人楩译．北京：商务印书馆，1983.

[56] 马基雅维利．君主论．潘汉典译．北京：商务印书馆，1985.

[57] 马克思·韦伯．新教伦理与资本主义精神．于晓，陈维纲译．北京：三联书店，1987.

[58] 葛德文．政治正义论．何慕李译．北京：商务印书馆，1980.

[59] 索利．英国哲学史．段德智译．济南：山东人民出版社，1996.

[60] 玛丽·沃诺克．1900 年以来的伦理学．陆晓禾译．北京：商务印书馆，1987.

[61] 威廉·詹姆士．实用主义．陈羽纶，孙瑞禾译．北京：商务印书馆，1979.

[62] 约翰·罗尔斯.正义论.何怀宏,何包钢,廖申白译.北京:中国社会科学出版社,1998.

[63] 约翰·罗尔斯.作为公平的正义:正义新论.姚大志译.上海:上海三联书店,2002.

[64] 戴维·罗斯.正当与善.林南译.上海:上海译文出版社,2008.

[65] 约翰·L·麦凯.伦理学:发明对与错.丁三东译.上海:上海译文出版社,2007.

[66] A. J.艾耶尔.语言、真理与逻辑.尹大贻译.上海:上海译文出版社,1981.

[67] 安斯库姆."现代道德哲学".徐向东编.美德伦理与道德要求 [M].谭安奎译.南京:江苏人民出版社,2007.

[68] 伯纳德·威廉斯.道德运气.徐向东译.上海:上海译文出版社,2007.

[69] 威廉.K.弗兰克纳.伦理学.第 1 版.关键译.北京:三联书店,1987.

[70] 阿拉斯代尔·麦金太尔.伦理学简史.龚群译.北京:商务印书馆,2003.

[71] 阿拉斯代尔·麦金太尔.谁之正义?何种合理性?.万俊人等译.北京:当代中国出版社,1996.

[72] 阿拉斯代尔·麦金太尔.追寻美德:伦理理论研究.宋继杰译.北京:译林出版社,2003.

[73] 诺齐克.无政府、国家和乌托邦.何怀宏等译.北京:中国社会科学出版社,1991.

[74] 威尔·金里卡.当代政治哲学.刘莘译.上海:上海三联书店,2004.

[75] 威尔·金里卡.自由主义、社群与文化.应奇,葛水林译.上海:上海译文出版社,2005.

[76] 阿马蒂亚·森.贫困与饥荒——论权利与剥夺.王宇,王文玉译.北京:商务印书馆,2001.

[77] 阿马蒂亚·森.伦理学与经济学.王宇、王文玉译.北京:商务印书馆,2003.

[78] 阿马蒂亚·森.后果评价与实践理性.应奇编.北京:东方出版社,2006.

[79] 阿马蒂亚·森.论经济不平等 / 不平等之再考察.王利文,于占杰译.北京:社会科学文献出版社,2006.

[80] 阿马蒂亚·森.生活水准.徐大建译.上海:上海财经大学出版社,2007.

[81] 阿马蒂亚·森,玛莎·努斯鲍姆编.生活质量.龚群等译.北京:社会科学文献出版社,2008.

[82] 彼得·辛格.实践伦理学.刘莘译.上海:东方出版社,2005.

[83] 萨尔沃·马斯泰罗内.欧洲政治思想史:从十五世纪到二十世纪.黄华光译.北京:社会科学文献出版社,2001.

[84] 森弗里 C. 亚历山大.社会学的理论逻辑(第 2 卷).夏光等译.北京:商务印书馆,2008.

[85] 钱津.劳动效用论.北京:社会科学文献出版社,2005.

[86] 王润生.现代化与现代化的伦理.南宁:广西人民出版社,1989.

[87] 邬昆如.人生哲学.北京:中国人民大学出版社,2005.

[88] 黄文三.道德教育.中国台北:群英出版社,2007.

[89] 龚群.当代西方道义论与功利主义研究.北京:中国人民大学出版社,2002.

[90] 彭聃龄.普通心理学.北京:北京师范大学出版社,1995.

[91] 乐正,邱展开.深圳社会发展报告(2009 版).北京:社会科学文献出版社,2009.

[92] 周敏凯.十九世纪英国功利主义思想比较研究.上海:华东师范大学出版社,1991.

[93] 万俊人.现代西方伦理学史(下卷).北京:中国人民大学出版社,2011.

[94] 牛京辉.英国功用主义伦理思想研究.北京:人民出版社,2002.

[95] 周辅成主编.西方伦理学名著选辑(上卷).北京:商务印书馆,1987.

[96] 周辅成主编.西方伦理学家评传.上海:上海人民出版社,1987.

[97] 北京大学哲学系外国哲学史教研室编译.古希腊罗马哲学.北京:三联书店,1957.

[98] 窦炎国.情欲与理性——功利主义道德哲学评论.北京:高等教育出版社,1997.

[99] 罗国杰主编.中国伦理百科全书（马克思主义伦理思想史卷）.第1版.长春：吉林人民出版社，1993.

[100] 罗国杰，宋希仁.西方伦理思想史.北京：中国人民大学出版社，1985.

[101] 宋希仁.西方伦理思想史.北京：中国人民大学出版社，2010.

[102] 宋希仁主编.道德观通论 [M].北京：高等教育出版社，2000.

[103] 唐凯麟.西方伦理学名著提要.南昌：江西人民出版社，2000.

[104] 徐向东编.美德伦理与道德要求.南京：江苏人民出版社，2007.

[105] 徐向东.自我、他人与道德——道德哲学导论.北京：商务印书馆，2007.

[106] 陈真.当代西方规范伦理学.南京：南京师范大学出版社，2006.

[107] 王道俊，王汉澜.教育学（新编本）.北京：人民教育出版社，1999.

[108] 茅于轼.中国人的道德前景.广州：暨南大学出版社，2003.

[109] 何怀宏.伦理学是什么.北京：北京大学出版社，2002.

[110] 盛庆琜.统合效用主义引论.广州：广东人民出版社，2000.

[111] 盛庆琜.效用主义精解：统合效用主义理论之深层发展.中国台北：台湾商务印书馆，2003.

[112] 杨志华.元伦理学的终结——黑尔伦理学思想研究.北京：中央编译出版社，2009.

[113] 姚大志.何谓正义：当代西方政治哲学研究.北京：人民出版社，2007.

[114] 姚大志.罗尔斯.长春：长春出版社，2011.

[115] 李莉.当代西方伦理学流派.沈阳：辽宁人民出版社，1988.

[116] 李奉儒.教育哲学：分析的取向.中国台北：扬智文化事业股份有限公司，2004.

[117] 朱建民.应用伦理与现代社会.中国台北：国立空中大学，2005.

[118] 王讚源.墨子.中国台北：东大图书公司，1996.

[119] 伍非百.墨子大义述.上海：上海书店，1933.

[120] 梁启超.墨子学案.上海：商务印书馆，1923.

[121] 蔡尚思主编.十论墨家.上海：人民出版社，2004.

[122] 冯友兰.中国哲学史（上卷）.北京：人民出版社，1998.

[123] 张永义 . 墨子与中国文化 . 贵阳：贵州人民出版社，2001 .

[124] 包利民编 . 当代社会契约论 . 南京：江苏人民出版社，2007 .

[125] 韩冬雪，曹海军 . 功利主义研究 . 长春：吉林人民出版社，2004 .

[126] 黄伟合 . 英国近代自由主义研究——从洛克、边沁到密尔 . 北京：北京大学出版社，2005 .

[127] 周桂钿 . 秦汉哲学 . 武汉：武汉出版社，2006 .

[128] 张岱年 . 中国伦理思想研究 . 上海：上海人民出版社，1989 .

[129] 高放 . 高放自选集 . 北京：中国人民大学出版社，2007 .

[130] 成中英 . 文化 . 伦理与管理 . 贵阳：贵州人民出版社，1991 .

[131] 魏英敏 . 新伦理学教程 . 北京：北京大学出版社，1993 .

[132] 孙正治 . 中国人与外国人 . 北京：国际文化出版社，1997 .

[133] 石峻编 . 中国近代思想史参考资料简编 . 北京：生活·读书·新知三联书店，1957 .

[134] 丁凤麟 . 王欣之编 . 薛福成选集 . 上海：上海人民出版社，1987 .

[135] 胡海鸥 . 道德行为的经济分析 . 上海：复旦大学出版社，2003 .

[136] 吴奕新 . 当代中国道德建设研究 . 北京：中国社会科学出版社，2003 .

[137] 李萍 . 中国道德调查 . 北京：民主与建设出版社，2005 .

[138] 马润海，戚本超主编 . 公民道德建设评价体系 . 北京：学习出版社，2003 .

[139] 刘智峰 . 道德中国 . 北京：中国社会科学出版社，1999 .

[140] 赵汀阳 . 论可能的生活 . 北京：中国人民大学出版社，2004 .

[141] 厉以宁 . 超越市场与超越政府 . 北京：经济科学出版社，1999 .

二、外文论著

[1] Bentham Jeremy. An Introduction to the Principles of Morals and Legislation. Kitchener：Batoche Books，2000.

[2] John Stuart Mill. Essays on Equality，Law and Education. Toronton：University of Torontor，1984.

[3] John Stuart Mill. Autobiography of John Stuart Mill. New York：Cosimo Classics，2007.

[4] John Stuart Mill. Utilitarianism. London : George Routledge & Sons, Limited, 1895.

[5] John Stuart Mill. Mill's ethical writings. Jerome B. Schneewind（ed. ）. New York : Collier Books, 1965.

[6] John Stuart Mill. Dissertations and Discussions（vol.2）. New York : Cosimo Inc. Press, 2009.

[7] Henry Sidgwick. The methods of ethics. Indianapolis:Hackett Publishing, 1907.

[8] John Rawls. A theory of justice. Cambridge, Mass. : Belknap Press of Harvard Universitu Press, 1971 .

[9] Michael D. Bayles ed. Contemporary Utilitarianism. Gloucester, Mass. : Peter Smith, 1978.

[10] Geoffrey Scarre. Utilitarianism. London : Routledge, 1996.

[11] Bertrand Russell. The Conquest of Happiness. New York : H. Liveright, 1930.

[12] J.J.C.Smart and Bernard Williams. Utilitarianism : For and Against. Cambridge[Eng.] : Cambridge University Press, 1973.

[13] Louis P. Pojman. Ethics : discovering right and wrong. Boston, MA : Wadsworth, Thomson Learning, 2002.

[14] Willam Parent（ed.）. Right, Restitution, and Risk. Cambridge : Harvard University Press, 1986.

[15] Robert Nozick. Anarchy, State, and Utopia. New York : Basic Book, 1974.

[16] Richard B. Brandt. Morality, Utilitarianism, and Rights. Cambridge : Cambridge University Press, 1992.

[17] R. M. Hare. Sorting out ethics. Oxford : Clarendon Press, 1997.

[18] R. M. Hare. Moral Thinking : Its Levels, Method, and Point. New York : Oxford University Press, 1981.

[19] R. M. Hare. Freedom and Reason. Oxford[Eng.] : Clarendon Press, 1963.

[20] Fred Feldman. Introductory Ethics. N.J. : Prentice-Hall, 1978.

[21] Fred Feldman. Pleasure and the Good Life : Concerning the Nature,

Varieties and Plausibility of Hedonism. Oxford : Clarendon Press; New York : Oxford，2004.

[22] John Hospers. "Rule-Utilitarianism. "Louis Pojman，ed. Ethical Theory. CA : Wadsworth，2002.

[23] Philip Pettit，ed. Consequentialism. England : Dartmouth，1993.

[24] Joseph P. DeMarco. Moral theory:a contemporary overview. Boston : Jones and Bartlett，1996.

[25] Harry J. Gensler. Ethics : a contemporary introduction. London; New York : Routledge，1998.

[26] Henry R. West（eds.）. The Blackwell guide to Mill's utilitarianism. Malden，MA; Oxford : Blackwell Publishers，2006.

[27] Will Kymlicka. Contemporary political philosophy : an introduction. Oxford; New York : Oxford University Press，2002.

[28] Francis W. Garforth. John Stuart Mill's Theory of Education. London : Martin Robison & company，Ltd，1979.

[29] Loren Lomasky. Persons，Rights，and the Moral Community. Oxford : Oxford University Press，1987.

[30] Bernard E. Rollin. Science and Ethics. Cambridge; New York : Cambridge University Press，2006.

[31] Lincoln Allison. The Utilitarian Response : The Contemporary Viability of Utilitarian Political Philosophy. London : Sage Publications，1990.

[32] John Arthur and William H. Shaw（ed.）. Justice and Economic Distribution. 2nd ed. New York : Prentice Hall，1991.

[33] James Wood Bailey. Utilitarianism，Institutions，and Justice. New York，Oxford : Oxford University Press，1997.

[34] Barrow Robin. Utilitarianism : A Contemporary Statement，Hants. England : E. Elgar Pub. Co.，1991.

[35] Brain Barry. Justice as Impartiality[M].Oxford : Clarendon Press，1995.

[36] Fred R. Berger. Happiness，Justice，and Freedom : The Moral and Political Philosophy of John Stuart Mill. Berkeley : University of California Press，1984.

[37] Hilde Bojer. Distributional Justice : Theory and Measurement. London :

Routledge，2003.

[38] David Boucher and Paul Kelly（ed.）. Social Justice : From Hume to Walzer. London，New York : Routledge，1998.

[39] John Broome. Weighing Goods : Equality，Uncertainty，and Time. Cambridge，Mass : Basil Blackwell，1995.

[40] John Broome. Weighing Lives. Oxford，New York : Oxford University Press，2004.

[41] C. W. Churchman and P. Ratoosh（ed.）. Measurement : Definition and Theories. New York : Wiley Press，1959.

[42] Roger Crisp. Routledge Philosophy Guidebook to Mill on Utilitarianism. London : Routledge，1997.

[43] Roger Crisp and Brad Hooker（ed.）. Well-being and Morality : Essays in Honour of James Griffin. New York : Oxford University Press，2000.

[44] Norman Daniels. Justice and Justification : Reflective Equilibrium in Theory and Practice. New York : Cambridge University Press，1996.

[45] Norman Daniels（ed.）. Reading Rawls. Stanford，CA : Stanford University Press，1989.

[46] Stephen L. Darwall（ed.）. Contractarianism/Contractualism. Oxford : Blackwell Publishing，2003.

[47] Robert E. Goodin and Carole Pateman（ed.）. Justice and Democracy : Essays for Brian Barry. Cambridge; New York : Cambridge University Press，2004.

[48] Jon Elster and John E. Roemer（ed.）. Interpersonal Comparisons of Well-being. Cambridge; New York : Cambridge University Press，1991.

[49] Marc Fleubraey，Maurice Salles and John A. Weymark（ed.）. Justice，Political Liberalism，and Utilitarianism : Themes from Harsanyi and Rawls. Oxford : Cambridge University Press，2008.

[50] William K. Frankena. Values and Morals : Essays in Honor of William Frankena，Charles Stevenson，and Richard Brandt. Dordrecht; Boston : D. Reidel，1978.

[51] Samuel Freeman（ed.）. The Cambridge Companion to Rawls. New York : Cambridge University Press，2003.

[52] R.G. Frey（ed.）. Utility and Rights. Minneapolis：University of Minnesota Press; Oxford：Basil Blackwell，1984.

[53] Jonathan Glover. Utilitarianism and Its Critics. New York：MacMillan Publishing Company，1990.

[54] Robert E. Goodin. Utilitarianism as a Public Philosophy. Cambridge; New York：Cambridge University press，1995.

[55] James Griffin. Well-being：Its Meaning，Measurement，and Moral Importance. Oxford：Clarendon Press，1986.

[56] John Grote. An Examination of the Utilitarian Philosophy. Bristol：Thoemmes，1990.

[57] John C. Harsanyi. Essays on Ethics，Social Behavior，and Scientific Explanation. Dordrecht：D. Reidel Pub. Co.，1976.

[58] John C. Harsanyi. Rational Behaviour and Bargaining Equilibrium in Games and Social Situations. New York：Cambridge University Press，1977.

[59] Brad Hooker（ed.）. Rationality，Rules，and Utility：New Essays on the Moral Philosophy of Richard B. Brandt. Boulder：Westview Press，1993.

[60] Brad Hooker. Ideal Code，Real World：A Rule-Consequentialist Theory of Morality. Oxford：Clarendon Press，2000.

[61] P. J. Kelly. Utilitarianism and Distributive Justice：Jeremy Bentham and the Civil Law. Oxford：Clarendon Press; New York：Oxford University Press，1990.

[62] David Lyons. Forms and Limits of Utilitarianism. Oxford：Clarendon Press，1965.

[63] David Lyons. Rights，Welfare，and Mill's Moral Theory. New York：Oxford University Press，1994.

[64] Harlan B. Miller and William H. Williams（ed.）. The Limits of Utilitarianism. Minneapolis：University of Minnesota Press，1982.

[65] Tim Mulgan. Understanding Utilitarianism. Stocksfield：Acumen，2007.

[66] Jan Narveson. Morality and Utility. Baltimore：Md.，Johns Hopkins Press，1967.

[67] Donald Regan. Utilitarianism and Co-operation. Oxford：Clarendon Press; New York：Oxford University Press，1980.

[68] Nicholas Rescher. Distributive Justice : A Constructive Critique of the Utilitarian Theory of Distribution. Indianapolis : Bobbs-Merrill，1966.

[69] F. Rosen. Classical Utilitarianism from Hume to Mill. London : Routledge，2003.

[70] Alan Ryan. The Philosophy of John Stuart Mill. 2nd edition. London : Macmillan Press，1987.

[71] Georry Scarre. Utilitarianism. London : Routlege，1998.

[72] Amartya Kumar Sen and Bernard Williams（ed.）. Utilitarianism and Beyond. Cambridge; New York : Cambridge University Press，1982.

[73] Amartya Sen. The Idea of Justice. Cambridge，Massachusetts : The Belknap Press of Harvard University Press，2009.

[74] Peter Singer. How Are We to Live? Ethics in an Age of Self-Interest. NSW : Random House Australia reprinted，1997.

[75] Peter Singer. Unsanctifying Human Life : Essays on Ethics，Helga Kuhse（ed.）. Oxford; Malden，Mass : Blackwell，2002.

[76] John Skorupski（ed.）. The Cambridge Companion to Mill. Cambridge : Cambridge University Press，1998.

[77] John Skorupski. Why Read Mill Today?. London; New York : Routledge，2006.

[78] G. W. Smith（ed.）. John Stuart Mill's Social and Political Thought : Critical Assessments. London; New York : Routledge，1998.

[79] Mark S. Stein. Distributive Justice and Disability : Utilitarianism against Egalitarianism. New Haven; London : Yale University，2006.

[80] D. Weinstein. Utilitarianism and the New Liberalism. Cambridge : Cambridge University Press，2007.

[81] Nicholas White. A Brief History of Happiness. Oxford : Blackwell Publishing Ltd，2006.

三、论文部分

[1] 张晓东 . 准则功利" 抑或 "行为功利" ?——兼评西方新旧功利主义道德理论 . 学海，2007（3）：51~56.

[2] 徐梦秋. 20 年来国内西方元伦理学研究的走向、成就与得失. 哲学动态，2011（1）：56~64.

[3] 毛兴贵. 伯纳德·威廉斯对功利主义的批判. 中国人民大学学报，2010（3）：38~45.

[4] 吴映平. 从快乐或幸福到偏好——黑尔对功利界定的改进. 西南民族大学学报（人文社会科学版），2010（5）：76~81.

[5] 姚大志. 当代功利主义哲学. 世界哲学，2011（2）：50~61.

[6] 姚大志. 批判之批判：功利主义对罗尔斯的反驳. 复旦学报（社会科学版），2010（3）：120~126.

[7] 龚群. 对以边沁、密尔为代表的功利主义的分析批判. 伦理学研究，2003（4）：55~63.

[8] 田广兰. 功利与权利——自由主义权利论对功利主义权利论的批判. 哲学动态，2007（10）：25~30.

[9] 甘绍平. 功利主义的当代价值. 中国社会科学院研究生院学报，2010（3）：38~44.

[10] 贾佳. 功利主义的德性伦理可行性探索. 华中科技大学学报（社会科学版），2011（2）：15~20.

[11] 刘雪梅，顾肃. 功利主义的理论优势及其在当代的新发展. 学术月刊，2007（8）：45~50.

[12] 王洪波，段宏利. 功利主义评析——兼论社会转型中社会公平问题. 内蒙古大学学报（人文社会科学版），2005（4）：80~85.

[13] 王海明. 功利主义与义务论辩难. 社会科学，2003（12）：75~83.

[14] 杨伟清. 古典功利主义与道德理论的建构. 道德与文明，2007（3）：50~53..

[15] 牛京辉. 从快乐主义到幸福主义——J:S 密尔对边沁功用主义的修正. 湖南社会科学，2002（6）：28~31.

[16] 杨立淮. 试论高校德育工作的效益观念. 温州师范学院学报（哲学社会科学版），2001（1）：58~61.

[17] 马婷婷. 效用主义概念系统的主要类型及其创新分析. 伦理学研究，2007（4）：21~24.

[18] 宋希仁. 关于"人人为我，我为人人". 道德与文明，1995（1）：6~8.

[19] 鲁洁. 人对人的理解：道德教育的基础. 教育研究, 2000（7）: 32~36.

[20] 李贤中. 道德实践中的权衡问题.（中国台北）哲学与文化, 2005（375）: 18~22.

[21] 孙效智. 从伦理学行为理论谈结果主义.（中国台北）哲学杂志, 1995（12）: 103~110.

[22] 刘婵娟. 论道德之于市场经济的必要性：基于功利主义的解释. 马克思主义与现实, 2007（4）: 125~128.

[23] 苏振芳. 论青年马克思对道德功利主义的超越. 马克思主义研究, 2007（10）: 71~77.

[24] 盛庆珠. 统合效用主义的六个奥义特色. 世界哲学, 2012（4）: 36~44.

[25] 庄晓平. 密尔功利主义对我国当今道德教育的启示. 广东行政学院学报, 2001（3）: 94~96.

[26] 袁小鹏. 论建立教育功利主义的矫正机制. 高等教育研究. 2002（5）: 7~11.

[27] 刘华杰. 简论对功利主义道德劝导的两个诘难——与石中英教授商榷. 教育学报, 2010（6）: 105~109.

[28] 晋运峰. 当代西方功利主义研究述评. 哲学动态, 2010（10）: 57~62.

[29] 晋运锋. 契约论、功利主义与正义原则. 马克思主义与现实, 2011（1）: 94~98.

[30] 叶航. 效率与公平一个建立在基数效用论上的新视角—黄有光新著《效率、公平与公共政策》评析. 管理世界, 2003（12）: 150~153.

[31] 沈清松. 伦理学理论与专业伦理教育通识.（中国台北）教育季刊 1996（3）: 1~17.

[32] 钱广荣. 论道德建设. 道德与文明, 2003（1）: 4~8.

[33] 张晓明, 王欣. 经济学视角中的道德建设. 社会科学, 2001（2）: 29, 55~58.

[34] 邵道生. 社会的发展与道德的衰退. 中国社会科学, 1994（3）: 11~15.

[35] 吕玉广. "功利主义"道德观与市场经济制度的相适性分析. 河南师范大学学报 2009（3）: 24~26..

[36] 王结发 . 马克思理论与功利主义 . 道德与文明 2012（4）：52~57.

[37] 庄三舵 . 中国传统道德哲学：道义论遮蔽下的功利主义 . 云南社会科学 2006（4）：43~46.

[38] 罗国杰 . 新中国道德建设的回顾与展望 . 齐鲁学刊，2002（2）：5~10.

[39] 晋运锋 . 当代功利主义正义观研究 . 吉林大学博士学位论文，2011.

[40] 徐庆利 . 功利主义与中国近代政治思想 . 吉林大学博士学位论文，2005.

[41] 杨健潇 . 论政治功利主义 . 吉林大学博士学位论文，2009.

[42] 王连伟 . 密尔政治思想研究 . 吉林大学博士学位论文，2004.

[43] 马婷婷 . 效用主义的争论与现状——理论的创新认识和应用探索 . 浙江大学博士学位论文，2008.

[44] 靳继东 . 在权利与功利之间——近代自由主义视域中的休谟政治哲学 . 吉林大学博士学位论文，2005.

[45] 胡忠雄 . 正其谊以谋其利——中国古代功利主义经济伦理思想研究 . 湖南师范大学博士学位论文，2003.

[46] 张清 . 正义与功利——密尔功利主义正义思想研究 . 武汉大学博士学位论文，2005.

[47] Richard. B. Brandt. Fairness to Happiness. Social Theory and Practice，Vol. 15，1989：33~65.

[48] Richard B. Brandt. The Real and Alleged Problems of Utilitarianism. The Hastings Center Report，Vol. 13，No. 2，Apr. 1983：37~43.

[49] J. H. Burns. Utilitarianism and Democracy. The Philosophical Quarterly，Vol. 9，No. 35，Apr.，1959：168~171.

[50] Thomas L. Carson. Hare's Defense of Utilitarianism. Philosophical Studies 50，1986：97~115.

[51] Alan Coddington. Utilitarianism Today. Political Theory，Vol. 4，No. 2，May，1976：213~226.

[52] D. P. Dryer. Justice，Liberty，and the Principle of Utility in Mill. Canadian Journal of Philosophy，Supplementary Volume 5，1979：63~73.

[53] Samuel Freeman. Utilitarianism，Deontology，and the Priority of Right. Philosophy and Public Affairs，Vol. 23，Issue 4，Oct. 1994：319~349.

[54] Gerald F. Gaus. The Convergence of Rights and Utility：the Case of

Rawls and Mill. Ethics，Vol. 92，No. 1，Oct. 1981：57~72.

[55] Bart Gruzalski. Parfit's Impact on Utilitarianism. Ethics，Vol. 96，No. 4，Jul. 1986：760~783.

[56] Jeffrey Goldsworthy. Well-being and Value. Utilitas，Volume 4，Issue1，May 1992：1~26.

[57] Russell Hardin. The Utilitarian Logic of Liberalism. Ethics，Vol. 97，No. 1,Oct. 1986：47~74.

[58] Russell Hardin. Utilitarian Aggregation. Social Philosophy & Policy，Jan. 2009，Vol.26，Issue 1：30~47.

[59] John C. Harsanyi. Bayesian Decision Theory and Utilitarian Ethics. The American Economic Review，Vol. 68，No. 2，Papers and Proceedings of the Ninetieth Annual Meeting of the American Economic Association，May，1978：223~228.

[60] John C. Harsanyi. Equality，Responsibility，and Justice as Seen from a Utilitarian Perspective. Theory and Decision，Volume 31，Numbers 2-3，1991：141~158.

[61] Will Kymlica. Rawls on Teleology and Deontology. Philosophy and Public Affairs，Vol. 17，No. 3，Summer 1988：173~190.

[62] Diane Jeske. Persons，Compensation，and Utilitarianism. The Philosophical Review，Vol. 102，No. 4，Oct. 1993：541~575.

[63] P. J. Kelly. Taking Utilitarianism Seriously. Utilitas，Vol. 8，Issue 3，Nov.1996：341~355.

[64] Ivar Labukt. Rawls on the Practicability of Utilitarianism. Politics，Philosophy & Economics，Vol. 8，No. 2，May 2009：201~221.

[65] J. Moreh. Utilitarianism and the Conflict of Interests. The Journal of Conflict Resolution，Vol. 29，No. 1，Mar.，1985：137~159.

[66] Dennis C. Mueller. The Utilitarian Contract：A Generalization of Rawls' Theory of Justice. Theory and Decision 4，1974：345~367.

[67] Jan Narveson. Rights and Utilitarianism. Canadian Journal of Philosophy：Supplementary，Volume 5，1979：137~160.

[68] Jonathan Riley. Liberal Rights in a Pareto-optimal Code. Utilitas，Vol. 18，No.1，March 2006：61~81.

[69] Jonathan Riley. The Interpretation of Maximizing Utilitarianism. SocialPhilosophy & Policy，Jan. 2009，Vol.26，Issue 1:286~325.

[70] Timothy Roche. Utilitarianism versus Rawls：Defending Teleological Moral Theory. Social Theory and Practice，Vol. 8，1982：189~212.

[71] Geoffrey Scarre. Utilitarianism and Self-Respect. Utilitas，Vol. 4，No. 1 May 1992：27~42.

[72] J. J. C. Smart. Extreme Utilitarianism：A Reply to M. A. Kaplan. Ethics，Vol. 71，No. 2，Jan. 1961：133~134.

[73] J. J. C. Smart. Utilitarianism and Justice. Journal of Chinese Philosophy，Vol. 5，Issue 3，Sep. 1978：281~299.

[74] Mark S. Stein. Utilitarianism and the Disabled：Distribution of Life. Social Theory and Practice，Oct. 2001，Vol. 27，No. 4：561~578.

[75] Mark Strasser. Mill and the Utility of Liberty. The Philosophical Quarterly，Vol. 34，No. 134，Jan. 1984：63~68.

[76] Mark S. Stein. Utilitarianism and Conflation. Polity，Vol. 35，No. 4，Jul.2003：479~490.

[77] Jonathan Wolff. Making the World Safe for Utilitarianism. Royal Institute of Philosophy Supplement，Volume 58，2006：1~23.

四、其他

[1] 肖川. 基础教育该为学生奠定怎样的基础 [EB/OL]. 2005 年 12 月. 资料来源：http://www.sqsyx.com/Article Print.asp?ArticleID=290 .

[2] 人民日报评论员. 在党的引领下汇聚圆梦力量——八论同心共筑中国梦 [EB/OL]. 2013 年 3 月 27 日. 资料来源：http://news.xinhuanet.com/politics/2013-03/27/c_115184529.htm.

[3] 朱贻庭. 伦理学大辞典 [Z]. 上海：上海辞书出版社，2002.

[4] 高清海主编. 精神文明辞典 [Z]. 长春：吉林大学出版社，1985.

[5] 萨默斯主编. 朗文英汉双解词典 [Z]. 郑荣成等译. 北京：外语教学与研究出版社，1992.